计 算 机 科 学 丛 书

基于模型的测试

一个软件工艺师的方法

[美] 保罗·C. 乔根森（Paul C. Jorgensen） 著

王轶辰 王轶昆 曹志钦 译

The Craft of Model-Based Testing

机械工业出版社
China Machine Press

图书在版编目（CIP）数据

基于模型的测试：一个软件工艺师的方法 /（美）保罗·C. 乔根森（Paul C. Jorgensen）著；王轶辰，王轶昆，曹志钦译 . 一北京：机械工业出版社，2019.7
（计算机科学丛书）
书名原文：The Craft of Model-Based Testing

ISBN 978-7-111-62898-9

I. 基… II. ①保… ②王… ③王… ④曹… III. 软件 – 测试 IV. TP311.5

中国版本图书馆 CIP 数据核字（2019）第 110945 号

本书版权登记号：图字 01-2018-4590

本书是知名的"Craftsman"系列软件测试书籍中的新作，主要讨论基于模型的测试（MBT）技术。第一部分讲解理论知识，介绍了 9 种不同的测试模型。第二部分关注实践方法，涵盖 6 个商用的 MBT 产品和 6 个开源工具。书中设计了两个贯穿各章的例子，一个简单的保费计算系统，一个事件驱动的车库门控系统，以帮助读者深入理解建模过程和工具的应用技巧。

出版发行：机械工业出版社（北京市西城区百万庄大街 22 号 邮政编码：100037）
责任编辑：蒋 越　　　　　　　　　　　　责任校对：殷 虹
印　　刷：北京市荣盛彩色印刷有限公司　　版　　次：2019 年 7 月第 1 版第 1 次印刷
开　　本：185mm×260mm 1/16　　　　　印　　张：17.5
书　　号：ISBN 978-7-111-62898-9　　　　定　　价：79.00 元

凡购本书，如有缺页、倒页、脱页，由本社发行部调换
客服热线：（010）88378991 88379833　　投稿热线：（010）88379604
购书热线：（010）68326294　　　　　　　读者信箱：hzjsj@hzbook.com
版权所有·侵权必究
封底无防伪标均为盗版
本书法律顾问：北京大成律师事务所 韩光 / 邹晓东

　　文艺复兴以来，源远流长的科学精神和逐步形成的学术规范，使西方国家在自然科学的各个领域取得了垄断性的优势；也正是这样的优势，使美国在信息技术发展的六十多年间名家辈出、独领风骚。在商业化的进程中，美国的产业界与教育界越来越紧密地结合，计算机学科中的许多泰山北斗同时身处科研和教学的最前线，由此而产生的经典科学著作，不仅擘划了研究的范畴，还揭示了学术的源变，既遵循学术规范，又自有学者个性，其价值并不会因年月的流逝而减退。

　　近年，在全球信息化大潮的推动下，我国的计算机产业发展迅猛，对专业人才的需求日益迫切。这对计算机教育界和出版界都既是机遇，也是挑战；而专业教材的建设在教育战略上显得举足轻重。在我国信息技术发展时间较短的现状下，美国等发达国家在其计算机科学发展的几十年间积淀和发展的经典教材仍有许多值得借鉴之处。因此，引进一批国外优秀计算机教材将对我国计算机教育事业的发展起到积极的推动作用，也是与世界接轨、建设真正的世界一流大学的必由之路。

　　机械工业出版社华章公司较早意识到"出版要为教育服务"。自 1998 年开始，我们就将工作重点放在了遴选、移译国外优秀教材上。经过多年的不懈努力，我们与 Pearson，McGraw-Hill，Elsevier，MIT，John Wiley & Sons，Cengage 等世界著名出版公司建立了良好的合作关系，从他们现有的数百种教材中甄选出 Andrew S. Tanenbaum，Bjarne Stroustrup，Brain W. Kernighan，Dennis Ritchie，Jim Gray，Afred V. Aho，John E. Hopcroft，Jeffrey D. Ullman，Abraham Silberschatz，William Stallings，Donald E. Knuth，John L. Hennessy，Larry L. Peterson 等大师名家的一批经典作品，以"计算机科学丛书"为总称出版，供读者学习、研究及珍藏。大理石纹理的封面，也正体现了这套丛书的品位和格调。

　　"计算机科学丛书"的出版工作得到了国内外学者的鼎力相助，国内的专家不仅提供了中肯的选题指导，还不辞劳苦地担任了翻译和审校的工作；而原书的作者也相当关注其作品在中国的传播，有的还专门为其书的中译本作序。迄今，"计算机科学丛书"已经出版了近两百个品种，这些书籍在读者中树立了良好的口碑，并被许多高校采用为正式教材和参考书籍。其影印版"经典原版书库"作为姊妹篇也被越来越多实施双语教学的学校所采用。

　　权威的作者、经典的教材、一流的译者、严格的审校、精细的编辑，这些因素使我们的图书有了质量的保证。随着计算机科学与技术专业学科建设的不断完善和教材改革的逐渐深化，教育界对国外计算机教材的需求和应用都将步入一个新的阶段，我们的目标是尽善尽美，而反馈的意见正是我们达到这一终极目标的重要帮助。华章公司欢迎老师和读者对我们的工作提出建议或给予指正，我们的联系方法如下：

华章网站：www.hzbook.com
电子邮件：hzjsj@hzbook.com
联系电话：（010）88379604
联系地址：北京市西城区百万庄南街 1 号
邮政编码：100037

华章科技图书出版中心

在艺术领域，每个亟待成名的人都希望自己能掌握"golden touch"（点金术），因为一旦有了这种本领，成功是迟早的事。但是在工程界，尤其是软件行业，我们连 silver bullet（银弹）都没有，只有"一万小时定律"。

本书的作者 Paul C. Jorgensen 是软件工程界的名人，相信很多软件测试的从业者都曾经读过他的著作《Software Testing: A Craftsman's Approach》。我们把编程人员称为码农，Jorgensen 将软件测试工程师称为匠人，两者并无本质区别。作为译者，我们是在中国从事软件测试研究和工程实践超过 20 年的匠人，其中一位是曾经的码农，在软件行业已经浸淫超过三万小时。

在翻译此书之前，我们一直在思考一个问题：基于模型的测试（MBT）这种理论性极强并且基本上还处于象牙塔里的技术，是如何撑起 20 章的？如何把带有泳道概念的 Petri 网，运用到软件测试项目当中呢？带着这样的疑问，我们开启了"边学习边翻译"的历程。

翻译这本书的时间远远超过了预期。并不是我们不能很好地将英文转换成中文，我们也不是拖延症患者，而是因为翻译这本书是一个非常赏心悦目的过程，让我们不由得放慢了脚步。

本书的前 10 章详细介绍了基于模型的测试的基本理论和方法，深入浅出，层层递进。阅读和翻译的过程，就好像跟随一位经验丰富的老师上了一学期带有实践的 MBT 课程。书中配备着表格和图的案例分析，能让 MBT 小白在短时间内了解 MBT 的前生今世。而本书的后 10 章则详细介绍了具有代表性的、支持 MBT 的商业工具和开源工具，读者可以按照前 10 章给出的各项 MBT 技术，在后 10 章寻找对应的工具。因此，不管是新手，还是已经在软件测试行业摸爬滚打多年的老将，都能从本书中有所收获。作为译者，我们力求使用"行话"而非绝对正确的"原话"来表达书中的技术内容。对于有些术语，我们加上了英文标注，一方面便于读者理解，另一方面读者也能够使用原文做进一步的查阅。

MBT 有很多毋庸置疑的优势，但它不是软件测试的银弹。学会了 MBT，也绝不是掌握了点金术。这本书带给我们的最大启发恰恰是"匠人"这两个字。本书作者以做木匠活为例，说明了在完成一件作品的过程中工具不是关键，了解物料本身的特质，因材施法，才是匠人的本领。

希望本书能够让读者在成为软件测试匠人的路上知己知彼，少走弯路。

首先是免责声明：我所使用的"工匠"和"工匠精神"这两个词是完全中性的，无意冒犯任何人。我相信，基于模型的测试（MBT）技术能够成为也应该成为一门手艺，而非艺术。工匠精神包含 3 个关键部分：对物料的深入理解，选择合适工具的能力，以及使用这些工具的经验。工具与手艺之间的关系是很有趣的，一个工匠就算使用很破旧的工具也能做出让人满意的产品，但一个新手就算使用精妙的工具也制作不出好产品。对于 MBT 这门手艺来说，这一点尤其如此。

除了软件测试之外，我个人最喜欢的手艺是木工活。作为一门手艺来说，木工需要了解物料，也就是木头。不同的木头有不同的特质，了解这些特质的木工才能做出正确的选择。枫木非常坚硬，需要非常锋利的工具；松木则很软，而且很容易塑型。我最喜欢的木头是樱桃木，它虽然不像枫木或者橡木那样坚硬，但是它有非常漂亮的花纹，而且好用。工具部分就更明显了。拿手锯来说吧，一个工匠可以有横切锯和粗木锯，有镶边手锯、轴锯箱、钢丝锯，也许还有些特制的日本锯用来进行更精细的切割。每一样工具都有某一种特殊的用途，没有一把锯能够符合所有的要求。但仅有工具是远远不够的。未来的工匠必须知道如何使用这些工具来达到自己的目的。此时经验就发挥作用了。在我看来，也许史上练就手艺的最好方法是学徒制，包括学徒期和熟练工时期，最终是大师级的工匠。整个学徒过程的核心是，在成为一个公认的、值得信赖的工匠之前，一个人必须经过长期的、受督导的学习历程。

上述内容与 MBT 有何关系呢？MBT 中，类似工匠的角色有哪些呢？物料，也就是被测软件或者被测系统。它们简单的区别在于，软件可能是转换类型的或者交互类型的。类型不同将影响如何选择合适的 MBT 工具。

MBT 工具包括用于描述软件的模型，在书中第一部分会涵盖这些内容。能够生成并且可能运行从模型派生出来的测试用例的商用或开源产品，会在第二部分介绍。第一部分首先简单介绍一些基本知识，第 2 ～ 10 章则分别讲解了 9 个模型，它们有不同的复杂度和表现力。有些非常有名，比如流程图和决策表。我们特别关注有限状态机，因为大多数的商用工具或者开源工具对其支持力度最大。第二部分展示了 6 个商用的 MBT 产品，最后一章简单描述了 6 个开源的 MBT 工具。

写作本书最大的挑战是如何传授经验。有两个贯穿全书的例子，保费计算问题是一个转换型应用的例子，车库门控系统是一个交互型应用（事件驱动）的例子。在第 2 ～ 10 章，我们用教学的方式对这两个问题予以建模。之后把这两个例子交给了 6 个商用工具，看看这些产品是如何支持这两个贯穿全书的例子的。所有 MBT 社区都承认，MBT 的成功在很大程度上取决于被测系统的建模好坏。因此第 2 ～ 10 章非常重要。

我父亲是一位工具和骰子制造商，他的父亲和祖父是丹麦的橱柜制造商。我外公是一位画家，我妻子是一位出色的厨师。我的家庭成员都将各自的才能作为手艺，并以各自的工作为荣。我相信，这种自豪感能够将普通的工作升华为手艺。我希望读者能够使用本书所展现的内容成为一个 MBT 的手艺人。

Paul C. Jorgensen

密歇根州，罗克福德

致 谢

The Craft of Model-Based Testing

非常感谢我的同事和研究生对本书所做的贡献。在 MBT 供应商中，感谢 sepp.med GmbH 的 Anne Kramer、Smartesting 的 Bruno Legeard、Elvior LLC 的首席执行官 Andrus Lehtmets、TestOptimal LLC 的首席执行官 Yaxiong Lin、德国不来梅大学的 Jan Peleska 教授，以及 RTtester 和 Conformiq 的首席技术官 Stephan Schulz。

还要感谢我在大峡谷州立大学（位于密歇根州的阿伦达尔）的研究生团队：Mohamed Azuz、Khalid Alhamdan、Khalid Almoqhim、Sekhar Cherukuri、James Cornett、Lisa Dohn、Ron Foreman、Roland Heusser、Ryan Huebner、Abinaya Muralidharan、Frederic Paladin、Jacob Pataniczak、Kyle Prins、Evgeny Ryzhkov、Saheel Sehgal、Mike Steimel、Komal Sorathiya 和 Chris Taylor。

在大峡谷州立大学，计算与信息系统学院院长 Paul Leidig 博士、帕德诺斯工程与计算学院院长 Paul Plotkowski 博士和大学教务长 Gayle Davis 博士都批准了我的休假，让我有时间完成这本书。

最后，对我的妻子 Carol 表示深深的谢意，感谢她过去几个月对我的耐心。

Paul C. Jorgensen 博士从事电话交换系统软件开发工作 20 年，这是他的第一份职业。他于 1986 年开始了大学教学工作，先在位于亚利桑那州坦佩市的亚利桑那州立大学教授研究生的软件工程课程，后于 1988 年在位于密歇根州阿伦达尔的大峡谷州立大学担任正教授。在从事学术工作之余，他还短暂从事过"软件范型"的咨询业务。他曾服务于数据系统语言会议（CODASYL）、计算机协会（ACM）、电气和电子工程师协会（IEEE）标准委员会。2012 年，他所在大学以"杰出学科贡献奖"表彰了他这一生的成就。

除了他的软件测试书籍《Software Testing: A Craftsman's Approach》（第 4 版）之外，他还是《Modeling Software Behavior: A Craftsman's Approach》一书的作者，以及《Mathematics for Data Processing》（McGraw-Hill，1970）一书和《Structured Methods—Merging Models, Techniques, and CASE》（McGraw-Hill, 1993）一书的合著者。最近，Jorgensen 博士参与了国际软件测试评定委员会（ISTQB）的工作，他与人合作编写了相关工作的高级教学大纲，并担任了 ISTQB 术语工作组的副主席。他是 ISTQB "基于模型的测试"教学大纲的审阅者。

在意大利生活和工作的三年，使他成为一个坚定的"Italophile"（喜爱意大利的人）。他和妻子 Carol 以及女儿 Kirsten 和 Katia 曾多次访问那里的朋友。自 2000 年以来，Paul 和 Carol 每年夏天都会在南达科他州 Pine Ridge 保护区的 Porcupine 学校做志愿者。他的大学电子邮件地址是 jorgensp@gvsu.edu，他在 2017 年夏天成为荣誉退休教授，也可以通过 pauljorgensen42@gmail.com 联系他。

基于模型测试的模型理论

基于模型测试概述

　　无论是软件还是硬件，甚至是日常生活中，所有的测试都可以视为系统因某个激励产生响应，然后对其进行检查的过程。事实上，早期的需求方法也主要是针对激励－响应进行研究的。在基于模型的测试（MBT）中，我们认为模型在某种程度上就是激励－响应的一种表达方式。其中有一些说明性的词汇有助于我们对这个问题的理解。

　　在软件测试领域，有 3 种被广泛接受的测试级别：单元测试、集成测试和系统测试。每个级别的测试都有明确的测试目标和测试方法。单元测试主要针对类或者过程进行测试，集成测试主要针对单元之间的交互进行测试，而系统测试则更加关注被测系统（SUT）的对外端口（也称为端口边界）。每个级别的测试都有一个测试覆盖矩阵（更详细的讨论请见 [Jorgensen 2013]），同时每个级别的测试用例都包含相似的要素：用例名称和标识（ID）、前置条件、输入序列（也可能是交互输入）及预期输出、记录的实际输出、后置条件，以及通过准则。

1.1　基本术语

　　定义：被测系统通常缩写为 SUT，即将要被测试的系统。

　　SUT 可能是：一个由软件控制的硬件系统，一个仅有硬件的系统或者仅有软件的系统，甚至可能是由若干个 SUT 组成的大系统。SUT 也可以是一个单独的软件单元或者是由多个单元组成的集合。

　　定义：被测系统的端口边界，是被测系统中所有能够施加输入激励以及接收输出响应的端口集合。

　　无论是硬件、软件还是固件抑或是 3 种的组合，每一类系统都有端口边界。识别出 SUT "真正的"端口边界对于基于模型的测试（MBT）过程而言是至关重要的。为什么说是 "真正的"？因为在测试过程中我们很容易将用户引起的物理事件与由此产生的电子信号（激励）相混淆。在基于 Web 的应用中，用户接口很可能就是系统级的输入和输出所在位置。在汽车刮水器控制器中，端口边界通常包括控制杆、决定刮水器速度的拨盘以及驱动刮水器叶片的电机。本书中还用到了车库门控系统（后面会详述），该系统的端口边界包括发送控制信号的设备、安全设备、末端传感器，以及一个驱动电机。一个单元的端口边界则是激活该单元的某种机制（可能是面向对象软件中的消息，也可能是传统软件中的某个过程调用）。

　　定义：端口输入事件是针对给定 SUT 端口边界的一个激励。同样，端口输出事件是发生在 SUT 端口边界的一个输出响应。

　　在看待系统的端口输入事件上，开发人员和测试人员在观念上有明显的不同。测试人员的想法是针对 SUT 如何产生或引发一个输入激励，而开发人员考虑更多的是输入激励会导致软件产生什么样的行为和动作。这种区别也同样明显地反映在输出事件上，测试人员需要知道如何观察或者探知到系统的输出响应，而开发人员则关心如何生成或者引发输出响应。这些观念上的不同，有一部分是由软件开发团队构建的设计和开发模型所造成的。设计和开发模型是从开发者的视角进行构建的，而测试用例的产生却是从测试人员的视角构建的。这个不同之处可能会在基于模型的测试中产生一定的影响。

1.2　事件

下面的术语基本上都是同义词，但略有不同：端口输入事件、激励、输入。同样，下面这些词也基本上算是同义词：端口输出事件、响应、输出。事件是一级一级发生的，当然，或许使用"按顺序发生"会更好些。我们来看车库门控系统（见 1.8.2 节详述），重点是包含光束传感器的安全设备。当车库门正在向下关闭的时候，如果任何事物阻断了光束（在靠近地板部分），那么电机会立刻停止并反向打开车库门。这个事件序列就是从某一个物理事件开始的，这个事件有可能是向下关门过程中有一个小动物恰巧穿过了光束。当光束传感器探测到中断时，它会给控制器发送一个信号。这就是端口输入事件，而且是一个真实的电信号。内部的控制器软件就会将此视为一个逻辑事件。

端口输入事件可能发生在不同的逻辑场景中。"一只猫穿过了光束"是一个物理事件，而这个物理事件有可能发生在好几种场景中，例如车库门已经打开的时候，正在打开车库门的时候，或者正在关闭车库门的时候。我们所关心的逻辑事件却只是发生在"正在关门"的时候。通常，事件发生环境在某些有限状态机（FSM）中表示为状态。在评估不同类型的模型对 MBT 的支持能力的时候，有一个很重要的指标就是该类型的模型能否表达和识别出对环境敏感的输入事件。同样，这也要求我们关注端口输入设备本身。假设一个测试人员想要测试光束传感器，尤其是其失效模式。通常的设备失效包括"在位置 1 失效"（SA-1）和"在位置 0 失效"（SA-0）。对于 SA-1 失效，光束传感器在发送信号位置失效，即保持一直发送信号的状态，无论物理输入事件有没有发生。请注意，在这种失效情况下是没法关上车库门的（请见下表中的 EECU-SA-1 用例）。而 SA-0 失效更加隐蔽一些，它表示光束传感器始终保持不发送信号的状态，这将导致即使物理中断发生之后，门也不会反向打开。我相信，如果律师得知在安全设备中会产生 SA-0 失效之后，那么他一定会非常郁闷。在第 8 章我们会对此进行建模。

用例名称	光束传感器在位置 1 失效	
用例 ID	EEUC-SA-1	
描述	用户尝试使用设备控制信号关闭一个已经打开的门。光束传感器发生 SA-1 失效	
前置条件	1. 车库门开	
	2. 光束传感器发生 SA-1 失效	
事件序列		
输入事件	**输出事件**	
1. 设备控制信号	2. 起动电机向下	
3. 光束 SA-1 失效	4. 停止并反向运转电机	
5. 达到上行轨道终点	6. 停止电机	
后置条件	1. 车库门打开	
	2. 光束传感器产生 SA-1 失效	

"在某个位置失效"这类故障以及其他失效模式是很难被定义的。它们可能不会出现在需求文档中。就算是在需求文档中有所说明，在很多基于模型测试的过程中也很难对其进行

建模。我们会在第 8 章详述这一点。用户有可能会提供类似 EEUC-SA-1 的用例吗？基于以往的经验，这是很有可能的。但在敏捷开发中，这就是个挑战了。

1.3　测试用例

对于一个测试用例而言，它有两种基本的形式——抽象的和真实的，有些 MBT 团队将后者称为具体测试用例。抽象测试用例通常是从一个形式化模型中派生出来的。何为抽象？意指输入通常是以变量方式来表达的。真实的（具体的）测试用例包含输入变量的真实数值，以及预期的输出数值。这两种形式都包括前置和后置条件。

1.4　测试用例的执行框架

图 1-1 是一个通用的自动化测试用例执行框架。它的基础是我的团队在 20 世纪 80 年代早期开发的一个针对电话交换机系统的回归测试项目。图中的计算机包括所有测试用例的处理器，这些处理器控制并观察测试用例的执行过程。测试用例使用简单的语言来描述，

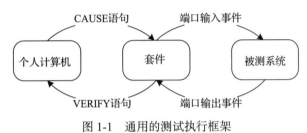

图 1-1　通用的测试执行框架

这个语言可以解释执行。语言中包括 CAUSE 和 VERIFY 语句，它们指代 SUT 的端口边界。CAUSE 语句一般都带有参数，它们指代端口输入事件和发生这些事件的设备（它们还可能有附加参数）。同样，VERIFY 语句指代预期的端口输出事件。在电话交换机的 SUT 中，一个测试用例可能有以下两种语句：

```
CAUSE InputDigit(9) on Line12
VERIFY DigitEcho(9) on Line12
```

在这些语句中，InputDigit 指代 Line12 设备上发生的带有参数的端口输入事件以及该设备上发生的端口输出事件。能够实现这个框架的关键是开发一个能够连接 SUT 与测试用例处理器的"套件"。套件主要完成的工作包括以下内容。在 CAUSE 语句中，将端口输入事件从逻辑形式（抽象形式的用例）转换为物理形式；在 VERIFY 语句中，将端口输出事件从物理形式转换为逻辑形式。

以上内容主要针对系统级测试。在单元测试中，类似 nUnit family 的自动测试工具很常见，其中 CAUSE 和 VERIFY 语句被 ASSERT 语句替代。ASSERT 语句中包括被测单元的输入和输出，由此取代了系统测试中的测试套件。本书中我们忽略了集成测试，因为几乎没有 MBT 工具能够支持集成测试。本章结尾部分给出的 MBT 例子也只是包括了单元测试和系统测试。大家一定要记住，基于模型的测试要想成功，使用的模型必须能够提供激励和响应，不管它是单元级别还是系统级别。

1.5　MBT 中的模型

软件和系统设计模型通常包含两种类型——针对结构的模型和针对行为的模型。在通用建模语言（UML）中（UML 已经成为一种事实上的标准），针对结构的模型集中于类、类的属性、方法和类之间的连接（继承、聚合、相关）。另外，主要有两种针对行为的模型——状态图和活动（或者顺序）图。本书第一部分呈现了 9 种针对行为的模型：流程图、决策表、

有限状态机、Petri 网、事件驱动的 Petri 网、状态图、泳道型事件驱动的 Petri 网、UML（用例和活动图）、业务流程建模和标识（BPMN）。在这些模型中，除了泳道型事件驱动的 Petri 网 [Jorgensen 2015] 和 BPMN 以外，都在 [Jorgensen 2008] 中有非常详细的解释。本书的重点是扩展这些模型，以支持基于模型的测试。在 MBT 中有一个不可避免的局限性，只有原生模型（软件和系统设计模型）比较好，派生出来的测试用例才能够同样好。因此在第一部分我们需要特别关注的就是不同模型的局限性以及它的表达能力。

1.6　ISTQB 中的 MBT 扩展

本书意在与 ISTQB 基础级大纲中关于 MBT 的内容保持一致，该大纲于 2015 年 10 月发布。ISTQB（国际软件测试评定委员会）是一个非营利组织，截止到 2013 年，已经有超过 100 个国家的 336 000 名测试人员取得认证。本书的第二部分介绍了 6 个测试工具，以及使用这些工具对书中的例子进行测试的结果。

1.7　MBT 的形式

基于模型测试的过程有 3 种基本形式：手动测试、半自动测试和全自动测试 [Utting 2010]。在手动 MBT 中，构建并分析 SUT 的模型是为了设计测试用例。例如，在基于有限状态机的 MBT 过程中，首先需要使用有限状态机对 SUT 进行建模，这样一条从初始状态到最终状态的路径就可以被形象地标识出来并转化成测试用例。接着需要确定一个可用准则，用来选择哪些测试用例将予以执行。这些选择测试用例的准则实质上就是某些覆盖矩阵。然后我们还需要对这些用抽象术语描述的测试用例进行"具体化"（这是一个在 MBT 领域常用的术语）。比如，将"个人 ID 号码"这种抽象表达具体化为一个真实的数值"1234"。最后一步是在被测系统上执行具体的测试用例。这部分内容可以参考 Craig Larman [Larman 2001]，资料中提到了用例的 4 个级别（第 9 章会详述）。其中第三级称为扩展的关键用例，包含了抽象的变量名；而 Larman 的第四级用例就是真实使用的用例，将抽象的术语和变量名称替换为要测试的真实数值。这就是具体化过程。半自动 MBT 和手动 MBT 的区别是在测试过程的早期是否使用了工具。工具是指能够运行某个合适模型并且生成抽象测试用例的引擎。下一步，从生成的测试用例集中挑选予以执行的测试用例，这个过程可以自动进行也可以手动进行。在有限状态机例子中，挑选测试用例的准则可能是以下几种：

1）覆盖所有状态。

2）覆盖所有变迁。

3）覆盖所有路径。

这个挑选过程也可以自动进行。另外，全自动 MBT 与半自动 MBT 的区别是测试用例是否自动执行，我们在第二部分会详述这一过程。

1.8　案例集

1.8.1　单元级问题：保费计算

政策规定的汽车保费是根据考虑了成本的基本利率计算而成的。该计算的输入如下所示：

1）基本利率是 600 美元。

2）保险持有者的年龄（16≤年龄<25；25≤年龄<65；65≤年龄<90）。

3）小于 16 岁或者大于 90 岁的，不予保险。

4）过去 5 年中出险次数（0、1～3 和 3～10）。

5）过去 5 年出险次数超过 10 次的，不予保险。

6）好学生减免 50 美元。

7）非饮酒者减免 75 美元。

具体数值的计算见表 1-1～表 1-3。

表 1-1   不同年龄段的保费系数

年龄区间	年龄系数
16≤年龄<25	$x = 1.5$
25≤年龄<65	$x = 1.0$
65≤年龄<90	$x = 1.2$

表 1-2   出险次数中的惩罚金额

过去 5 年的出险次数	惩罚金额
0	0 美元
1～3	100 美元
4～10	300 美元

表 1-3   针对好学生和非饮酒者减免费用的决策表

c1：好学生	T	T	F	F
c2：非饮酒者	T	F	T	F
a1：减免 50 美元	X	X	—	—
a2：减免 75 美元	X	—	X	—
a3：什么都不做	—	—	—	—

1.8.2   系统级问题：车库门控系统

车库门控系统包括驱动电机、能够感知开 / 关状态的车库门轮传感器以及控制设备。另外，还有两个安全设备：地板附近的光束传感器和障碍物传感器。只有车库门在关闭过程中，后面两个安全设备才会运行。正在关门的时候，如果光束被打断（可能家中的宠物穿过）或者车库门碰到了一个障碍，那么门会立即停止动作，然后向反方向运行。为减少后续章节中的模型数目，本书中我们只考虑光束传感器。关于障碍物传感器的分析，与之基本相同，不再赘述。一旦门处于运行状态（要么正在打开，要么正在关闭），控制设备发出信号，门就会停止运行。后续的控制信号会根据门停下来时的运动方向来起动门的运行。最后，有些传感器会检测到门已经运行到了某个极限位置，即要么是全开，要么是全关。一旦这种情况发生，门会停止动作。图 1-2 是车库门控系统的 SysML 上下文图。

在绝大多数的车库门控系统中，有如下几个控制设备：安装在门外的数字键盘、车库内独立供电的按钮、车内的信号设备。为简单起见，我们将这些冗余的信号源合并为一个设备。同样，既然两个安全设备产生同样的响应，我们只考虑光束设备，忽略障碍物传感器。

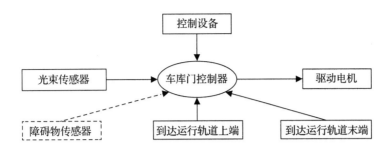

图 1-2　针对车库门控系统的 SysML 图

1.8.3　其他案例

这里给出其他几个案例以说明和比较建模理论和技术。表 1-4 描述了表 1-5 中的示例使用的不同的建模方式。

表 1-4　表 1-5 中示例的建模选择

	流程图	决策表	有限状态机	Petri 网	事件驱动的 Petri 网	状态图		
	WCF	ND	EVM	EVM	EVM	EVM	WCF	风寒指数计算
	IP	WW	RRX	RRX	RRX	RRX	IP	保费计算
不错的选择				WW	WW	WW	ND	日期计算
				PCP	PCP	PCP	EVM	咖啡自动售卖机
			GDC	GDC	GDC	GDC	RRX	铁路道口门控制器
	ND	IP	WW				WW	刮水器控制器
可以工作，但是……	EVM	EVM					GDC	车库门控系统
	RRX	RRX					PCP	生产者 – 消费者问题
	WW	GDC						
	PCP	WCF	WCF	WCF	WCF	WCF		
糟糕的选择	GDC	PCP	IP	IP	IP	IP		
			ND	ND	ND	ND		
			PCP					

表 1-5　第一部分各章使用的补充示例

章	模型	章节特定的补充示例
2	流程图	咖啡自动售卖机（EVM），日期计算（ND），风寒指数计算（WCF）
3	决策表	日期计算（ND）
4	有限状态机	铁路道口门控制器（RRX），刮水器控制器（WW）
5	Petri 网	生产者 – 消费者问题（PCP）
6	事件驱动的 Petri 网	刮水器控制器（WW）
7	状态图	刮水器控制器（WW）
8	泳道型事件驱动的 Petri 网	
9	面向对象的模型（统一建模语言）	

1.9　MBT 的技术现状

从 20 世纪 80 年代起，MBT 就以手动的方式开始为人所用。此后许多学术研究团队开发的开源 MBT 工具，让更多的人开始关注 MBT。最近，商用 MBT 工具的出现使得这项技术进入到工业领域。从 Robert V. Binder 所做的两份调查中可以看出使用 MBT 的一些原因。最早针对 MBT 用户的调查是在 2011 年开展的，随后在 2014 年又做过一次。这些调查总结了早期 MBT 使用者的期待与顾虑。

Binder 在 2011 年的调查 [Binder 2012] 中特别强调了以下几点：

- MBT 的应用有了长足发展，包括软件过程、应用领域和开发团队方面。
- MBT 不仅可用而且可行。一半的被访者反馈说，只需要 80 小时或者更少的时间就可以基本熟练掌握 MBT 技术，80% 的受访者需要最多 100 小时。
- 平均来说，受访者反馈 MBT 技术能够减少 59% 的错误逃逸率。
- 平均来说，受访者反馈 MBT 技术能够减少 17% 的测试开销。
- 平均来说，受访者反馈 MBT 技术能够减少 25% 的测试时间。

该调查项目在 2014 年再次开展，同时增加了两个 MBT 的实践者：Anne Kramer（见第 18 章）和 Bruno Legeard（见第 14 章）[Binder 2014]。此次一共收到 100 份反馈。下述内容显示了此次调查的亮点（内容为直接引用或者部分引用）。

测试级别：

- 77.4% 的人使用 MBT 进行系统测试
- 49.5% 的人使用 MBT 进行集成测试
- 40.9% 的人使用 MBT 进行验收测试
- 31.2% 的人使用 MBT 进行部件测试

生成的产品：

- 84.2% 的产品是自动的测试脚本
- 56.6% 的产品是手动测试用例
- 39.5% 的产品是测试数据
- 28.9% 的产品是其他文档

最大的益处：

- 测试覆盖率
- 处理复杂度
- 自动测试用例的生成
- 重用模型和模型元素

最大的局限性：

- 工具支持
- 需要专门的 MBT 技能
- 不愿意改变

通用观察：

- 96% 的人在功能测试中使用 MBT
- 81% 的人使用图形化模型
- 59% 的人针对行为特性建模

- 大概需要 80 小时成为熟练用户
- 72% 的参与者非常愿意继续使用 MBT

MBT 用户的期待：

- 73.4% 的人期待更高效的测试设计
- 86.2% 的人期待更有效的测试用例
- 73.4% 的人期待更好地管理系统测试的复杂性
- 44.7% 的人期待改进交流
- 59.6% 的人期待尽早开始测试设计

MBT 的整体效率：

- 23.6% 非常有效
- 40.3% 中等有效
- 23.6% 稍微有效
- 5.6% 几乎无效
- 1.4% 效率轻微下降
- 2.8% 效率中等下降
- 2.8% 效率极度下降

参考文献

[Binder 2012]

Binder, Robert V., Real Users of Model-Based Testing, blog, http://robertvbinder.com/real-users-of-model-based-testing/, January 16, 2012.

[Binder 2014]

Binder, Robert V., Anne Kramer, and Bruno Legeard, *2014 Model-Based Testing User Survey: Results*, 2014.

[Jorgensen 2008]

Jorgensen, Paul C., *Modeling Software Behavior—A Craftsman's Approach*. CRC Press, Boca Raton, FL, 2008.

[Jorgensen 2013]

Jorgensen, Paul C., *Software Testing—A Craftsman's Approach*, 4th ed. CRC Press, Boca Raton, FL, 2013.

[Jorgensen 2015]

Jorgensen, Paul C., A Visual Formalism for Interacting Systems. In Petrenko, Schlingloff, Pakulin (Eds.): *Tenth Workshop on Model-Based Testing* (*MBT-2015*), *Proceedings MBT 2015*, arXiv:1504.01928, EPTCS 180, 2015, pp. 41–55. DOI:10.4204/EPTCS.180.3.

[Larman 2001]

Larman, Craig, *Applying UML and Patterns: An Introduction to Object-Oriented Analysis and Design*, 2nd ed. Prentice-Hall, Upper Saddle River, NJ, 2001.

[Utting 2010]

Utting, Mark, Pretschner, Alexander, and Legeard, Bruno, A taxonomy of model-based testing approaches. *Software Testing, Verification and Reliability* 2012;22:297–312. Published online in Wiley InterScience (www.interscience.wiley.com). DOI:10.1002/stvr.456.

流 程 图

计算机领域很早就开始使用流程图（flowchart）了，这可能是使用最早的一类行为模型。在 20 世纪 60 年代，工具供应商通常会提供一些具有可塑性的流程图模板，程序员可以据此绘制出更整齐的流程图。IBM 公司甚至提供了一个带有基本标记的不同规格标准的流程图模板。前辈们开玩笑说，这是该领域的第一个 CASE（计算机辅助软件工程）工具。

2.1 定义与表示法

通常有两种不同风格的流程图标记形式。图 2-1 所示为第一种，这是一种极简风格的表示方式，只有表示动作、决策和两种页连接符的符号。分页连接符一般用于不能在一页上显示完全的大型系统中。传统的分页连接符使用大写字母 ABC…，第一个分页连接符是 A，与之对应的连接点也用 A 表示。

在流程图使用的早期，因为比较关心系统的输入 / 输出设备，所以开发出很多扩展的流程图符号，如图 2-2 所示，这里面甚至有表示卡片式 I/O 的符号。

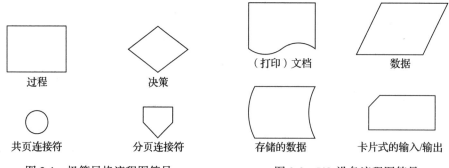

图 2-1 极简风格流程图符号   图 2-2 I/O 设备流程图符号

在这种流程图标记方式中，"流"的部分使用带箭头的线段，表示从某个流程图符号开始，在某个流程图符号处结束。图 2-3 是特浓咖啡自动售卖机的流程图示例，利用这个咖啡机，可以用 1 欧元买到一小杯意大利特浓咖啡。后续我们还会使用这个案例讨论流程图技术。

2.2 技术详解

图 2-3 中的流程图能够处理自动售卖机的销售过程。接收欧元硬币，给出特浓咖啡。如果仔细观察流程图，可能会注意到，所有的箭头都会在符号的顶部结束。这不是强制要求，但这样做有助于理解。决策框只能有一个入口，既然是决策过程，那么至少应有两个出口箭头。在早先的 Fortran 年代，"Arithmetic IF"语句带有 3 个输出。这个钻石形状的框（决策符号框）的边与底部顶点可以分别表示 3 种选择（<、=、>）。在图 2-3 中很容易看到这 3 个

选项。如果多于 3 个选项（比如 Case/Switch 语句），每个选项对应一个连接箭头即可。(标识符是为使用者服务的，不必非要遵守条条框框)。过程框则最多只有一个输出箭头。但它们可能有多个输入箭头。箭头上的标签通常表明决策框有几个可能的出口，Yes/No、True/False 或者数值显示决策结果。从过程框发出的箭头则没有标签。这样表示过程框的过程是完整的，流程走向下一个框。框之间不会表达信息或内容。使用者需要自己确定过程框的结果对于后续框是否可用（流程图具有"记忆性"）。

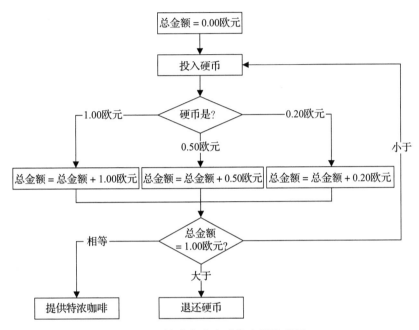

图 2-3　特浓咖啡自动售卖机流程图

对于过程框和决策框来说，框内文本内容几乎没有限制，可以有不同的形式，这些形式的抽象程度也可以不同。框内文本可以简明扼要，如图 2-3 所示。或者也可以非常具体，甚至可直接是某种编程语言。例如"硬币是"决策框的输出结果可以是 1.00 欧元、0.50 欧元或 0.20 欧元三种形式。同样，决策条件也可以表示为针对每一种硬币类型的二进制条件，如"是"或"否"。不管使用哪种方式，最好要保持一致，如果不同抽象级别的文本表达混合在一起，那将是很让人困惑的。流程图的符号集可以支持结构化编程的 3 种基本结构：顺序、选择、循环。例如图 2-3 所示的决策框表示了"选择"结构，而图 2-3 底部还有一处表示了"循环"结构：如果变量"总金额"与 1 欧元的比较结果是"小于"，就会返回到投入硬币过程框。再看一下 1 欧元那个分支，它结束"提供特浓咖啡"这个过程框，这正是"顺序"结构的例子。在结构化编程中，通常有"单一入口，单一出口"的设计惯例，但是这个惯例并不是强制要求，图 2-3 所示例子是符合这个惯例的。

流程图采用分层策略来处理不同抽象级别的过程。也就是说，一个高抽象级别的过程框可以扩展成一系列更详细、单独的流程图。如果这样做，那么每一个低抽象级别的流程图都应该被命名，以此来清晰地表明它是从某个高抽象级别的过程框扩展而来的，或者干脆使用分页连接符（只是分页连接符的方式显得有些笨重）。本章结束部分的表 2-4，总结了在流程图中可以表达的控制事件。

2.3 案例分析

2.3.1 日期计算函数

NextDate 函数是测试圈里非常流行的一个例子，它非常简单，很容易找到测试用例的预期输出。（给定某个日期，NextDate 函数返回下一个日期。）图 2-4 和图 2-5 采用分层流程图方式将功能进行了分解。变量 lastDay 的数值通过其他方式计算出来，然后与决策框中的日期进行比较。如果某个变量可以在多处赋值，那么必须保证最终计算出来的数值在运行过程中不会相互改写。在 NextDate 流程图中，有 3 个值被分配给 nextDay、nextMonth 和 nextYear。决策框要求这 3 个赋值必须是互斥的。在这些计算过程中使用到了 GoTo 语句，当使用流程图来建立主要的行为模型时，使用 GoTo 语句是一种常用作法。在流程图中可以清晰地看到，NextDate 函数的逻辑是很严密的。

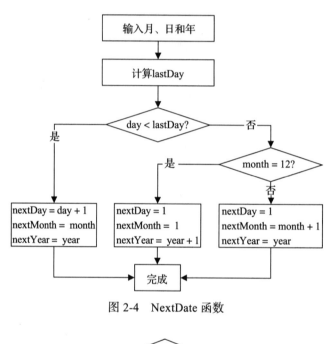

图 2-4 NextDate 函数

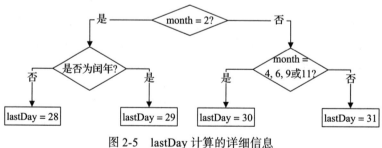

图 2-5 lastDay 计算的详细信息

2.3.2 风寒指数表

著名的风寒指数（密歇根州或者其他寒冷地区）是由两个变量构成的函数：每小时风速 V 和摄氏温度 T。其公式如下所示：

$$W = 35.74 + 0.6215 \times T - 35.75 \times (V^{0.16}) + 0.4275 \times T \times (V^{0.16})$$

其中，W是人脸的表面温度，以华氏度为单位；T是空气温度，以华氏度为单位，$-20 \leqslant T \leqslant 50$；$V$是风速，以 mile/h（1mile = 1609.34m）为单位，$3 \leqslant V \leqslant 73$。

基于图 2-6 所示的流程图可以完成一个类似表 2-1 的表格，请注意其中的循环嵌套。

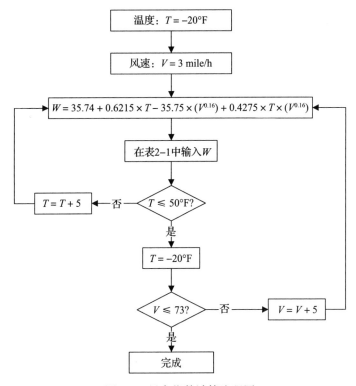

图 2-6　风寒指数计算流程图

表 2-1　以风速和空气温度表示的风寒指数函数

温度 / 风速	−20 ℉	−15 ℉	⋯	0 ℉	⋯	45 ℉	50 ℉
3 mile/h							
8 mile/h							
⋯							
70 mile/h							
73 mile/h							

（例子中的数值范围是随意制定的，在密歇根州，这是真实情况！）风寒表格中温度的范围是 $-20\ ℉ \leqslant T \leqslant 50\ ℉$，每次递增 5 ℉；风速范围是 $3 \leqslant V \leqslant 73$，每次递增 5mile/h。

2.3.3　保费计算流程图

图 2-7 是 1.8.1 节中定义的保费计算问题的流程图模型。

2.3.4　车库门控系统流程图

图 2-8 是 1.8.2 节中定义问题的流程图模型。

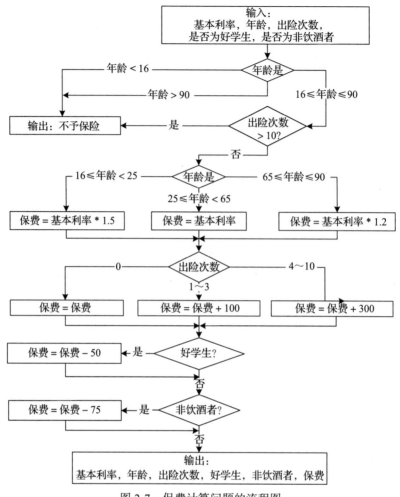

图 2-7　保费计算问题的流程图

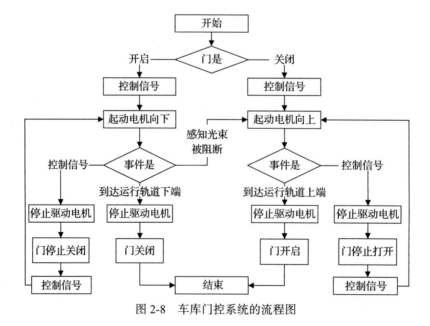

图 2-8　车库门控系统的流程图

2.4 基于流程图派生的测试用例

流程图中的路径可以直接推导出抽象的测试用例。由于流程图可以显示并发的路径，因此很容易手工设计出相关的抽象测试用例。从图 2-7 所示的保费计算流程图中可以看到关于年龄和保费变量的并发路径。毫无疑问，并发路径应该是互斥的。（测试用例也可以利用某个指定流程图的语义内容派生出来，但这反过来又要求手动推导测试用例生成。）通常来说，从流程图中不可能直接设计出具体的测试用例，因为流程图只显示了需要完成的过程，并不实际执行这些过程。

（对于类似 Fortran 这样的程序来说，流程图很好用。）而对于事件驱动型应用来说，流程图的形式就显得不太适合了。从接下来给出的事件驱动示例，可以清晰看出以下几个问题。

- 事件可以表示为决策的输出或者过程（过程框）。
- 由于没有专门的事件标识符，所以事件只能表示为流程图中有明确语义的内容。
- 需要具有洞察力和领域经验才能识别与上下文相关的输入事件。

2.4.1 保费计算问题的测试用例

图 2-7 所示的流程图中一共有 40 条不同的路径，其中 36 条对应着表 2-2 列出的使用等价类测试方法生成的测试用例。年龄和出险次数变量由变量的取值范围来定义，因此从表面上看，只需要测试某种形式的边界值就足够充分了。将每个等价类中的边界值映射到相同的乘法和加法函数集合中，它们会在结果中产生大量的冗余，因而这并无太大价值。图 2-9 显示了表 2-2 中测试用例 1 的路径。

表 2-2 显示了保费计算问题的抽象测试用例和具体测试用例。抽象测试用例可以从流程图中直接设计出来（MBT 工具可以完成这个过程）。实际数值则需要从需求中获取。从图 2-7 中给定的文本可以看出，对于 MBT 工具来说，直接生成测试用例需要的实际数值还是很困难的。我主要使用电子表格中的替换功能来完成这部分工作，这样还不算太麻烦。通常来说，电子表格是 MBT 工具很顺手的一个补充。

下面是图 2-8 所示路径对应的测试用例 1 中的抽象和具体测试用例。

保费计算抽象测试用例 1	
前置条件	基本费用、年龄、出险次数、是否为好学生、是否为非饮酒者都是已知的
输入	过程
1. 年龄，16 ≤ 年龄 <25	2. 基本利率乘以 1.5
3. 出险次数 = 0	4. 基本利率乘以 1
5. 是好学生	6. 从基本费用中减去 50 美元
7. 非饮酒者	8. 从基本费用中减去 75 美元
后置条件	基本费用包含保费

保费计算具体测试用例 1	
前置条件	基本费用 = 600 美元
输入	过程（输出）
1. 年龄 = 20	2. 900 = 600 × 1.5
3. 出险次数 = 0	4. 900 = 900 - 0
5. 是好学生	6. 850 = 900 - 50
7. 非饮酒者	8. 775 = 850 - 75
后置条件	保费 = 775 美元

表 2-2 保费计算问题的抽象和具体测试用例

测试用例	输入数据				数值（基本利率）				
	年龄	出险次数	好学生	非饮酒者	年龄系数	出险次数（美元）	好学生（美元）	非饮酒者（美元）	保费（美元）
1	20	0	是	是	1.5	0	−50	−75	775
2	20	0	是	否	1.5	0	−50	0	850
3	20	0	否	是	1.5	0	0	−75	825
4	20	0	否	否	1.5	0	0	0	900
5	20	2	是	是	1.5	100	−50	−75	875
6	20	2	是	否	1.5	100	−50	0	950
7	20	2	否	是	1.5	100	0	−75	925
8	20	2	否	否	1.5	100	0	0	1000
9	20	6	是	是	1.5	300	−50	−75	1075
10	20	6	是	否	1.5	300	−50	0	1150
11	20	6	否	是	1.5	300	0	−75	1125
12	20	6	否	否	1.5	300	0	0	1200
13	45	0	是	是	1	0	−50	−75	475
14	45	0	是	否	1	0	−50	0	550
15	45	0	否	是	1	0	0	−75	525
16	45	0	否	否	1	0	0	0	600
17	45	2	是	是	1	100	−50	−75	575
18	45	2	是	否	1	100	−50	0	650
19	45	2	否	是	1	100	0	−75	625
20	45	2	否	否	1	100	0	0	700
21	45	6	是	是	1	300	−50	−75	775
22	45	6	是	否	1	300	−50	0	850
23	45	6	否	是	1	300	0	−75	825
24	45	6	否	否	1	300	0	0	900
25	75	0	是	是	1.2	0	−50	−75	595
26	75	0	是	否	1.2	0	−50	0	670
27	75	0	否	是	1.2	0	0	−75	645
28	75	0	否	否	1.2	0	0	0	720
29	75	2	是	是	1.2	100	−50	−75	695
30	75	2	是	否	1.2	100	−50	0	770
31	75	2	否	是	1.2	100	0	−75	745
32	75	2	否	否	1.2	100	0	0	820
33	75	6	是	是	1.2	300	−50	−75	895
34	75	6	是	否	1.2	300	−50	0	970
35	75	6	否	是	1.2	300	0	−75	945
36	75	6	否	否	1.2	300	0	0	1020
37	15 或 91	<10	（任何）	（任何）	（不允许）				（无保费）
38	20	11	（任何）	（任何）	（不允许）	11			（无保费）
39	45	11	（任何）	（任何）	（不允许）	11			（无保费）
40	75	11	（任何）	（任何）	（不允许）	11			（无保费）

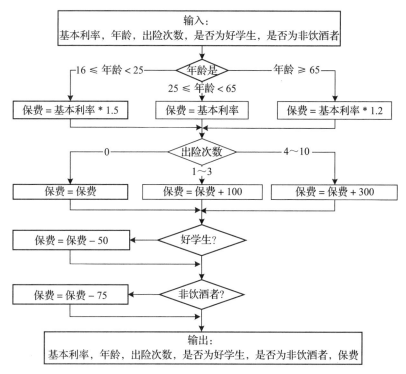

图 2-9　表 2-2 中测试用例 1 的路径

2.4.2　车库门控系统的测试用例

在车库门控系统的流程图中有两个循环：一个是停下并重启正在关闭的门，另一个是停下并重启正在打开的门。（一个是在关门过程中停下或者重启，一个是在开门过程中停下或者重启。）如果假设输入事件和输出过程是同时发生的，那么数学家会说，在图 2-8 所示的流程图中，存在一个含有不同路径的可数无穷路径集合。在实际生活中，我家的车库门需要大概 13s 关闭或者开启，而停止 / 重启序列需要大概 1s，因此，实际上车库门流程图只有一个有限数目的可能路径。图 2-10 显示了其中一条路径，该路径由下面的测试用例来表示。图 2-10 所示的流程图符号是有编号的，以表示路径的追踪和命名。

流程图符号序列为 1、2、3、4、5、12、13、14、15、20 的车库门测试用例（见图 2-10 ）	
前置条件	车库门开启
输入事件	输出过程
1. 发出控制信号	2. 起动电机向下
3. 传感光束被阻断	4. 起动电机向上
5. 运行到轨道上端	6. 停止电机
后置条件	车库门开启

表 2-3 包含车库门流程图中的 5 条不同路径。我们先简要描述一下每条路径（也可以视之为用户场景），然后再使用按系列编号的流程图符号来详细描述它们。5 条路径涵盖了每个流程图符号和流程图中的每条边。另外还有些路径是针对光束被打断之后的过程的，这些路径也包括每个上下文的控制设备的输入事件。对于工具来说，很难从流程图中设计出详细的、类似使用用例（use case，从用户角度考虑的使用场景）的测试用例。

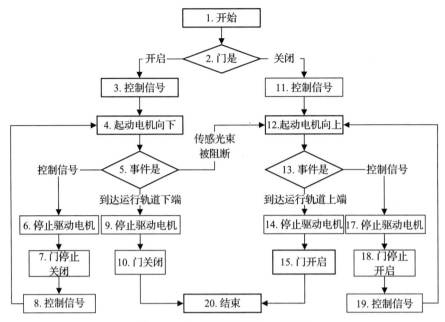

图 2-10 车库门流程图的一条路径

表 2-3 车库门流程图中的示例路径

车库门流程图中的路径		
路径	描述	流程图符号序列
1	车库门正常关闭	1、2、3、4、5、9、10、20
2	门中间停止一次后正常关闭	1、2、3、4、5、6、7、8、4、5、9、10、20
3	门正常开启	1、2、11、12、13、14、15、20
4	门中间停止一次后正常开启	1、2、11、12、13、17、18、19、12、13、14、15、20
5	门正在关闭时，光束传感器被阻断	1、2、3、4、5、12、13、14、15、20

表 2-4 包括从图 2-8 所示流程图中设计出的手工测试用例信息。从中我们可以看出，流程图的定义存在一些 "小问题"，原因如下：

1）输入事件看上去既可以是决策框的输出，也可以是过程框中表示的一个过程；

2）事件上下文（状态）看上去是与过程框对应的过程，也可以说是决策框的输出；

3）有两个潜在的死循环：正在开门或者关门时停止。

除非具有领域经验，否则，利用输入事件 / 输出过程对是没有办法定位下一步操作的。

2.5 优势与局限

流程图有很多优势。如果任何一种表达方式已经使用了数十年，那么它肯定还是有可取之处的。对于流程图来说，这个优势就很容易理解。由于过程框和决策框里面的文本可以使用自然语言，因此流程图使客户和开发者之间具有更好的交互性。就连美国的 IRS 都是用流程图来解释复杂的税务代码的。如我们之前所说，流程图能够表达基本的结构化编程架构。其中，还有没有明确说明的地方，这就是对于流程图中 "存储器" 功能的使用。如果一个变量在过程框中被赋予一个值，那么该变量在后续需要保持这个数值。在图 2-3 中可以清楚地看到，变量 "总金额" 被定义之后，在之后的循环中可以再次定义它。任何 "形式化好的" 流程图都可以使用命令式和结构化的编程语言进行编码。如示例中所示，流程图支持几种级别的抽象，因此它们具有可扩展性，能够描述大型而且复杂的应用。另一个优势是，它们可以用来描述复杂的计算和算法。最后一个优势是有些控制过程或者行为可以通过流程图中不同的路径来表达。

表 2-4 车库门测试用例信息

门的上下文（状态）	输入事件	输出过程	下一个上下文（状态）
开启	发出设备控制信号	起动电机向下	正在关闭
正在关闭	运行到轨道下端	停止电机	已关闭
正在关闭	发出设备控制信号	停止电机	停止关闭
正在关闭	光束被阻断	停止电机向下并反转	正在开启
停止关闭	发出设备控制信号	起动电机向下	正在关闭
已关闭	发出设备控制信号	起动电机向上	正在开启
正在开启	发出设备控制信号	停止电机	停止开启
正在开启	运行到轨道上端	停止电机	开启
停止开启	发出设备控制信号	起动电机向上	正在开启

流程图也有些限制。由于流程图的本质是将过程序列化，所以很难表达事件驱动的系统，因为在事件驱动的系统里面，独立事件可能以任何顺序发生。此外，流程图很难描述被描述系统需要操作的外部设备的上下文。虽然面向设备的 I/O 符号可以完成这个工作，但是需要很多扩展。流程图几乎没有办法表达数据，除非是在过程框或者 I/O 框里面。过程框和决策框里面的文本可以包含变量名，但这是很粗浅的表达。数据表达都如此困难，表达数据结构以及数据之间的关系就更难了。同样，对于描述事件，它也有很多潜在的困难。从图 2-8 中可以看到，设备控制信号有时表示为过程框，有时又显示为决策框的输出。表 2-5 将流程图的描述能力与第 1 章定义的标准列表进行了对比。

表 2-5 用流程图表示行为事件

事件	表现	建议
顺序事件	好	流程图的要点
选择事件	好	流程图的要点
循环事件	好	流程图的要点
可用事件	不好	当文本在过程框中时，必须描述
不可用事件	不好	当文本在过程框中时，必须描述
触发事件	不好	当文本在过程框中时，必须描述
激活事件	不好	当文本在过程框中时，必须描述
挂起事件	不好	当文本在过程框中时，必须描述
恢复事件	不好	当文本在过程框中时，必须描述
暂停事件	不好	当文本在过程框中时，必须描述
冲突事件	不好	
优先级事件	不好	当文本在过程框中时，必须描述
互斥事件	不好	决策后的并行路径
同步执行事件	不好	当文本在过程框中时，必须描述
死锁事件	不好	
上下文敏感事件	不好	必须仔细检查决策后的序列来推断
多原因输出事件	不直接	必须仔细检查决策后的序列来推断

（续）

事件	表现	建议
异步事件	不好	
事件静默	不好	
存在记忆？	好	参照先前的决策、输入、过程框
分层？	好	过程框根据需要扩展更详细的内容

2.6 经验教训

在 20 世纪 60 年代晚期，电话交换机系统开发实验室需要将所有的交互系统源代码的流程图文档提供给运营公司。当时，源代码大概是 30 万行的汇编程序。在这个过程中，软件工程师需要向图案部提交手绘流程图，六周以后，软件工程师就可以得到非常完美的流程图。在这六周内，如果设计师想要对流程图进行修改，那么他们可以将原始草图替换成修改之后的草图，以免在图案部里重新排队。

同时，我的管理团队中的一位数学家参加了一次研讨会，会上他看到一个程序，这个程序能够在 CalComp 绘图机上画出离散部件电路图。我们研究了技术资料后，决定将电路图符号替换成流程图符号，结果就产生了 AELFLow 系统 [Jorgensen 和 Papendick 1970]。这是我们学到的第一个经验：为了使绘图机能够得到认可，我们向每个部门展示了他们如何从绘图机上获益。推销了几周之后，我们最终得到许可购买了最小的绘图机。6 个月之后，我们有了最大的绘图机。AELFlow 系统非常有效，不仅节约了返工的时间，而且提高了设计文档的整体可用性。相比汇编代码，流程图更容易从技术角度进行描述。从各方面来看，AELFlow 系统都是真正的 CASE 工具，这比术语 CASE 的使用要早得多。

这里关键的教训是：变革是很难引入的，它需要时间、耐心和对企业的认知，同时也需要培训。尽管对于 AELFLow 系统来说，培训是很少的一部分。Gartner Hype 的周期是相当精确的，尽管持续的间隔可能有变化（如图 2-11 所示）。准备引入 MBT 的组织一定要经历宣传周期。我的观点是，期望膨胀的峰值期源于 MBT 产品的销售团队，泡沫破裂的幻灭期则源于不同模式的不充分的培训和教育。稳步爬升的复苏期开始于合适的工具和良好的模式教育，实质生产的成熟期则随着市场的关注度和占有率而保持。

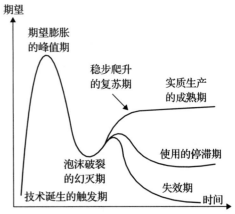

图 2-11   Gartner 技术成熟度曲线

参考文献

[Jorgensen and Papendick 1970]
Jorgensen, Paul C. and David L. Papendick, AELFLOW—An automated drafting system. *Automatic Electric Technical Journal* 1970;12(4):172–180.

决 策 表

几十年来，人们一直使用决策表技术表达和分析复杂的逻辑关系。决策表具有严格的形式化，善于分析事件的完整性与判断事件的冗余性和一致性。此外，它还支持特定情况下的编译 [CODASYL 1978]。决策表非常适合分析不同条件集情况下的行为组合。决策表也可以提供一个框架，以指导客户和开发者清晰地描述需求。表 3-1 描述了一些基本的决策表术语。

3.1 定义与表示法

决策表分为 4 个部分：粗竖线的左侧是桩，右侧是入口，粗横线的上面是条件，下面是行为。因此，我们可以将其分别称为条件桩、条件入口、行为桩、行为入口。入口部分的每一列是一条规则。如果某个行为与某个规则相对应，那就是说，在那种情况下应该采取这种行为。在表 3-1 所示的决策表中，如果条件 c1、c2、c3 都为真，那么行为 a1、a2 就都发生（规则 1）。如果 c1 和 c2 都为真而 c3 为假，那么行为 a1 和 a3 发生（规则 2）。

表 3-1 决策表示例

桩	规则 1	规则 2	规则 3	规则 4	规则 5	规则 6	规则 7	规则 8
c1	T	T	T	T	F	F	F	F
c2	T	T	F	F	T	T	F	F
c3	T	F	T	F	T	F	T	F
a1	X	X			X			
a2	X							
a3		X				X	X	X
a4			X	X	X		X	X

如果使用二进制条件（真 / 假、是 / 否、0/1），则决策表的条件部分就是一个旋转 90° 的根据命题逻辑得到的真值表。这种结构确保能够考虑到每个条件值的可能组合。在对软件的描述过程中，决策表并不是一种必不可少的表达形式，它只是一种说明性的表达。因为决策表中的条件并没有指定特殊的顺序，所以选中的行为也不会以特定的顺序发生，而且规则也可以用任何顺序来编写。

如果使用表 3-1 所示形式描述软件行为，我们通常会将正常情况放在前几条规则中来表示，而将异常情况放在后几条规则中来表示，这样会使决策表比较易懂。

定义：如果决策表中所有的条件都是二进制格式的，那么我们称之为有限入口决策表，表示为 LEDT。

带有 n 个条件的有限入口决策表，它带有 2^n 个不同的规则。

定义：如果某个决策表中所有的条件都具有可选的有限数值（>2），那么我们称之为扩展入口决策表，表示为 EEDT。

定义：如果决策表中有部分条件带有可选的有限数值，其他都是严格的二进制格式，我们称之为混合入口决策表，表示为 MEDT。

决策表假设所有用于评估条件的数值，对于表格的规则执行都是可用的。决策表中的行为可以改变变量值，这可能使决策表发生"循环表格"的行为。这就带来一个层次调用的问题：决策表中的行为可能会引用其他决策表。

3.2   技术详解

决策表严格的结构能支持某些代数运算。

3.2.1   决策表的精简

如果两个或多个规则有相同的行为入口，那么必有某个条件能在一个规则里面为真，而在另一个规则中为假。很明显，该条件在这些行为中没有起到任何作用，而这个行为会在其他规则中执行。因此表 3-2 可以将规则 3 和规则 4 精简，同理，也精简了规则 7 和规则 8。

表 3-2   精简决策表

桩	规则 1	规则 2	规则 3 和 4	规则 5	规则 6	规则 7 和 8
c1	T	T	T	F	F	F
c2	T	T	F	T	T	F
c3	T	F	—	T	F	—
a1	X	X		X		
a2	X					
a3		X			X	X
a4			X	X		X
规则数目	1	1	2	1	1	2

定义：如果某个条件对于由两个规则执行的行为没有影响，那么该条件的规则入口就是一个无关入口，通常使用长横线（—）标识。

规则 3 和规则 4 中，c3 的入口就是一个无关入口。无关入口有两个主要的解释：该条件是无关的，或者该条件不能实施。有时候人们对后一种情况，使用 "n/a" 符号标识该条件。由于在表 3-1 中，同样的行为发生在规则 3 和规则 4 中，条件 c3 对于行为集就没有影响，所以其被无关入口的长横线所取代。同理，请见规则 7 和规则 8。

借助布尔代数的知识可以更加理论化地解释这个问题，在一个良好形式化的决策表中规则应该是互斥的，所以第一个精简可以简单地理解为如下过程。

规则 3：$(c1 \wedge (\sim c2) \wedge c3) \rightarrow a4$

规则 4：$(c1 \wedge (\sim c2) \wedge (\sim c3)) \rightarrow a4$

所以两条规则的互斥就是：$((c1 \wedge (\sim c2) \wedge c3) \rightarrow a4)) \oplus ((c1 \wedge (\sim c2) \wedge (\sim c3)) \rightarrow a4)$。

这样可以得出：

$((c1 \wedge (\sim c2)) \wedge (c3 \oplus (\sim c3))) \rightarrow a4$

由于 $(c3 \oplus (\sim c3))$ 永远为真，所以 $(c1 \wedge (\sim c2)) \rightarrow a4$。

3.2.2   有互斥条件的决策表

如果条件与等价类相对应，那么决策表就具有了比较明显的特性。表 3-3 所示决策表中的条件是部分日历问题，它们对应的是月份变量的互斥等价类。因为它们是互斥的，所以不可能在某个规则中看到两个入口都为真。此处仍然使用无关入口长横线（—）。在这种情况下，它实际的意思是"一定是错的"。有些资深的决策表使用者会使用 F！来强调这一点。

表 3-3　带有互斥规则和规则数目的决策表

条件	规则 1	规则 2	规则 3
c1：30 天的月份？	T	—	—
c2：31 天的月份？	—	T	—
c3：二月？	—	—	T
a1			
规则数目	4	4	4

使用无关入口有个小问题，那就是如何确定完整的决策表。对于有限入口决策表来说，如果存在 n 个条件，就必须存在 2^n 个不同的规则。如果无关入口的确表明某个条件是无关紧要的，那么我们可以通过如下方法计算规则的数目：不包含无关入口的规则视为一条规则，规则里面只要有无关入口，就将无关入口的数目乘以 2 加入该规则的数目。表 3-2 中最下面一行就是压缩规则的数目，规则数目之和为 8（2^3）。表 3-3 中决策表的规则数目也显示在表格的最底下一行。注意，其规则数之和是 12（理应如此）。

如果我们将这种简单的算法用在表 3-3 的决策表中，我们就可以获得表 3-4 所示的规则数目。但是，我们应该只有 8（2^3）条规则，所以肯定什么地方出了问题。为了找到问题所在，展开这三条规则，将无关入口替换成表 3-5 所示的 T 和 F。

表 3-4　表 3-3 中带有规则数目的扩展决策表

条件	规则 1	规则 2	规则 3	规则 4	规则 5	规则 6	规则 7	规则 8	规则 9	规则 10	规则 11	规则 12
c1：30 天的月份？	T	T	T	T	T	T	F	F	T	T	F	F
c2：31 天的月份？	T	T	F	F	T	T	T	T	T	F	T	F
c3：二月？	T	F	T	F	T	F	T	F	T	T	T	F
a1												
规则数目	1	1	1	1	1	1	1	1	1	1	1	1

注意，在规则 1、5、9 里面，所有入口都是 T，在规则 2、3、6、7、10 和 11 中，其中两个条件都是真。如果将这些不可能的规则都删除，我们就只剩下 3 条规则。这个过程的结果如表 3-6 所示，其中删除了不可能的规则，使用 F！（必定为假）来强调互斥关系。

表 3-5　表 3-3 中带有不可能规则的扩展决策表

条件	规则 1	规则 2	规则 3	规则 4	规则 5	规则 6	规则 7	规则 8	规则 9	规则 10	规则 11	规则 12
c1：30 天的月份？	T	T	T	T	T	T	F	F	T	T	F	F
c2：31 天月的份？	T	T	F	F	T	T	T	T	T	F	T	F
c3：二月？	T	F	T	F	T	F	T	F	T	T	T	F
a1												
不可能？	Y	Y	Y	N	Y	Y	Y	N	Y	Y	Y	N

表 3-6 删除不可能规则

条件	规则 4	规则 8	规则 12
c1: 30 天的月份？	T	F!	F!
c2: 31 天的月份？	F!	T	F!
c3: 二月？	F!	F!	T
a1			

3.2.3 冗余和不一致的决策表

在识别、设计并开发一个完整的决策表过程中，需要对它的冗余和不一致性进行充分的分析。表 3-7 所示的决策表就是冗余的，即 3 个条件对应 9 条规则（规则 9 与规则 4 是完全一致的）。为什么会这样呢？这很可能就是由一个能力不足的设计者所实现的决策表。

表 3-7 冗余决策表

桩	规则 1～4	规则 5	规则 6	规则 7	规则 8	规则 9
c1	T	F	F	F	F	T
c2	—	T	T	F	F	F
c3	—	T	F	T	F	F
a1	X	X	X	—	—	X
a2	—	X	X	X	—	—
a3	X	—	X	X	X	X

注意，规则 9 的行为入口与规则 1～4 的是一致的。只要冗余规则里面的行为与决策表中对应部分是一致的，就没什么大问题。如果行为入口不同，如表 3-8 所示，我们就有大问题了。

如果在表 3-8 所示的决策表中，我们要处理一件事务，其中 c1 为真、c2 和 c3 都为假，那么规则 4 和规则 9 都适用，我们可以得出以下两个结论：

1）规则 4 和规则 9 是不一致的。

2）决策表不具有确定性。

表 3-8 不一致的决策表

桩	规则 1～4	规则 5	规则 6	规则 7	规则 8	规则 9
c1	T	F	F	F	F	T
c2	—	T	T	F	F	F
c3	—	T	F	T	F	F
a1	X	X	X	—	—	—
a2	—	X	X	X	—	X
a3	X	—	X	X	X	—

规则 4 和规则 9 是不一致的，因为行为集不同。整个表格是不确定的，因为没法判断应该使用规则 4 还是规则 9。

3.2.4 决策表引擎

尽管决策表是一种陈述性的表达方式，但我们还是希望尽量将其结构严格化，以支持决策表引擎的执行。决策表执行引擎的输入应该是一个能够完成某个规则条件入口的所有信息，而输出动作应该是该规则对应的行为。但是这里有个问题，我们很难找到一个简单的方法来控制输出行为的顺序。不过可以使用整数入口来表示与某个规则对应的行为（而不是简单的字母形式 Xs，例如 a1）来表示输出动作的执行顺序。相应的，决策表引擎也可以是交互式的，用户可以针对决策表中的每一个规则提供一组数值表示。

3.3　案例分析

3.3.1　日期计算函数

因为 NextDate 函数的输入变量之间有很有趣的逻辑关系，所以它在软件测试领域非常有名。NextDate 是一个带有 3 个变量的函数：年、月、日。它在执行的时候，以年月日的方式返回下一天的日期。所有数值都有边界，是正整数，年的边界是随机的。

1 ≤ 月 ≤ 12

1 ≤ 日 ≤ 31

1801 ≤ 年 ≤ 2100

将 NextDate 制作成一个决策表，我们需要使用精心选择的等价类作为条件，请参考 [Jorgensen 2009] 来获取更完整的讨论。

M1 = { 月：月有 30 天 }

M2 = { 月：月有 31 天除了十二月 }

M3 = { 月：月是十二月 }

M4 = { 月：月是二月 }

D1 = { 日：1 ≤ 日 ≤ 27}

D2 = { 日：日 = 28}

D3 = { 日：日 = 29}

D4 = { 日：日 = 30}

D5 = { 日：日 = 31}

Y1 = { 年：年是闰年 }

Y2 = { 年：年是平年 }

由于这些类的笛卡儿乘积包括 40 个元素，因此，我们需要考虑一个带有 40 个规则的决策表，如表 3-9 和表 3-10 所示，其中很多规则可以被压缩。

表 3-9　全 NextDate 决策表（第一部分）

条件	1	2	3	4	5	6	7	8	9	10
c1：月在？	M1	M1	M1	M1	M1	M2	M2	M2	M2	M2
c2：日在？	D1	D2	D3	D4	D5	D1	D2	D3	D4	D5
c3：闰年？	—	—	—	—	—	—	—	—	—	—
a1：不可能？	—	—	X	X	X	—	—	—	X	X
a2：增加日	X	—	—	—	—	X	X	—	—	—
a3：重置日	—	X	—	—	—	—	—	X	—	—
a4：增加月	—	X	—	—	—	—	—	X	—	—
a5：重置月	—	—	—	—	—	—	—	—	—	—
a6：增加年	—	—	—	—	—	—	—	—	—	—

表 3-9   全 NextDate 决策表（第二部分）

条件	11	12	13	14	15	16	17	18	19	20	21	22
c1：月在?	M3	M3	M3	M3	M3	M4	M4	M4	M4	M4	M4	M4
c2：日在?	D1	D2	D3	D4	D5	D1	D2	D2	D3	D3	D4	D5
c3：闰年?	—	—	—	—	—	—	Y	N	Y	N	—	—
a1：不可能?	—	—	—	—	—	—	—	—	—	X	X	X
a2：增加日	X	X	X	X	—	X	X	—	—	—	—	—
a3：重置日	—	—	—	—	X	—	—	X	X	—	—	—
a4：增加月	—	—	—	—	—	—	—	X	X	—	—	—
a5：重置月	—	—	—	—	X	—	—	—	—	—	—	—
a6：增加年	—	—	—	—	X	—	—	—	—	—	—	—

表 3-10   压缩后的 NextDate 决策表

条件	1-3	4	5	6-9	10	11-14	15	16	17	18	19	20	21、22
c1：月在?	M1	M1	M1	M2	M2	M3	M3	M4	M4	M4	M4	M4	M4
c2：日在?	D1, D2, D3	D4	D5	D1, D2, D3, D4	D5	D1, D2, D3, D4	D5	D1	D2	D2	D3	D3	D4, D5
c3：闰年?	—	—	—	—	—	—	—	—	Y	N	Y	N	—
a1：不可能?	—	—	X	—	—	—	—	—	—	—	—	X	X
a2：增加日	X	—	—	X	—	X	—	X	X	—	—	—	—
a3：重置日	—	X	—	—	X	—	X	—	—	X	X	—	—
a4：增加月	—	X	—	—	X	—	—	—	—	X	X	—	—
a5：重置月	—	—	—	—	—	—	X	—	—	—	—	—	—
a6：增加年	—	—	—	—	—	—	X	—	—	—	—	—	—

3.3.2　汽车刮水器控制器

刮水器是由一个末端带有拨盘的控制杆控制的。控制杆有 4 个位置：关（OFF）、Int（间歇）、低（LOW）和高（HIGH）。拨盘有 3 个位置，分别为 1、2、3。拨盘的位置表明 3 种速度。只有当控制杆位于 Int 的时候，拨盘的位置才起作用。下表所示为相对于控制杆和拨盘位置的刮水器速度（次 /min）。

c1：控制杆	OFF	Int	Int	Int	LOW	HIGH
c2：拨盘	n/a	1	2	3	n/a	n/a
a1：次 /min	0	6	12	20	30	60

如上所述，我们几乎可以将其视为一个扩展入口决策表，只有一点区别，就是表 3-11 所示的刮水器速度都是独立的行为（而不是条件有多个数值的情况）。

条件 c1 和 c2 只能表明拨盘和控制杆的状态，并不能显示控制杆和拨盘的动作事件，因此这个决策表不能表示出每个状态的前置状态，也就是无法表示某种状态对前置状态的敏感情况。一般来说，如果控制杆在 Int 位置，其对应的规则就可以执行到拨盘位置，至少，拨盘位置此时是有意义的。第 10 章会更加详细地分析这个模型。

表 3-11　刮水器控制器的决策表

c1: 控制杆位置	关闭	间歇			低	高
c2: 拨盘位置	—	1	2	3	—	—
a1: 0 次 /min	X	—	—	—	—	—
a2: 6 次 /min	—	X	—	—	—	—
a3: 12 次 /min	—	—	X	—	—	—
a4: 20 次 /min	—	—	—	X	—	—
a5: 30 次 /min	—	—	—	—	X	—
a6: 60 次 /min	—	—	—	—	—	X

3.3.3　铁路道口门控制器

在伊利诺伊州北部，有一个铁路道口，杨树大道和芝加哥西北铁路在此交叉。在这个道口有 3 个不同的岔路，每个岔路都有传感器以感知火车接近道口或者离开道口。如果没有火车在道口或者接近道口，道口的门就是打开的。第一列火车过来的时候，门开始降低，当最后一列火车离开的时候，门开始抬升。如果已经有一列火车在道口内，第二列或者第三列火车已到达，那么门不执行动作，因为门此时已经是放下的状态。

端口输入事件	端口输出事件	数据
p1: 火车到达	p3: 降低道口门	d1: 道口内火车的数量
p2: 火车离开	p4: 抬升道口门	

表 3-12 是关于混合入口决策表（MEDT）极好的例子。条件 c1 类似内存，可以通过行为 a4 和 a5 予以更新。"不可能规则"在行为 a6 的入口处显示。规则 1 和规则 3 都不可能，因为如果道口没有火车，那么怎么可能有一个离开的呢？规则 13 和规则 14 也是不可能的，因为 3 个车道都已经被占用了。如果 c2 和 c3 都为真（规则 5 和规则 9），那么"什么也不做"行为就可以被递增和递减的行为取代。但是"什么也不做"这个行为显示了这些输出如何互相抵消。同样，决策表不表示时间，所以对于"什么也不做"入口来说，也可能有其他理由。

表 3-12　铁路道口门控制器的混合入口决策表

规则	1	2	3	4	5	6	7	8	9	10	11	12	13	14	15	16
c1: 火车数	0				1				2				3			
c2: 火车到达	T	T	F	F	T	T	F	F	T	T	F	F	T	T	F	F
c3: 火车离开	T	F	T	F	T	F	T	F	T	F	T	F	T	F	T	F
a1: 下闸		X														
a2: 升闸							X									
a3: 什么也不做				X	X			X	X			X				X
a4: 增加火车数量		X				X				X						
a5: 减少火车数量							X				X				X	
a6: 不可能的情况	X		X										X	X		

3.4 基于决策表派生的测试用例

基于决策表派生测试用例是可能的,但是过程会比较麻烦。最大的问题是,决策表是陈述性的,因此不能表示其顺序。如果决策表已经被优化过,则情况会更糟糕,因为优化过程可能会改变所有或者部分条件、行为和规则。而我们也因此丧失了测试用例中输入的顺序特性,而且决策表的优化过程也可能会隐藏某些有价值的测试用例。

当然,如果设计和开发决策表的过程足够谨慎,我们还是可以获得比较完整的信息的。同样,也可以辨识出其冗余性和不确定性,相应的测试用例就能避免这些问题。然而,因为我们永远不能自动检测出缺失的条件或缺失的行为,所以我们只能获得有限的完整性。这时候就需要领域经验了,这也是基于决策表派生测试用例的过程中最好由手工完成的原因。决策表对于计算型应用来说是非常适合的,但是对于事件型驱动应用就差一点。此外,如果事件和数据的上下文与条件桩能够仔细地分开,那么我们就能比较容易地识别出上下文敏感的输入事件。在计算型和决策敏感型应用中,规则是测试用例很好的来源。在事件驱动型应用中,测试用例可能要对应一系列的规则。

3.4.1 保费计算问题的决策表

第 1 章中提到的保费计算问题几乎可以直接开发设计为混合入口决策表(MEDT)。年龄和"出险次数"变量已经定义了范围,可以直接引出扩展入口的条件 c_1 和 c_2,如表 3-13 所示。优先减免是两个布尔量,因此条件 c_3 和 c_4 是有限入口条件。出于节省空间的考虑,表 3-13 分成 4 个部分。此处没有不可能的规则,也没有"什么也不做"的行为。拒保条件在表 3-13 的第四部分。

对于一个应用来说,开发出一个完整的决策表本身就有极大的好处,因为在整个过程中,我们可以确保没有任何缺失的条件。当然决策表的描述性特质在这里是一个隐含的问题。基于年龄的罚款系数应该加在因为有错被罚款之前,否则罚款金额可能不正确。如果使用决策表的绝对描述性特性来生成测试用例,那么这种事情就没法避免,此时就需要领域经验了。

表 3-13 保费计算问题决策表(第一部分)

c_1: 年龄	16 ≤ 年龄 < 25											
c_2: 出险次数	0				1 ~ 3				4 ~ 10			
c_3: 好学生?	T	T	F	F	T	T	F	F	T	T	F	F
c_4: 非饮酒者?	T	F	T	F	T	F	T	F	T	F	T	F
a_1: 基本利率乘以为 1.5	X	X	X	X	X	X	X	X	X	X	X	X
a_2: 基本利率乘以为 1												
a_3: 基本利率乘以 1.2												
a_4: 基本费用增加 0 美元	X	X	X	X								
a_5: 基本费用增加 100 美元					X	X	X	X				
a_6: 基本费用增加 300 美元									X	X	X	X
a_7: 基本费用减免 50 美元	X	X			X	X			X	X		
a_8: 基本费用减免 75 美元	X		X		X		X		X		X	
规则	1	2	3	4	5	6	7	8	9	10	11	12

表 3-13　保费计算问题决策表（第二部分）

c1：年龄	25 ≤ 年龄 < 65											
c2：出险次数	0				1～3				4～10			
c3：好学生?	T	T	F	F	T	T	F	F	T	T	F	F
c4：非饮酒者?	T	F	T	F	T	F	T	F	T	F	T	F
a1：基本利率乘以 1.5												
a2：基本利率乘以 1	X	X	X	X	X	X	X	X	X	X	X	X
a3：基本利率乘以 1.2												
a4：基本费用增加 0 美元	X	X	X	X								
a5：基本费用增加 100 美元					X	X	X	X				
a6：基本费用增加 300 美元									X	X	X	X
a7：基本费用减免 50 美元	X	X			X	X			X	X		
a8：基本费用减免 75 美元	X		X		X		X		X		X	
规则	13	14	15	16	17	18	19	20	21	22	23	24

表 3-13　保费计算问题决策表（第三部分）

c1：年龄	65 ≤ 年龄 ≤ 90											
c2：出险次数	0				1～3				4～10			
c3：好学生?	T	T	F	F	T	T	F	F	T	T	F	F
c4：非饮酒者?	T	F	T	F	T	F	T	F	T	F	T	F
a1：基本利率乘以 1.5												
a2：基本利率乘以 1												
a3：基本利率乘以 1.2	X	X	X	X	X	X	X	X	X	X	X	X
a4：基本费用增加 0 美元	X	X	X	X								
a5：基本费用增加 100 美元					X	X	X	X				
a6：基本费用增加 300 美元									X	X	X	X
a7：基本费用减免 50 美元	X	X			X	X			X	X		
a8：基本费用减免 75 美元	X		X		X		X		X		X	
规则	25	26	27	28	29	30	31	32	33	34	35	36

表 3-13　保费计算问题决策表（第四部分）

c1：年龄	< 16	> 90	—
c2：出险次数	—	—	>10
c3：好学生?	—	—	—
c4：非饮酒者?	—	—	—
a9：不能投保	X	X	X
规则	37	38	39

　　在保费计算问题中，MEDT 里面有 39 个不同的规则。每个规则都定义了一个抽象的测试用例，它们也对应第 2 章保费计算问题流程图中的路径。减少这些逻辑用例，生成具体测试用例，这是不能在决策表中完成的。除了一些复合条件中年龄小于 16 岁或大于 90 岁的，这 39 个用例与第 2 章流程图中派生出来的用例紧密相关。表 3-14 可以从表 3-13 的第一部分派生出来。

表 3-14   保费计算问题抽象测试用例

保费计算问题抽象测试用例（规则 1）	
前置条件	基本费用、年龄、出险次数、是否为好学生、是否为 非饮酒者都是已知的
输入	动作
1. 年龄 16 ≤年龄 <25	2. 基本利率乘以 1.5
3. 出险次数 = 0	4. 基本利率乘以 1
5. 是好学生	6. 从基本费用中减去 50 美元
7. 非饮酒者	8. 从基本费用中减去 75 美元
后置条件	基本费用包含保费

表 3-15 不能从表 3-13 中派生出来，但可以从表 3-13 中的规则里面手工开发出来。

表 3-15   保费计算问题具体测试用例

保费计算问题具体测试用例（规则 1）	
前置条件	基本费用 = 600 美元
输入	动作
1. 年龄 = 20	2. 900 = 600 × 1.5
3. 出险次数 = 0	4. 900 = 900 − 0
5. 是好学生	6. 850 = 900 − 50
7. 非饮酒者	8. 775 = 850 − 75
后置条件	保费 = 775 美元

3.4.2   车库门控系统的决策表

表 3-16 是针对车库门控系统的决策表模型。从表中可以看到，在车库门某个给定的上下文内应该发生的事件（条件 c1 的入口）。出于空间的考虑，该决策表分成两部分，第一个部分对应关车库门的操作，第二部分对应开车库门的操作。我们也可以看到上下文相关的输入事件，例如在规则 1 中，控制信号的响应是，向下起动驱动电机；而在规则 5 中，对于同样的输入事件，是停止电机。表 3-16 使用了 F！（必定为假）标识符，显示在每个上下文（有些由不可能的规则所指示）中被禁止的事件。这里面也有个约定俗成的建模传统：禁止同时发生的事件。在这个表中，由于允许每个上下文的每个事件发生，因此我们有若干个不可能的规则。

表 3-16   车库门控系统问题决策表（第一部分）

规则	1	2	3	4	5	6	7	8	9	10	11	12
c1：门的状态	开启				正在关闭				停止关闭			
c2：发出控制信号	T	F!	F!	F!	T	F!	F!	F!	T	F!	F!	F!
c3：到达轨道下端	F!	T	F!	F!	F!	T	F!	F!	F!	T	F!	F!
c4：到达轨道上端	F!	F!	T	F!	F!	F!	T	F!	F!	F!	T	F!
c5：光束被阻碍	F!	F!	F!	T	F!	F!	F!	T	F!	F!	F!	T
a1：起动电机向下	X								X			
a2：起动电机向上												
a3：停止电机					X	X						
a4：停止向下并反转								X				
a5：什么也不做				X								X
a6：不可能		X	X					X		X	X	
a7：循环表格	X			X	X	X		X	X			X

表 3-16　车库门控系统问题决策表（第二部分）

规则	13	14	15	16	17	18	19	20	21	22	23	24
c1：门的状态	关闭				正在开启				停止开启			
c2：发出控制信号	T	F!	F!	F!	T	F!	F!	F!	T	F!	F!	F!
c3：到达轨道下端	F!	T	F!	F!	F!	T	F!	F!	F!	T	F!	F!
c4：到达轨道上端	F!	F!	T	F!	F!	F!	T	F!	F!	F!	T	F!
c5：光束被阻碍	F!	F!	F!	T	F!	F!	F!	T	F!	F!	F!	T
a1：起动电机向下												
a2：起动电机向上	X								X			
a3：停止电机					X		X					
a4：停止向下并反转												
a5：什么也不做				X				X				X
a6：不可能		X	X			X				X	X	
a7：循环表格	X			X	X		X	X	X			X

一个简单的派生测试用例的原则是，一个规则应该对应一个测试用例。但问题是规则都很短小，只涉及一个输入事件。因此，将其理解为激励/响应对会更好些。在第 4 章，我们会看到这些基于激励/响应对的规则与有限状态机（针对车库门控系统）描述的事件可以很好地关联。利用表 3-16 派生出全部的测试用例是可能的，但只能手工完成。此时需要领域知识来减少敏感的规则序列，我们使用行为 a7（循环表格）来表述这些规则。决策表的陈述特性是另一个复杂的因素，规则的选择和执行会有一些"自然"顺序，但这些都没有表现出来。还有一点，决策表是一次性描述。除非选择循环表格动作，否则没法显示出关门和重新开门等循环。

3.4.3　车库门控系统的测试用例

从表面上看，车库门控制器有 24 个规则，MEDT 可以生成 24 个测试用例。5 个"什么也不做"行为（规则 4、12、16、20 和 24）都很奇怪，你怎么去测试"什么也不做"这样的事情呢？这些规则中的每一条都涉及光束被打断这个事件，但这个事件只有当门关上的时候（规则 8）才会激活。这 5 个"什么也不做"的规则，就是应该被忽略的物理事件。（在第 8 章，我们会更进一步讨论如何使能和禁用光束传感器。）有 10 个不可能的用例（规则 2、3、7、10、11、14、15、18、22 和 23）都是物理上不可能的。它们指的是到达轨道顶端这个事件，而这是不可能发生的。现在就剩下 9 个真实的测试用例（规则 1、5、6、8、9、13、17、19、21）。这些行为都是合法的端口输出事件，这 9 个都是具体测试用例。如前所述，它们都是短小的激励/响应对。我们可以将这些基于规则的、短小的测试用例与规则序列相关联，从而使其更符合端对端的测试用例要求。表 2-3 中的 5 个测试用例在表 3-17 中以规则序列的方式呈现。

表 3-17　车库门控系统测试用例的规则序列

车库门控系统决策表规则序列		
路径	描述	规则序列
1	门正常关闭	1，6
2	门中间停止一次后正常关闭	1，5，9，6
3	门正常开启	13，17
4	门中间停止一次后正常开启	13，17，21，19
5	门正在关闭时，光束传感器被阻断	1，8，19

3.5 优势与局限

对于逻辑敏感型应用来说，决策表很明显是一种建模选择。如果能将条件表示为带有依赖关系的等价类（比如 NextDate 应用），那么就更适用了。同样，利用代数简化过的决策表可以让我们用更优雅的方式最小化决策表（精简决策表）。使用决策表的最大问题就是应用中的计算只能表示成行为，而且无法对行为的顺序关系进行表达。最后，输入事件必须表示为条件，输出事件表示为行为。有必要再强调一下，不能表示顺序关系这一点使得决策表这种方法对于事件驱动的应用显得不太够用。表 3-18 总结了决策表中行为事件的各种表达方式。

3.6 经验教训

在 20 世纪 70 年代，我是 CODASYL 决策表任务小组的成员，我们当时需要创建一个针对决策表的"定义性的"描述，包括推荐最终的最佳方案。最终产品由 ACM 公司出版，是一个加大的纸质文档的版本。在这个过程中，我们经历了几个很有趣的阶段。其中之一是，团队中有一名成员来自比利时，他提议我们应当针对当时正在实施的租赁控制法案制作一个决策表，因为这个法案非常让人困惑。在后续的一个季度会议中，我们将各自的工作成果汇聚成一个固定的决策表，搞清了这个法案中的很多事情，甚至包括一组不一致性。

另一个小组成员 Lewis Reinwald 有一个基于决策表的程序，它可以清除被过度修改过的 Fortran 程序。通常来说，这些程序是被一群既不懂原始程序也不懂太多之前修改原因的开发人员开发的。在一个测试用例中，Reinwald 先生处理了一个非常庞大且维护过度的（简直就是噩梦）的 Fortran 程序，该程序有 2000 多行源代码。他从源程序中派生出一个简化的决策表，并手工"清理"了决策表，然后生成了原始程序的改进版本。改进后的版本只有 800 行语句。

从 1978 ～ 1981 年，我为一个意大利公司工作。在需求规范化过程中，我们使用有限状态机的组合，继而细化成决策表。我们发现，决策表的结构能够不断逼迫我们考虑各种可能的场景，而这些场景如果不是因为决策表的活动，那么可能一直到开发后期才被察觉。

在大学教授的课程里，我使用了已经通过州立法的关于教师退休计划奖励作为例子。在这个例子中我们发现一对会导致退休福利计算结果混乱的互相矛盾的条件。上述 3 个例子都说明，决策表对于理清复杂的业务规则是非常有效率的。

表 3-18 决策表行为事件的表达

事件	表现	建议
顺序	不好	决策表是描述性的
选择	好	决策表价值所在
循环	好	必须使用循环表格行为
可用	非直接	与其他可用条件结合形成可用条件
不可用	非直接	与其他可用条件结合形成不可用条件
触发	不好	
激活	非直接	只有在顺序可用和不可用规则中才有意义，但它们没有顺序关系，所以实现起来非常复杂
挂起	非直接	真实的挂起条件需要与已有的"无关入口"或者"F！"条件入口结合使用
恢复	不好	

（续）

事件	表现	建议
暂停	不好	
冲突	不好	
优先级	不好	
互斥	好	规则是互斥的
同步	不好	
死锁	不好	
上下文敏感输入事件	好	事件是一个条件，上下文是分开的条件
多原因输出事件	好	不同规则的相同行为
异步事件	不好	
事件静默	不好	

参考文献

[CODASYL 1978]

CODASYL Systems Group, *DETAB-X, Preliminary Specification for a Decision Table Structured Language*, Association for Computing Machinery, New York, 1978.

[Jorgensen 2009]

Jorgensen, Paul C., *Modeling Software Behavior—A Craftsman's Approach*. CRC Press, Boca Raton, FL, 2009.

有限状态机

有限状态机（FSM）已经成为描述需求规格说明的一种默认的规范标准。如果想在实时系统方面进行结构化扩展，那么我们就会使用某种形式的有限状态机。而且，几乎所有形式的面向对象分析都用到了有限状态机或它的扩展形式——状态图，状态图已经成为统一建模语言（UML）的首选行为模型。本章对于基于模型的测试（MBT）尤为重要，因为大多数商业和开源 MBT 工具都是为了支持 FSM 而设计的。（4.1 节的大部分内容改编自《软件行为建模 – 实践者方法》一书 [Jorgensen 2009]。）

4.1 定义与表示法

一个有限状态机就是一个有向图，其中的节点是状态，而边则是变迁。起始节点和结束节点，分别表示起始状态和结束状态，有向图中的路径表示有限状态机中的路径，依此类推。大多数有限状态机的表达式中会增加边（变迁）的信息，以显示变迁的原因，以及变迁的行为。有些人将此称为扩展的有限状态机。下面是有限状态机的定义。

定义：有限状态机是一个四元组（S、T、In、Out）

其中，S 是状态集合；T 是变迁集合；In 是能够引起变迁的输入集合；Out 是变迁造成的输出集合。

图 4-1 所示的有限状态机的四元组如下所示。

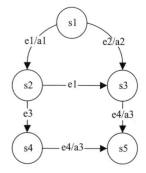

图 4-1 用于讨论的有限状态机

$$S = \{s1, s2, s3, s4, s5\}$$
$$T = \{<s1, s2>, \{<s1, s3>, \{<s2, s3>, <s2, s4>, <s3, s5>, <s4, s5>\}$$
$$In = \{e1, e2, e3, e4\}$$
$$Out = \{a1, a2, a3\}$$

这个有限状态机有 5 个状态和 6 个变迁，分别为如图 4-1 所示的圆圈和带有箭头的边。变迁上的标号延续传统的表示方式："分子"是引起变迁的原因，通常是输入集合 In 中的元素，而"分母"是与该变迁相关的动作，通常是输出集合 Out 中的元素。输入集合中的元素可以是事件、数据条件，或者事件与数据条件的逻辑组合。例如，从 s1 到 s2 的变迁，就是因为输入事件 e1 而引起的，而且生成了输出事件 a1。事件 e1 是一个上下文敏感的输入事件，其响应取决于上下文。在这个模型中，e1 的"上下文敏感"表现为事件发生后的不同状态。变迁不能无缘无故发生，所以必须有输入。但由同一个事件引起的输出结果却可能是不同的，因为这取决于事件发生时系统所处的状态。

有限状态机中的路径可以用 3 种方式来定义：一系列状态，一系列的状态变迁，或者一系列能够引起变迁的输入。一个给定的有限状态机可以表示大量单独的路径，就像扩展数据库能够表示出很多可能的扩展一样（因人而异）。在有些情况下，需要定义初始状态，如果某个状态不是由任何变迁引起的，很明显这就是初始状态。同样，也必须有一个或多个相应的结束状态。如果某个状态没有任何一个输出变迁,那么很明显就是结束状态。如果某个有限状态机是强连接的(即强连通有向图),那么需要增加一个"不知道从哪里来的变迁"来特意表示预期的起始状态,我们在铁路道口门控制器(见图 4-7)和车库门控系统(见图 4-13)有限状态机中可以看到这种情况。

4.1.1 有限状态机的矩阵表达

关于有限状态机,有两种常见的文本化表达方式:变迁表和事件表。以图 4-1 所示的有限状态机为例,表 4-1 和表 4-2 分别为对应图 4-1 所示的变迁表和事件表。

表 4-1 图 4-1 的变迁表

状态 \ 事件	e1	e2	e3	e4
s1	s2	s3	—	—
s2	s3	—	s4	—
s3	—	—	—	s5
s4	—	—	—	s5
s5	—	—	—	—

表 4-2 图 4-1 的事件表

状态 \ 事件	e1	e2	e3	e4
s1	a1	a2	—	—
s2	—	—	—	—
s3	—	—	—	a3
s4	—	—	—	a3
s5	—	—	—	—

如果某一行没有输入(如表 4-1 中的 s5),对应的状态就是终止状态;对应的,如果某个状态在任何一列都没有出现(如表 4-1 中的 s1),其就是起始状态。

表 4-1 和表 4-2 所示的信息与有限状态机(见图 4-1)之间的关系是充分且必要的。很明显,任何一个表格都没有冗余信息,它们只能生成一个在拓扑上等效的图(有向图)。这一点对构建 MBT 工具是一个很好的启发。

既然有限状态机是有向图,那么从有向图理论中导出的两个矩阵同样适用于有限状态机,分别为邻接矩阵(见表 4-3)和可达性矩阵(见表 4-4)。

表 4-3 图 4-1 的邻接矩阵

	s1	s2	s3	s4	s5
s1	0	1	1	0	0
s2	0	0	1	1	0
s3	0	0	0	0	1
s4	0	0	0	0	1
s5	0	0	0	0	0

定义:对于一个有 n 个节点的有向图 G 来说,其邻接矩阵就是矩阵 $A=(a_{i,j})$,其中第 i 行 j 列的元素为 1,当且仅当节点 i 到节点 j 有一条边。

表 4-4   图 4-1 的可达性矩阵

	s1	s2	s3	s4	s5
s1	1	1	1	1	1
s2	0	1	1	1	1
s3	0	0	1	0	1
s4	0	0	0	1	1
s5	0	0	0	0	1

定义：对于一个含有 n 个节点的有向图 G 来说，其可达性矩阵 $R = (r_{i,j})$，其中第 i 行 j 列的元素是 1，当且仅当从节点 i 到节点 j 有一条路径。

有向图 G 的可达性矩阵 R 可以从下面的邻接矩阵计算而来：

$$R = I + A + A^2 + \cdots + A^k$$

其中 k 是 G 中最长的路径，I 是单位矩阵，在矩阵乘法中，1+1=1。每个邻接矩阵的幂次方描述了长度大小为指数次的路径。单位矩阵 I 显示的是含有 0 条边的路径，A 表示长度为 1 的路径，以此类推。

4.1.2   有限状态机的文本表达

虽然矩阵表达广为人知，但它们并不比文本形式更有助于理解。表 4-5 将事件表和变迁表压缩并成为一种更实用的形式。

表 4-5   图 4-1 的替代表达

变迁	出发的状态	到达的状态	原因	输出
1	s1	s2	e1	a1
2	s1	s3	e2	a2
3	s2	s3	e1	—
4	s2	s4	e3	—
5	s3	s5	e4	a3
6	s4	s5	e4	a3

图 4-1 也可以表达成一个模板，如下所示。

```
State <state Id> <state name> has transitions
    <transition 1>  To <to state>   caused by:
            <input(s)>      and generates:
            <output(s)>
```

这里是一个针对图 4-1 所示状态 s1 的完成后的模板。

```
State s1 < > has transitions
    transition 1   To s2   caused by:
            e1 and generates a1
    transition 2   To   s3 caused by:
            e2 and generates a2
```

4.1.3   有限状态机的惯例与约束

有限状态机有两个主要的限制：一是它们没有存储器，二是状态必须彼此独立。后面，我们会讲到 3 个在使用上约定俗成的惯例。

限制 1：在有限状态机中没有存储器。

作为软件开发者，我们一般会把存储器作为正在实现的算法的一部分。在第 2 章的流程图中，这是基本的假设。图 4-2 显示了没有存储器可能造成的混乱：已经遍历某条路径的"历史"状态不会影响之后状态的变迁。

限制 2：有限状态机里面的状态都是独立的。

存储器和独立性限制可能会让人有点困惑。图 4-2 所示的状态 s5 和 s6 很明显依赖于状态 s4 到底是从 s2 还是 s3 变迁而来的（变迁的历史）。当存在与状态有关的内部活动（但是状态内部并不显示这些活动）时，这些活动必须不能影响后续的状态。最常见的依赖关系是通过全局变量，或者建立一个不能由后续状态处理的某个配置的状态。另一种可能是一个变迁的输出行为可能会影响后续的状态。通常来说，如果状态之间有依赖关系，那么通常就不能对状态之间的变迁路径进行遍历。

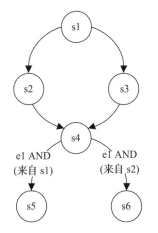

图 4-2　使用存储器的变迁

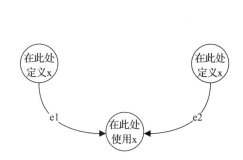

图 4-3　有限状态机中的依赖性

惯例 1：任何一个时间点，只能有一个活动的（有些作者愿意用"当前的"）状态。

通常我们会这样说："处于某个状态"。举例来说，某个状态在某个时间间隔内处于 True 的状态。我们可以将状态的变迁视为某个事件将状态的真值变成了 False，然后状态真值又变回了 True。因此，这个惯例就意味着，状态的真值是互斥的。如果某个给定的有限状态机有一个初始状态，那么通常将其默认为当前状态。

定义：有限状态机中的状态是某个真值为 True 的持续时间。

图 4-4 是一个售卖特浓咖啡的自动售卖机的有限状态机。单份特浓咖啡售价为 1 欧元，而售卖机只能接受面值为 0.20、0.50 和 1.00 欧元的硬币。图中表示状态的圆圈中写明了状态命题。初始状态是：总金额为 0；如果某个硬币投入事件发生，则总额就会改变。如果投入的是 0.2 欧元的硬币，则新的状态就是：总金额为 0.20 欧元。图 4-4 同时还显示了状态的名称以及对应的状态命题如何模拟存储器。另外要注意的是，s1 是初始状态，s4 和 s9 是终止状态。

惯例 2：在有限状态机里面，没有并发事件。

这个惯例确保单个活跃状态的所有权，同时也保护了完整性——如果 s1 是初始状态，e1 和 e2 为两个事件并发，那么特浓咖啡售卖机的有限状态机将会发生什么呢？下一个状态是哪个？接下来是最后一个惯例。

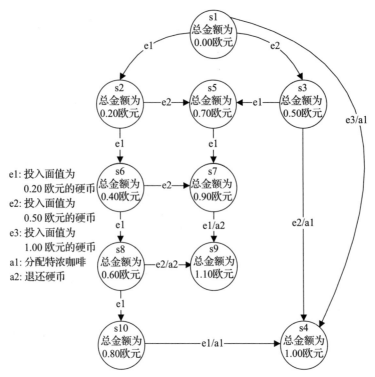

图 4-4　特浓咖啡售卖机的有限状态机

惯例 3：如果同样的事件能够让某个状态变迁到两个或多个后续状态，那么有限状态机就会产生不确定性（见图 4-5）。

4.2　技术详解

在 Fred Brooks 著名的论文《没有银弹》中，他将软件开发的难题分成两部分：关键的和事故性的。软件开发的关键部分是继承的复杂性和无法避免的其他限制。事故性部分与开发人员的

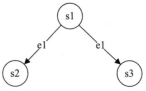

图 4-5　不确定的有限状态机

决定有关。与其他模型一样，定义和标记符属于事故性部分，正确地使用模型属于关键部分。

4.2.1　有限状态机的解释

明白如何使用有限状态机是一个建模者能够成为高手的必经之路。在针对一个应用系统进行有限状态机建模的时候，我们能够使用的表达工具就是状态本身与能够引起状态变迁的输入和状态可能引起的行为。

状态经常用来表达以下内容：

- 过程中的处理阶段
- 数据条件
- 已经发生的输入事件的结果
- 硬件配置
- 设备状态

还记得我们将状态视为一个非真即假的命题么？上面列出的每个状态的解释，都可以视为命题为真。图 4-12（保费计算问题）是典型的用状态作为处理阶段的例子。另一个常见的

使用状态来表示处理阶段的例子是针对现场故障报告的响应，这些状态可以是：已接收、已分析、已修复、已测试、已发布。图 4-4 所示的状态（咖啡售卖机）是使用状态表达数据条件的例子。图 4-6 所示的状态显示了输入事件发生的结果。

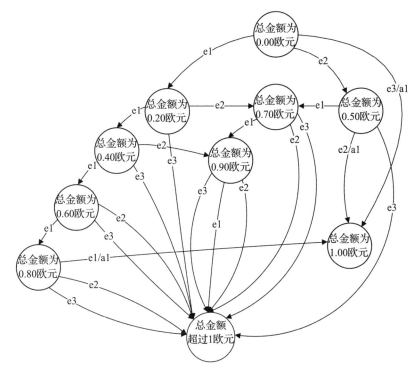

图 4-6　带有输入和输出动作的自动售卖机的有限状态机

引起状态变迁的输入可能是：端口事件、数据条件、时间流逝或者逻辑组合。与变迁相关的动作可能是：端口输出事件、数据值的改变、内部系统的动作或功能，以及逻辑组合。如果有限状态机的输入和动作都是端口输入事件和端口输出事件，如图 4-6 和图 4-7 所示，那么路径上的信息就可以直接变成系统级的测试用例（见表 4-6）。

表 4-6　刮水器控制器有限状态机派生的使用用例（见图 4-9）

用例名称	刮水器控制器的执行表案例	
用例 ID	WWUC-1	
描述	操作员操作典型的控制杆和拨盘事件的序列	
前置条件	1. 控制杆位于关闭挡位，拨盘位于 1 挡位	
事件序列	**输入事件**	**系统响应**
	1. e1：控制杆向上移动一个挡位	2. a2：刮 6 次 /min
	3. e3：拨盘向上移动一个挡位	4. a3：刮 12 次 /min
	5. e1：控制杆向上移动一个挡位	6. a5：刮 30 次 /min
	7. e1：控制杆向上移动一个挡位	8. a6：刮 60 次 /min
	9. e2：控制杆向下移动一个挡位	10. a5：刮 60 次 /min
	11. e3：拨盘向上移动一个挡位（p7）	对刮水器速度没有影响
	12. e2：控制杆向下移动一个挡位（p2）	13. a4：刮 20 次 /min
	14. e2：控制杆向下移动一个挡位（p1）	15. a1：刮 0 次 /min
后置条件	1. 控制杆位于关闭挡位，拨盘位于 3 挡位	

4.2.2 有限状态机的实践

4.2.2.1 状态爆炸

限制 2（状态必须独立）的一个后果是，如果独立状态组成一个有限状态机，那么著名的"状态爆炸"就会发生。在 4.3.2 节的例子中，控制杆的有限状态机和拨盘的有限状态机都是独立的状态机，因为它们在物理上独立，当然，它们之间带有逻辑的依赖性。图 4-9 是将两个状态机交叉相乘之后的结果。交叉相乘意味着，我们的假设是针对独立条目进行操作的。这是一个乘积的过程。我在亚利桑那州立大学带过一个研究生，他曾经为一个有 n 层楼 m 个电梯的电梯系统开发了一个通用公式，计算该系统的有限状态机会有多少状态。对于一个 9 层、3 个电梯的系统来说（这就是我曾经教课的地方），全交叉乘积有 110 596 个状态。状态爆炸最好的解决办法，是使用流程图。David Harel 绘制了一个对电梯系统建模的流程图，只用了 3 张纸就搞定了。

4.2.2.2 预期行为和禁止行为

我们开发有限状态机的时候，通常只会考虑预期行为（希望的行为），很难想到需要禁止的行为。如果输入是系统无法控制的物理事件，那么只考虑预期行为而不考虑禁止行为是非常危险的。图 4-6 表示了图 4-4 中所有可能发生的物理输入事件。我们会在第 7 章再来看这个例子。

4.2.3 有限状态机引擎

有限状态机可以被执行，但是必须遵守 4.1 节中所描述的惯例。如果一个有限状态机中含有循环［如铁路道口门控制系统案例所示（见图 4-11）］，那么这个状态机需要有可数的有限路径。有时我们将 FSM 中的一条路径称为一个场景，或者将 FSM 中的路径与使用用例（甚至是敏捷开发过程中的用户情景）相对应。在铁路道口门控制系统中，场景"火车到达，后面跟着第二列火车，一列火车离开，另一列火车也离开"就可以用状态序列 <s1, s2, s3, s2, s1> 和事件序列 <p1, p1, p2, p2> 来表示。

有限状态机里面的基本结构包括（S, T, In, Out），其中，S 是一组状态；T 是一组变迁；IN 是一组引起变迁的输入；Out 是一组变迁之后发生的输出，或者初始状态后面的某个状态。

我们需要设定一个状态为初始（源）状态。

有限状态机的执行引擎需要上述的每一个元素。实现方案需要一个图形化的用户界面，在界面中可以指定状态集，并且可以通过下拉菜单来提供事件集合（如果需要的话）。一旦确认了初始状态（与客户或者用户交互确认），用户就可以"引起"某个事件发生，从而生成进入下一个状态的变迁。如果在变迁中发生了动作，那么它们会被标识出来。客户或者用户可以通过选择事件，实现状态之间的变迁。这里有一个有趣的可能性：用户可以自由选择与被禁止行为相对应的事件，比如买咖啡的时候支付过多费用。有限状态机的引擎可能会据此生成一个执行表，如表 4-7 所示，该表为针对特定系统场景的使用用例（见表 4-6）。

表 4-7 针对刮水器控制器的执行表

步骤	当前状态	输入事件	后续状态	输出动作（wpm= 次 /min）
1	Off 1 挡位	e1：控制杆向上移动一个挡位	INT 1 挡位	a2：6 wpm
2	Int 1 挡位	e3：拨盘向上移动一个挡位	INT 2 挡位	a3：10 wpm
3	Int 2 挡位	e1：控制杆向上移动一个挡位	LOW 2 挡位	a5：30 wpm
4	Low 2 挡位	e1：控制杆向上移动一个挡位	HIGH 2 挡位	a6：60 wpm

（续）

步骤	当前状态	输入事件	后续状态	输出动作（wpm= 次 /min）
5	High 2 挡位	e2：控制杆向下移动一个挡位	LOW 2 挡位	a5：30 wpm
6	Low 2 挡位	e3：拨盘向上移动一个挡位	LOW 3 挡位	a5：30 wpm
7	Low 3 挡位	e2：控制杆向下移动一个挡位	INT 3 挡位	a4：20 wpm
8	Int 3 挡位	e2：控制杆向下移动一个挡位	OFF 3 挡位	a1：0 wpm

4.3 案例分析

4.3.1 汽车刮水器控制器

在刮水器控制器中，有两个独立的设备：控制杆和拨盘。输入事件和输出事件如下所示。

输入事件	输出事件	
e1：控制杆向上移动一个挡位	a1：0wpm	a5：30wpm
e2：控制杆向下移动一个挡位	a2：6wpm	a6：60wpm
e3：拨盘向上移动一个挡位	a3：10wpm	
e4：拨盘向下移动一个挡位	a4：20wpm	

两个面向设备的有限状态机如图 4-7 所示。注意，在拨盘有限状态机中，每个变迁都有带有问号的行为；在控制杆有限状态机中，状态 s2 的变迁也有问号。这些行为暂时还不能确定，因为两者中的任意一个有限状态机都不知道另一个的当前状态，所以不能确定所产生的动作。另外，事件 e1 是上下文敏感的输入事件，其响应依赖于事件 e1 发生的上下文。

控制杆事件可以表明应该如何精细地挑选事件。我们将事件 e1：将控制杆往上移一个挡位，替换成 3 个特定的事件（类似的其他事件也可以进行这样的扩展）。

e.1.1：将控制杆从 OFF 移动到 INT

e.1.2：将控制杆从 INT 移动到 LOW

e.1.3：将控制杆从 LOW 移动到 HIGH

这个选择等同于将一个上下文敏感的输入事件的上下文变成一组特定的输入事件。使用相同的方式，能够让多个上下文输出事件变得更加具体。选择使用上下文敏感事件或者使用一组具体事件，完全是风格问题，并无实质不同。如果使用状态机是为了生成测试用例，那么使用一组具体事件这种方式更合适。

下一步就是去除变迁行为中的模糊性。图 4-8 显示了一个比较粗暴的方式，仅将两个有限状态机做了笛卡儿乘积。这个过程会造成著名的"有限状态机爆炸"。图 4-8 中有很多冗余，横向表示的状态（控制杆的位置是常数）只有当控制

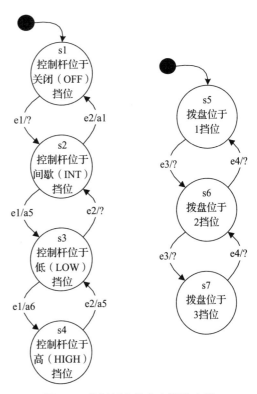

图 4-7 控制杆和拨盘有限状态机

杆位于 INT 状态的时候才有价值。在这种情况下，表 3-10 中扩展入口决策表（EEDT）里面的"无关入口"显得更优雅一些。对于带有多个状态的设备来说，这样的方式肯定是不太容易的。

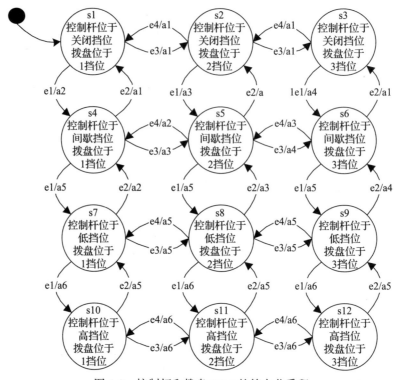

图 4-8　控制杆和拨盘 FSM 的笛卡儿乘积

　　图 4-9 几乎解决了图 4-8 中遇到的模糊性问题，但是还是没有解决在 Int 状态下，控制杆到底对应哪个变迁的问题。我们可以使用有限状态机的通信机制（简称为 CFM）来尝试解决这个问题。CFM 全部的处理过程包括了非常丰富的形式化内容，就目前例子来说，我们只要使用消息的表示方式即可。（使用 CFM 里面的消息，意味着要使用面向对象编程里面的消息技术。）在变迁过程中，CFM 可以直接将消息发送到另一台有限状态机上，如图 4-10 所示，而不是真正的输出操作。在流程图中看到过同样的机制，从拨盘有限状态机发出的消息发送给控制杆有限状态机，消息提供了拨盘的位置（1，2 或者 3）。在图 4-10 中，消息分别是 msg1：拨盘在位置 1；msg2：拨盘在位置 2；msg3：拨盘在位置 3。

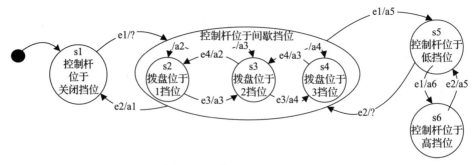

图 4-9　刮水器的层次化 FSM

现在唯一剩下的问题是：事件静默。如果在拨盘有限状态机里面没有事件发生，那么该怎样呢？如果没有拨盘事件发生，就没有消息发送给控制杆有限状态机。因此一旦控制杆有限状态机处于状态 s1 或者 s3，那么它就会死锁在那里，直到某个拨盘事件发生为止。真实的答案是，在"单纯有限状态机通信"里面，因为两个有限状态机在通信，所以每个状态机都知道另一个的活动状态。我们会在第 7 章的流程图中看到针对这种情况更加清晰的描述。实际上，图 4-9 所示的状态 s2、s3 和 s4 都从流程图中借用了一些变迁的表达方式。

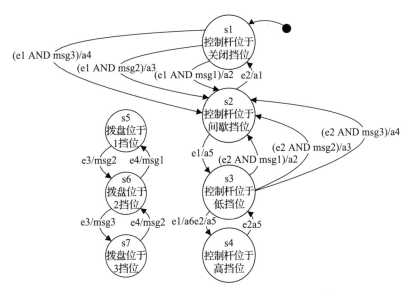

图 4-10　控制杆有限状态机和拨盘有限状态机的通信过程

4.3.2　铁路道口门控制器

在伊利诺伊北部，有个铁路道口，杨树大街与芝加哥西北铁路在此处交叉。在道口有 3 条独立的铁路。每条铁路都有传感器并能够探测到某列火车接近道口，或某列火车离开。如果当时没有火车在路口，或者没有接近的火车，那么道口门就是抬起的。如果第一列火车过来，道口门就开始下落，直到最后一列火车离开，门才会再次抬起。如果道口有一列火车在停靠，又有第二列和第三列火车到达，那么门就不会有动作（其已经是放下的状态）。铁路道口门控制器有两个输入事件和两个输出事件。假设火车到达和离开都符合时序要求，所以无须考虑安全性问题。这里我们需要仔细看一下火车道口门控制器。第 3 章所示决策表里面的端口输入和端口输出事件如下表所示。

端口输入事件	端口输出事件	数据
p1：火车到达	p3：下降道口门	d1：在铁路道口的火车数量
p2：火车离开	p4：抬升道口门	

作为一个有限状态机，我们使用状态作为存储器，以显示路口有几个火车。4 个状态代替了决策表中的数据条件，见图 4-11。

我们看一下图 4-7，这是铁路道口门控制器的有限状态机。如果把状态作为存储器，那么它们与表 3-10 中的 MEDT 公式可以很好地对应起来。在决策表中，我们使用"不可能的规则"标识被禁止的可能性。例如，如果路口没有火车，那么怎么可能有火车离开呢？在第 3 章，铁路道口门控制器混合入口决策表里面有 16 个规则。其中的 4 个被标识成不可能的：

规则 1 和 3 表示的是一个空的铁路道口有火车离开。规则 13 和 14 表示的是挤满的道口还有火车到达（但愿这种事情永远不发生）。当然你可以争论说，规则 13 可以是一个"什么不做"的规则而不是"不可能的规则"，因为一个火车离开后，到达的火车就可以取代它的位置。但是，这要假设条件具有顺序特性，这与决策表的描述性本质违背。规则 5 和 9 表示的是同时有火车到达和离开，当至少有一个铁道没有被占用时，会发生这两条规则。某种意义来说它们"相互抵消"，因为最终结果是火车的数目（状态）没有改变。

图 4-11 所示的有限状态机删除了上文描述的那些奇怪的可能性，只显示了预期的、被允许的行为。表 4-8 中将铁路道口门控制器的混合入口决策表中的规则映射为状态序列和事件序列。

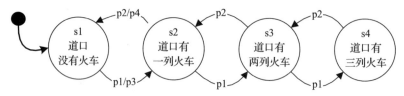

图 4-11　铁路道口门控制器的有限状态

表 4-8　铁道道口门控器决策表与有限状态机模型的映射

MEDT 规则	FSM 状态序列	FSM 事件序列
1	不可能	
2	s1, s2	p1, p3
3	不可能	
4	什么也不做	空，空
5	无法显示，取决于时间顺序，可以是 s2、s3、s2，也可以是 s2、s1、s2	p1, p2 或 p2, p1
6	s2, s3	p1
7	s2, s1	p2, p4
8	什么也不做	空，空
9	无法显示，取决于时间顺序，可以是 s3、s4、s3，也可以是 s3、s2、s3	p1, p2 或 p2, p1
10	s3, s4	p1
11	s3, s2	p2
12	什么也不做	空，空
13	不可能	
14	不可能	
15	s4, s3	p2
16	什么也不做	空，空

4.4　基于有限状态机派生的测试用例

在事件驱动的系统中，有限状态机对于识别测试用例提供了非常好的支持。但是，对于计算型应用（比如保费计算问题），有限状态机几乎没什么作用。

定义：在系统级的有限状态机（SL/FSM）中，状态要么是事件的上下文，要么就是处理阶段，而变迁是由输入事件造成的。变迁可以选择将输出事件显示为变迁的行为部分。

在系统级有限状态机里，起始到结束状态的路径几乎跟系统级测试用例或者"肥皂剧"用例相同。起始和结束状态对应使用用例的前置条件和后置条件。事件序列可以很容易地从变迁的原因和行为中提取出来。这里未能显示出来的是使用用例的描述信息，比如描述性名称。系统级有限状态机可以直接支持下面的测试。

- 每个状态
- 每个输入事件
- 每个输出事件
- 每个变迁
- 每条路径（如果系统级有限状态机里面有循环，那么就会出问题）

4.4.1　保费计算问题

输入	输出（行为）	状态（处理阶段）
e1：基本利率	a1：基本利率 × 1.5	s1：闲置
e2：16 ≤ 年龄 < 25	a2：基本利率 × 1.0	s2：适用年龄系数
e3：25 ≤ 年龄 < 65	a3：基本利率 × 1.2	s3：适用出险罚款
e4：年龄 ≥ 65	a4：增加 0 美元	s4：适用好学生减免
e5：出险次数 = 0	a5：增加 100 美元	s5：适用非饮酒者减免
e6：1 ≤ 出险次数 ≤ 3	a6：增加 300 美元	s6：完成
e7：4 ≤ 出险次数 ≤ 10	a7：减免 0 美元	
e8：好学生 = T	a8：减免 50 美元	
e9：好学生 = F	a9：减免 75 美元	
e10：非饮酒者 = T		
e11：非饮酒者 = F		

　　图 4-12 所示的有限状态机对于派生测试用例几乎毫无用处。虽然该有限状态机在技术上都是对的，但很明显使用流程图会更有帮助。在有限状态机里面有 36 条不同的路径，它们直接对应图 2-7 中的 36 条路径，以及第 3 章中混合入口决策表的 36 条规则。（当然，如果拒保，则没有路径与测试用例对应。）由于有限状态机对于之前已经做过的工作没有任何附加内容，因此在后续章节，我们在讨论更加复杂的基于变迁的模型时，不会使用有限状态机。实际上，有限状态机是 Petri 网（见第 5 章）的一个特殊情况。

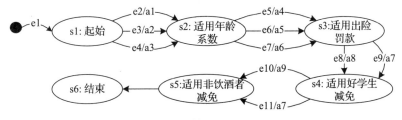

图 4-12　保费计算问题的有限状态机

　　表 4-9 中的路径可以直接对应表 3-15 中的决策表公式。表 4-10 说明了"肥皂剧"路径（尽可能长的路径）的详细使用用例。状态序列为 <s1, s5, s3, s5, s6, s4, s6, s1> 的路径覆盖了图 4-13 中除一个状态外所有的状态和除了两个输入事件外的所有输入事件。

表 4-9　将有限状态机中的状态序列映射为路径

车库门控制器有限状态机路径（作为状态序列）		
路径	描述	状态序列
1	门正常关闭	s1, s5, s2
2	门中间停止一次后正常关闭	s1, s5, s3, s5, s2

（续）

车库门控制器有限状态机路径（作为状态序列）		
路径	描述	状态序列
3	门正常开启	s2, s6, s1
4	门中间停止一次后正常开启	s2, s6, s4, s6, s1
5	门在关闭时，光束传感器被阻断	s1, s5, s6, s1

4.4.2　车库门控系统

输入事件	输出事件（行为）	状态
e1：发出控制信号	a1：起动电机向下	s1：门开启
e2：到达轨道下端	a2：起动电机向上	s2：门关闭
e3：到达轨道上端	a3：停止运转电机	s3：门停止关闭
e4：光束受到阻碍	a4：停止向下并反转电机	s4：门停止开启
		s5：门正在关闭
		s6：门正在开启

表 4-10　图 4-13 中的长路径"肥皂剧"使用用例

用例名称	车库门控系统"肥皂剧"使用用例	
用例 ID	GDC-UC-1	
描述	事件序列为 <s1, s5, s3, s5, s6, s4, s6, s1> 的使用用例	
前置条件	1. 车库门打开	
事件序列	**输入事件**	**系统响应**
	1. e1：发出控制信号	2. a1：起动电机向下
	3. e1：发出控制信号	4. a2：起动电机
	5. e1：发出控制信号	6. a1：起动电机向下
	7. e4：激光束受到阻碍	8. a4：停止向下并反转电机
	9. e1：发出控制信号	10. a2：起动电机
	11. e1：发出控制信号	12. a2：起动电机向上
	13. e3：到达轨道上端	14. a3：停止运转电机
后置条件	1. 车库门打开	

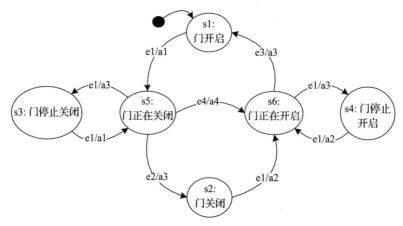

图 4-13　车库门控制器的有限状态机

4.5　经验教训

我曾经是一个小型电话交换系统（Private Automatic Branch Exchange，PABX）的小组成员，负责使用有限状态机为其建模。最后一共有 200 多个状态，我们称之为"超级状态群"，这是因为在决策表中，我们曾经将一个内部行为称为超级状态。状态、变迁原因事件、预期和禁止行为，都是用文本来定义的，毕竟绘制一个带有这样多状态的图片也没什么用处。一个有 30 年电话机开发经验的同事是硬件相关问题的技术咨询师，他看到我们的工作成果时，嘲笑我们这些大学生，让我们去做一些"真正的"工作。我们对此的回应是，一旦完成此项工作，就会生成比他能想到的多得多的测试用例。我们编写程序，使其能通过有限状态机生成所有的路径（说实话，这真算得上是个 MBT 项目了）。每个路径都包括针对变迁的输入和输出，同时还有初始（前置条件）和终止状态（后置条件）。这几乎可以算是完整的系统级测试用例。这个程序按顺序生成了 3000 多条路径，我们把它放在了嘲笑我们的同事的桌子上。一开始，他既兴奋又乐观，时不时还会冲进来说，他感觉找到了一个真正有趣的测试用例。后来，他不再乐观了。有一天他进来跟我们说，这个东西就是个废物，因为某个路径在技术上根本不可能实现。通过进一步的分析，我们发现在一对状态之间有非常微妙和深层的硬件依赖性。我们回应道，会再次运行路径生成程序，这次把那些存在依赖状态的路径都删掉。我们其实不知道删除存在依赖关系的路径是不是会反而增加了存在依赖关系的状态对的可能性。这是第一次遇到后来被我们称为"巫师的学徒"的难题 [Jorgensen 1985]。这个名称来自迪士尼公司的卡通片，卡通片里面巫师的学徒有个扫帚能够带起来一桶水，可是学徒控制不了结果，并会启动一个比预想要大得多的过程。在使用有限状态机的时候，有个折中点要考虑——定义小规模的状态和变迁也能生成惊人的大量的路径。我的团队遇到的问题是我们处在建模过程的错误一端，需要检查 3000 多条路径。可能还存在具有依赖状态的其他附加对。但从整体上来看，这个实验很成功。当然这也是个学习的经历。

最近我有个在大学里面得到的经验。我要求研究生提供一组针对车库门控制器的使用用例。几个学生提交了针对"停下正在关闭的门"和"停下正在打开的门"的使用用例，其中它们的后置条件是"门在中途停下"。下一个作业是让他们从这些使用用例中派生出有限状态机，然后合并两者，成为一个完整的有限状态机。那些写了"门在中途停下"的学生最后只能产生一个类似图 4-14 所示的部分有限状态机。一旦合并有限状态机，图 4-15 所示的结果就会出现图 4-5 中出现的不确定性。一旦事件 e1 在状态 s3 中发生，会怎样呢？这就说明，使用从底向上的方式开发有限状态机会遇到更大的问题。这个过程说明了敏捷方法的重要性。

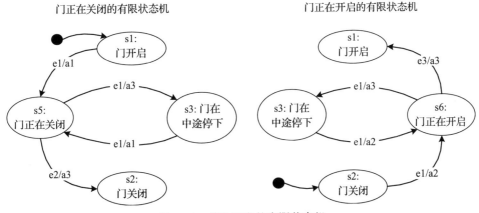

图 4-14　单独开发的有限状态机

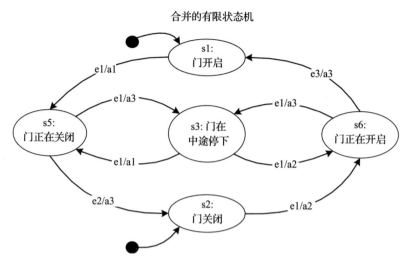

图 4-15 合并单独开发的有限状态机

4.6 优势与局限

有限状态机对于开发人员和用户来说，都是比较易懂的形式。一旦使用图形方式来呈现，路径就会很清晰，而且因为是二维的表达方式，所以相关联的路径（测试用例）可以很直观地标识出来。有限状态机可以表达预期和禁止的行为，执行引擎就可以很容易分析并补充它们。同样，有限状态机还可以与变迁的概率结合起来进行扩展。这样一来，就会产生执行概率的概念，反过来它还能支持系统测试的操作剖面。最后，如果路径能够带有开销惩罚，那么它还能支持基于风险测试的开销和概率计算。

有限状态机天生的弱点就是很容易发生状态爆炸。我们在图 4-6 中就看到了这样的示例。图 4-9 显示了如果同时考虑每个状态的预期事件和非预期事件，会产生的结果。在第 7 章（状态图）中，我们会看到，如果每个状态的每个事件都会发生，那么 David Harel 的表达式仍然能够有效地应付状态爆炸和类似意大利面的边线缠绕问题。

有限状态机只是基于变迁的建模方式之一。其他还包括 Petri 网（见第 5 章），事件驱动的 Petri 网（见第 6 章），以及它们的扩展［泳道事件驱动 Petri 网（见第 8 章）］和状态图（见第 7 章）。图 4-16 显示了这些基于变迁的模型列表，每条边指的是：起始端的模型比尾端的模型"更有表现力"。表 4-11 显示了 19 个选中的行为事件，每个都用有限状态机来表达。这个表格将会在后续章节的基于变迁的建模工具中重复使用。

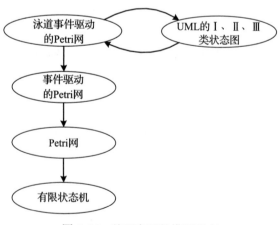

图 4-16 基于变迁的模型列表

表 4-11　有限状态机对行为事件的表示

事件	表现	建议
顺序事件	好	
选择事件	较烦琐	必须使用替代事件来引起不同的变迁
循环事件	好	
可用事件	不好	服务员或信用卡的批准问题，也可以是触发挤压事件，这会使能显示过程
不可用事件	不好	4% 级别的事件，也可以是触发释放事件，它禁用显示过程
触发事件	不好	可用与不可用事件间是激活某个事件
激活事件	不好	结合可用事件和不可用事件才能激活某个事件
挂起事件	不好	
恢复事件	不好	
暂停事件	不好	
冲突事件	不好	
优先级事件	不好	
互斥事件	不好	
同步执行事件	不好	必须将有限状态机分配给单独的设备
死锁事件	不好	在执行表中观察
上下文敏感事件	好	特浓咖啡自动售卖机中加入硬币的事件
多原因输出事件	好	在特浓咖啡自动售卖机中，分配意式浓缩咖啡事件
异步事件	不好	
静默事件	不好	

参考文献

[Brooks 1986]

Brooks, Jr., Frederick P., No Silver Bullet - Essence and Accident in Software Engineering, *Proceedings of the IFIP Tenth World Computing Conference*, H.-J. Kugler, ed., Elsevier Science B.V., Amsterdam, the Netherlands, 1986, pp. 1069–1076. [also in The Mythical Man-Month]

[Jorgensen 1985]

Jorgensen, Paul C., Complete Specifications and the Sorcerer's Apprentice Problem, *Proceedings of the International Computers and Applications Conference, (COMPSAC'86)*, Chicago, IL, October 1986.

[Jorgensen 2009]

Jorgensen, Paul C., *Modeling Software Behavior—A Craftsman's Approach*. CRC Press, Boca Raton, FL, 2009.

Petri 网

1963 年，卡尔·A.佩特里在他的博士论文中首次提出了 Petri 网的概念。时至今日，Petri 网已经成为基于决策过程的协议和应用的公认模型。尽管 Petri 网的图形化方式扩展得不够好，但本章最后给出的一种利用数据库进行扩展的方式可以解决这个问题。我们知道，当两个彼此通信的有限状态机通过交叉进行合并时，很容易导致状态爆炸。而 Petri 网可以很好地解决这个问题。（本章的 5.1 节和 5.2 节中的许多部分都是从《软件行为建模——实践者方法》[Jorgensen 2009] 一书中改编而来的）。

5.1 定义与表示法

Petri 网是有向图的一种特殊形式，它是二分图。一个二分图由两组节点 V_1 和 V_2 以及一组边 E 构成，它的限制是每条边在一个集合（V_1 或 V_2）中有初始节点，在另一个集合中有终止节点。在 Petri 网中，二分图的节点集合 V_1 和 V_2 分别被称为"库所"和"变迁"。这两个集合通常表示为 P 和 T。库所是变迁的输入和输出，而输入和输出之间是函数关系，它们通常表示为 In 和 Out，如下面的定义所示。

定义：Petri 网是一个二分图（P, T, In, Out），其中 P 和 T 是两个不相交的节点集合，In 和 Out 是边的集合，并且 $In \subseteq P \times T$，同时 $Out \subseteq T \times P$。

对于图 5-1 中的示例，有如下关系。

$$P = \{p1, p2, p3, p4, p5\}$$
$$T = \{t1, t2, t3\}$$
$$In = \{<p1, t1>, <p5, t1>, <p5, t3>,$$
$$<p2, t3>, <p3, t2>\}$$
$$Out = \{<t1, p3>, <t2, p4>, <t3, p4>\}$$

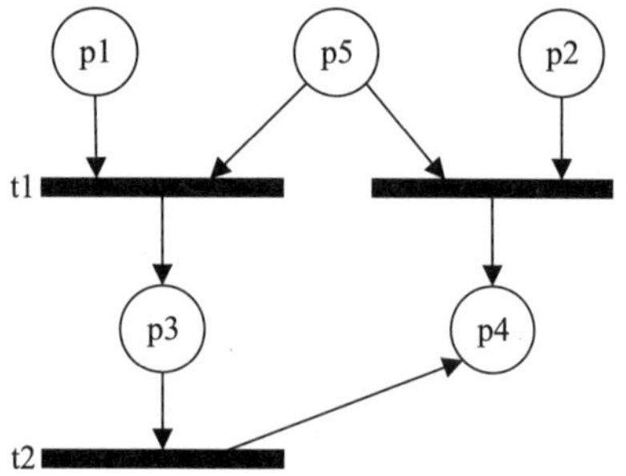

图 5-1 Petri 网

在本章中，Petri 网关于库所和变迁的表示法是比较灵活的。我们经常使用 s 和 t 表示变迁，其他（有很多其他的助记符）表示法也是可以接受的。同样，库所的表示法也类似。在 Petri 网的图形化表示中，库所通常表示为圆圈，变迁表示为黑色矩形条。不过在欧洲，变迁往往表示为一个空白矩形。Petri 网是可执行的，而且比有限状态机更加灵活。接下来我们定义几个与 Petri 网执行相关的概念。

定义：标记的 Petri 网是一个五元组（P, T, In, Out, M），其中（P, T, In, Out）是一个 Petri 网，M 是库所与正整数映射的集合。

集合 M 被称为 Petri 网的标记集合。M 中的元素是 n 元组，其中 n 是集合 P 中库所的个数。对于图 5-1 所示的 Petri 网，集合 M 包含了形如 <n1, n2, n3, n4, n5> 的元素，其中 n 是与各个库所相关的整数，这个整数代表的是库所中令牌的数量。令牌是一个抽象概念，在不同的建模情况下有不同的解释。例如，令牌可以表示某个库所已被使用的次数，某个库所中包含的事物数量，或者一个库所是否为真。图 5-2 显示了一个标记的 Petri 网。

图 5-2 中标记 Petri 网的标记元组为 <1, 1, 0, 2, 0>。我们需要根据令牌的概念来给出下面两个基本定义：可变迁（transition）和可点火（fire，也有人译为"发生"）。

5.1.1 可变迁与可点火

定义：当每一个输入库所中至少存在一个令牌时，Petri 网中的变迁是可用的。

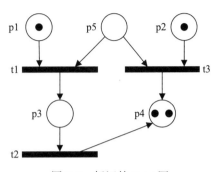

图 5-2 中标记的 Petri 网没有可用变迁。如果我们将令牌放置到库所 p3，则将 t2 变为可用的变迁。

定义：当一个可用 Petri 网的变迁点火时，从输入库所移除一个令牌，并将一个令牌添加到输出库所。

如图 5-3 所示，在左边的 Petri 网中变迁 t2 是可用的，并且它在右边的 Petri 网中被点火。图 5-3 所示的网络标记集合 M 包含两个元组，第一个显示了 t2 是可用状态时的网络，第二个显示了 t2 点火之后的网络。

图 5-2   标记的 Petri 网

$$M = \{<1, 1, 1, 2, 0>,\ <1, 1, 0, 3, 0>\}$$

令牌会通过变迁点火被创建或销毁。在特殊情况下，网络中的令牌总数是维持不变的，称这种 Petri 网是保守的。我们通常不用担心令牌的保守性。标记可以以执行有限状态机的方式来执行 Petri 网。（事实上，我们可以认为有限状态机是 Petri 网的一种特殊形式。）一些 Petri 网的形式化规范会为到达变迁的输入边赋一个权重。权重是一个自然数，表示输入库所中可用的令牌数量。同样，在输出边上也会有一个权重，它表示当变迁点火时库所中的令牌数量。在本书中我们不会用到 Petri 网的这些扩展功能。

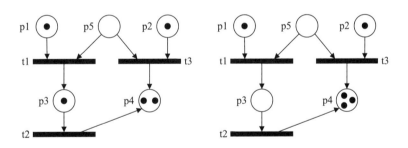

图 5-3   t2 点火前（左边）和点火后（右边）的 Petri 网

5.1.2 惯例

惯例 1：网络中无论有多少个可用变迁，同一时刻只能有一个变迁可以被点火。

许多人认为 Petri 网是描述并发最合适的形式，但由于不允许变迁同时被点火，所以实际上在 Petri 网中并没有真正的并发存在。我们要考虑未标记 Petri 网与它所表示的真实标记序列之间的区别。这就好比我们可以建立一个抽象的数据库模型，但是不同的用户会产生出很多不同的使用序列，这些序列都可以以数据库模型为基础进行扩展，而这些扩展与抽象的数据模型之间是有区别的。未标记 Petri 网中的并行路径可以表示潜在的并发性，但单一变迁的点火限制却阻止了并发的执行。在未标记的 Petri 网中，有许多可能的标记序列，这些序列都可能被执行，但这并不是真正的并发执行。

惯例 2：库所可以作为多个变迁的输入；同样，库所也可以是多个变迁的输出。

这种多重性使得 Petri 网非常有用（并且比有限状态机更强大）。

惯例 3：变迁必须拥有至少一个输入库所和一个输出库所，变迁可以拥有多个输入库所和多个输出库所。

很显然，在某些表示法中存在不包含输入库所的变迁，那么这些变迁始终处于可用状态。但如果有一个没有输出库所的变迁，那就是异常情况了——一旦变迁被点火，会产生什么呢？而且我们如何才能知道这样的变迁是否被点火了呢？

5.1.3 非图形化的表达方式

5.1.3.1 文本形式的表达

图 5-2 也可以利用如下的模板形式来表示。

```
Transition <transition Id>    <transition name>
    has input places (repeat for each input place):
        <place 1>    <place name> with marking    <number of tokens>
    and has output places (repeat for each output place):
        <place 1>    <place name> with marking    <number of tokens>
```

图 5-2 所示的完整模板如下所示。

```
Transition <t1> <(not given)>
    has input places (repeat for each input place):
        <p1>    <(not given)>    with marking    < 1 >
        <p5>    <(not given)>    with marking    < 0 >
    and has output places (repeat for each output place):
        <p3>    <(not given)>    with marking    < 0 >


Transition <t2> <(not given)>
    has input places (repeat for each input place):
        <p3>    <(not given)>    with marking    < 0 >
    and has output places (repeat for each output place):
        <p4>    <(not given)>    with marking    < 2 >


Transition <t3> <(not given)>
    has input places (repeat for each input place):
        <p5>    <(not given)>    with marking    < 0 >
        <p2>    <(not given)>    with marking    < 1 >
    and has output places (repeat for each output place):
        <p4>    <(not given)>    with marking    < 2 >
```

5.1.3.2 数据库形式的表达

Petri 网最大的问题就是，其图形化方式扩展性不够好。我们可以将 Petri 网中的信息与数据库相关联，继而设计出与之相对应的查询集来解决扩展问题。图 5-4 给出了这种数据库的实体 – 关系（E/R）模型。数据库可能会很好地解决 Petri 网的扩展问题，但这种方式却牺牲了图形化方式表达清晰的优势。许多使用者发现，如果他们利用键值

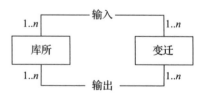

图 5-4　Petri 网数据库的 E/R 模型

（或图例）给 Petri 网中的库所和变迁起一个短小的名字，那么就可以在很大程度上改善图形化方式和数据库方式之间的关联性。

图 5-3 中 Petri 网的实体和关系如下所示。

库所		
库所	名称	令牌
p1	未给定	1
p2	未给定	1
p3	未给定	0
p4	未给定	2
p5	未给定	0

这个 E/R 模型中的信息与图 5-2 所示的信息是等价的（除了库所的信息）。上表虽然看上去有些复杂，但在解决复杂 Petri 网的扩展问题时，它非常有用。

5.2 技术详解

由于 Petri 网比有限状态机更难理解，所以我们需要考虑更多技术问题。对于初学者来说，下面是一些有益的提示。

1）使用变迁来表示具有输入和输出的动作。

2）使用库所来表示以下任何一项：

- 数据
- 前置和后置条件
- 状态
- 消息
- 事件

3）使用输入关系来表示前置条件和输入。

4）使用输出关系来表示结果和输出。

5）使用标记来表示一个网络"状态"、存储器或计数器。

6）任务可以视为独立的变迁或子网。

7）变迁的输入库所子集可以定义一个输入事件的上下文。

8）使用 Petri 网可表示被测系统（SUT）的复杂部分。

9）使用标记序列来生成测试场景。

在本章后面的小节中，我们将研究 [Jorgensen 2009] 书中确定的 19 个建模问题中的 14 个，这些问题都与 Petri 网的形式化范式相关。借鉴设计模式的思路，我们将其称为"Petri 模式"。我们在这里将它们分类列出。ESML 为扩展的系统建模语言（Extended Systems Modeling Language）[Bruyn 1988]。状态图工具 StateMate 的早期版本中就使用了这两种语言（ESML 和 SysML 系统建模语言）。普通的 Petri 网不能很好地表示与事件相关的问题，第 6 章的事件驱动 Petri 网中将会解决这个问题。

- 结构化编程结构
  - 顺序
  - 选择
  - 循环

- ESML 扩展
  - 可用
  - 不可用
  - 激活
  - 触发
  - 挂起
  - 恢复
  - 暂停
- 任务交互（Petri 网原语）
  - 冲突
  - 优先级
  - 互斥
  - 同步（启动、停止）
- 事件
  - 上下文敏感输入事件
  - 多原因输出事件
  - 异步事件
  - 事件静默

5.2.1 顺序、选择和循环

如图 5-5 所示，Petri 网可以很容易地表示顺序和循环结构。变迁 s1 和 s2 是顺序结构，同时它们也处于一个循环中。选择结构相对复杂一些，如图 5-6 所示，它分为两种选择结构。

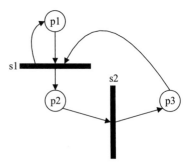

图 5-5 Petri 网中的顺序和循环结构

在左边的 Petri 网中，实际的选择是由被标记的库所决定的，p1 或者是 p2（它们之间是异或关系）。变迁 s1 和 s2 执行简单的计算，并将结果存在 p3 和 p4 两个库所中。右边的 Petri 网使用了"抑制弧"，即在弧的末端用小圆圈代替了箭头。抑制弧有助于以"负方式"描述变迁：如果该库所未被标记，则抑制弧有助于启用与之相连的变迁。如果 p1 指的是某个命题 p，则当命题 p 为真时，标记库所 p1 被解释为命题 p；如果 p1 没有被标记，则表示 p 为假。选择哪种形式完全是个人风格决定的。我更喜欢简单的表示方法（见图 5-6 的左侧部分）。

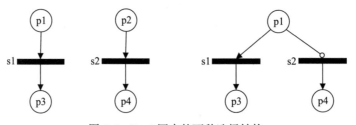

图 5-6 Petri 网中的两种选择结构

5.2.2　可用、不可用和激活

定义：可用（enable）是指当活动 A 令活动 B 可用，这意味着活动 B 可以执行，但未必是立即执行。

定义：不可用（disable）是指当活动 A 令活动 B 不可用，这意味着活动 B 不能执行了。而且是立即就不能执行了，这使不可用看上去更像是"解除点火"。

定义：激活（activate）是指活动 A 对活动 B 执行的可用或不可用序列。活动 B 在可用和不可用之间会有一个时间间隔，在这个时间间隔内，B 执行可用后的操作，然后不可用（这个时间间隔内的过程称为激活过程）。

除非图 5-7 所示的任务 s1 被另一个任务设为可用，否则它不能被点火。一旦 s1 可用，则每次点火时，它都会自我设置为可用。在 Petri 网中，不可用的任务与可用库所相关的变迁 s1 之间是有冲突的。如果不可用变迁被点火了，则 s1 变为不可用。

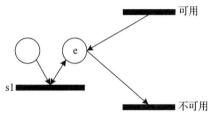

图 5-7　Petri 网用于可用、不可用与激活

5.2.3　触发

定义：触发是指当活动 A 触发活动 B 时，B 将立即执行。

图 5-8 所示的任务 s1 已部分可用。当触发器变迁（trigger transition）点火时，触发器库所（trigger place）被标记，然后 s1 点火。变迁能够"保持"多长时间的点火状态，这里是没有规定的。图 5-8 中的双头箭头表示变迁 s1 可以持续多次点火，直到其他输入不可用为止。如果箭头只是通常的箭头，s1 就只能点火一次。

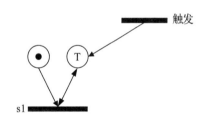

图 5-8　ESML 触发的 Petri 网

5.2.4　挂起、恢复和暂停

定义：挂起是指当活动 A 挂起活动 B 时，活动 B 不再执行，但活动的上下文会被保存。

定义：恢复是指当活动 A 恢复活动 B 时，活动 B（已被挂起）运行被挂起时未完成的工作继续。

定义：暂停是指活动 A 对活动 B 执行一系列挂起或恢复的操作。其中可能在某些时间间隔内，活动 B 不执行任何操作。

ESML 中，挂起和恢复两个定义的目的是描述执行任务可以被中断，同时也可以在被中断的地方重新开始运行的情况。任务 s1 被细分为 3 个（任意选择的）子任务，如图 5-9 所示，在哪里挂起就可以在哪里恢复。要注意的是，挂起变迁与恢复变迁之间具有互锁关系（见图 5-10），因此挂起变迁必须先点火。在 Petri 网中，挂起变迁和一些中间任务是有冲突的。挂起变迁的点火可能会导致中间子任务的不可用（图 5-9 中的 s1.2），然而恢复变迁的点火会重新启动子任务 s1.2。

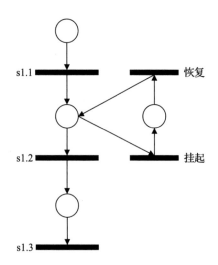

图 5-9　ESML 中挂起、恢复和暂停的 Petri 网表示

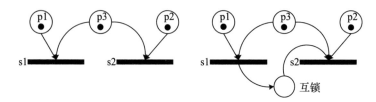

图 5-10　冲突和互锁的 Petri 网表示

ESML 中的激活是一个可用 – 不可用的序列，同样 ESML 中的暂停是一个挂起 – 恢复的序列。

5.2.5　冲突和优先级

Petri 网的冲突表示两个变迁之间的一种有趣的交互形式。在图 5-10 左侧的网中，变迁 s1 和 s2 都可用，其中任意一个变迁点火都会导致另一个变迁不可用。这就是 Petri 网中冲突的典型形式。更具体地说，变迁 s1 和 s2 关于库所 p3 存在冲突。解决冲突的一种方法是使用互斥锁，在变迁 s1 点火的时候，强制变迁 s2 处于等待状态，如图 5-10 的右侧所示。

5.2.6　互斥

如图 5-11 所示，序列 <t1.1，t1.2，t1.3> 和序列 <t2.1，t2.2，t2.3> 是互斥的。由于 t1.1 和 t2.1 在 Petri 网中关于信号量库所（S）存在冲突，所以一个点火会置另一个为不可用，并且这种互斥状态会持续到互斥区域结束为止（在 t1.3 或 t2.3 处）。请注意，信号量可以理解为"双向互斥锁"。

5.2.7　同步

在图 5-12 中，任务 1、2 和 3 由"开始"任务同时启动。如果要做到真正的同时运行，任务必须在不同的设备上，这在 Petri 网中是无法形象表示出来的。于是通常将其描述为同步开始。

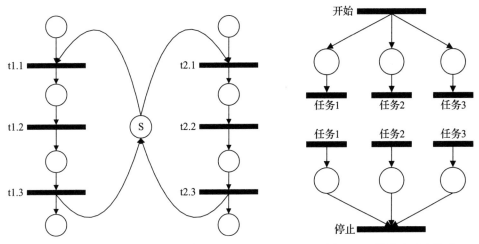

图 5-11　Petri 网中互斥的表示　　　　图 5-12　同步启动和停止

在图 5-12 的下半部分，每个前置任务（任务 1、2 和 3）都执行完之后，"停止"任务才能执行。在分布式数据库中，更新机制所采用的两阶段提交协议（Two-Phase Commit Protocol）就是典型的同步启动和同步停止模式，如图 5-12 所示。

5.2.8　标记和可用序列

在 Petri 网中，可以通过图形或数字方式利用标记库所来表示未标记 Petri 网中各种可能的执行序列。在图 5-13 中，我们重新分析了图 5-15 所示生产者 – 消费者问题中的生产者部分。

当库所 p1（左边的网）被标记时，变迁 t1 可用。如果 t1 被点火，则库所 p1 不再被标记，库所 p2（中间的网）被标记，此时变迁 t2 变为可用。

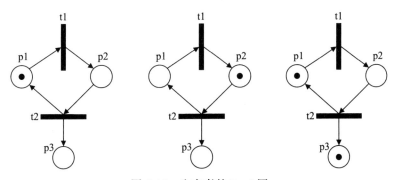

图 5-13　生产者的 Petri 网

表 5-1　生产者 Petri 网的一个可执行示例表

执行步骤	标记 <p1, p2, p3>	可用变迁	点火变迁
m0	<1, 0, 0>	t1	t1
m1	<0, 1, 0>	t2	t2
m2	<1, 0, 1>	t1	t1
m3	<0, 1, 1>	t2	t2
m4	<1, 0, 2>	t1	t1
m5	<0, 1, 2>	t2	t2

如果点火 t2，则 p2 不再被标记，但会标记 p1 和 p3。我们可以继续点火 t1 和 t2，在每个循环之后，p3 会有一个额外的标记令牌。表 5-1 显示了这种情况。

我们可以看到：t1 或 t2 总有一个是可用的。所以我们可以永远执行这个 Petri 网。

定义：在具有活性的 Petri 网中永远存在一些始终可用的变迁。

定义：在 Petri 网中，当没有可用的变迁时，会出现死锁。

定义：如果网络中所有令牌的总和是一个常数，则称 Petri 网是保守的。

Petri 网的活性取决于初始标记。在示例中，如果初始标记只有 p3，则没有可用的变迁。如果我们从图 5-13 所示的 Petri 网中移除库所 p3，那么在网络中就会始终有一个可用的令牌。

5.2.9　Petri 网和有限状态机

有限状态机是 Petri 网的一个特例，其中每个 Petri 网的变迁只有一个输入库所和一个输出库所（见图 5-14）。为了让 Petri 网有别于有限状态机，我们将 Petri 网中的状态称为库所，将状态之间的变迁称为 Petri 网变迁。"变迁"是一个重复使用的术语：在有限状态机中，它们由某种原因触发，并且可以产生输出。在有限状态机表示法中，这是表示状态发生变化的一"部分"。在一个 Petri 网中，有限状态机的状态变成 Petri 网的库所，有限状态机中事件和行为的变迁变成 Petri 网的变迁。但是 Petri 网中的变迁有点特殊，它只能有一个输入库所和一个输出库所。有限状态机中的状态 s1、s2、s3 和 s4 被映射到 Petri 网中的库所 s1、s2、s3 和 s4。我们可以在 Petri 网中添加库所以表示存储器，在这种情况下，库所被标注为"来自 s2"和"来自 s3"。从库所 s4 到库所 s5 和 s6 的变迁都用到了存储器，因此一切都是正确的。

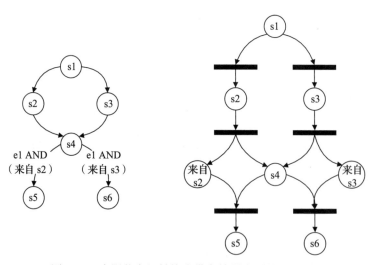

图 5-14　有限状态机转换成带存储器表示的 Petri 网

图 5-14 左边的有限状态机是从图 4-2 中复制过来的。特别注意的是，Petri 网可以解决有限状态机中"没有存储器"的问题。

5.2.10　Petri 网引擎

Petri 网引擎类似于有限状态机引擎，至少在交互级别上可以这样理解。对于给定的

Petri 网，其可能的执行表说明了 Petri 网引擎执行 Petri 网的过程。（有关生产者 – 消费者问题的简短执行表，请参见表 5-2。）Petri 网引擎需要定义所有库所，以及与库所和变迁相关的输入和输出函数，还有它们的初始标记，如表 5-2 中所示。然后引擎（和用户）执行如下操作。

1）引擎确定一个所有可用变迁的列表；

2）如果没有变迁可用，那么就是一个死锁的网络；

3）如果只有一个变迁可用，那么它会自动点火，并且产生一个新的标记；

4）如果有多个变迁可用，那么用户必须选择一个变迁点火，然后产生一个新的标记；（注意，用户需要解决网络中的冲突问题。）

5）引擎返回第一步并且重复执行到用户主动停止，或者网络出现死锁。

表 5-2　生产者 – 消费者 Petri 网的可执行表

执行步骤	标记	可用变迁	点火变迁
m0	<0, 1, 0, 1, 0, 0, 1>	t2	t2
m1	<1, 0, 1, 1, 0, 0, 1>	t1, t3, t5	t5
m2	<1, 0, 0, 1, 0, 0, 1>	t1, t6	t1
m3	<0, 1, 0, 1, 0, 1, 0>	t2, t6	t2
m4	<1, 0, 1, 1, 0, 1, 0>	t1, t3, t6	t3
m5	<1, 0, 0, 0, 1, 1, 0>	t1, t6	

Petri 网的执行有 7 个级别。它们与状态图的执行级别完全一致（见第 7 章）。

等级 1（交互模式）：用户提供初始标记，然后指导变迁点火，如前所述；

等级 2（突发模式）：如果一系列步骤中只有一个变迁是可用的，则整个链条被点火；

等级 3（预定模式）：输入脚本标记库所并指导其执行；

等级 4（批量模式）：执行一组预定义的脚本；

等级 5（概率模式）：类似于交互模式，只是它利用变迁的点火概率来解决冲突问题（例如，在步骤 4）；

等级 6（组合模式）：一组基于统计的批处理脚本以随机顺序来执行；

等级 7（穷举）：对于没有循环的系统来说，执行所有可能的"线程"。

要谨慎处理 Petri 网的可达性问题。如果系统中有循环，则使用简化图能够生成无循环的版本。这对计算的影响是较大的，因为给定的初始标记会产生许多可能的线程，并且要在初始标记的基础上重复这个过程。

5.3　案例分析

5.3.1　生产者 – 消费者问题

生产者 – 消费者问题是一个经典的 Petri 网案例。在图 5-15 中，节点 p1、p2 和 p3 以及变迁 t1 和 t2 代表生产者。大多数文献都认为这是一个典型的竞争有限资源的问题。而我更喜欢把它看成

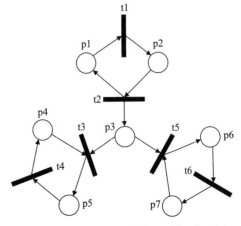

图 5-15　生产者 – 消费者问题的 Petri 网

Carol 为 David K 和 Paul 制作瑞典煎饼的过程（一次只能做一个）。

生产者（Carol）由库所 p1、p2 和 p3 以及变迁 t1 和 t2 来表示。第一个消费者（David K）由节点 p3、p4 和 p5 以及变迁 t3 和 t4 来表示。类似地，第二个消费者（Paul）由节点 p3、p6 和 p7 以及变迁 t5 和 t6 来表示。注意，库所 p3 所代表的角色之间有复杂的互动。

可能的库所和变迁的解释如下表所示。

p1：需要另一个煎饼的请求	t1：Carol 倒入煎饼面糊
p2：平底锅里的煎饼	t2：Carol 炸薯条，煎饼
p3：盘子上的煎饼	t3：David K 拿走煎饼
p4：David K 准备好再吃一个煎饼	t4：David K 吃煎饼
p5：David K 已有一个煎饼	t5：Paul 拿了煎饼
p6：Paul 已有一个煎饼	t6：Paul 吃煎饼
P7：Paul 准备好再吃一个煎饼	

图 5-16 所示为 Petri 网的初始标记，这是一个具有"活性的"网络：因为有一些变迁始终是可用的。只要 David K 和 Paul 继续吃，Carol 就会不断地制作瑞典煎饼。事实上，即使他们停止了，Carol 还是可以通过反复点火变迁 t1 和 t2 来继续制作煎饼。如果她这样做，那么库所 p3（放煎饼的盘子）将会有很多煎饼，这可通过一个标记序列很好地表示出来。表 5-2 描述了一个瑞典煎饼的场景，其中 Carol 制作煎饼（m0），David K 和 Paul 在抢第一个煎饼（m1）。Paul 拿到了煎饼（在 m1 步骤中点火变迁 t5），Carol 准备制作另一个煎饼（步骤 m2）。她在第 3 步煎好另一个煎饼，此时，只有 David K 是可用的，并且他拿到刚煎好的煎饼（在步骤 m4）。在最后一步（目前场景下），Carol 准备再制作一个煎饼，而 Paul 仍然在有礼貌地等待。

这种基本 Petri 网的特殊形式被称为"自由选择"网络，因为当有多个变迁可用时，客户或者用户可以选择点火哪一个变迁。这种形式的 Petri 网有很多学术性的工具支持它的运行，所以它可以作为一个可执行规范。Petri 网的执行有 7 个级别（见 5.5 节）。我们对图 5-17 稍微进行一点改变，以显示如何使用标记序列。我们先移除从 t2 到 p1 的边，并且标记库所 p1 有 4 个令牌，这表示有制作 4 个瑞典煎饼的原料。现在，无论 David K 还是 Paul 要吃煎饼，Carol 只能做 4 个煎饼。做完第四个煎饼之后，变迁 t1 就永远不可用了。这种场景可以持续下去，直到 David K 和 Paul 吃完了 4 个煎饼，然后网络就进入死锁状态。

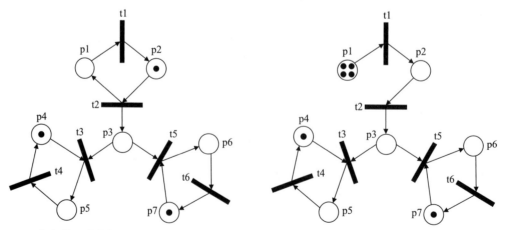

图 5-16　生产者－消费者 Petri 网中的一种初始标记　图 5-17　进入死锁状态的 Petri 网的一种初始标记

5.3.2　汽车刮水器控制器

表 5-3 列出了刮水器控制器的 Petri 网模型的输入、输出以及状态。它们是第 4 章中刮水器控制器的有限状态机模型中输入事件和活动的重复。相应的 Petri 网模型如图 5-18 所示。仔细查看图 4-2 可知，该图中使用的状态 s1 ～ s7 与图 5-18 所示的状态 p1 ～ p7 完全对应。回想一下，在第 4 章中，我们曾努力将控制杆的有限状态机和拨盘的有限状态机组合在一起，但并未成功。而在图 5-18 中它们很好地结合在一起了，我们增加 3 个变迁（s11、s12 和 s13）来表示 3 个不同的刮水器速度（Int）。

表 5-3　汽车刮水器控制器的事件和状态

输入	输出	状态
e1：控制杆向上移动一个挡位	a1：刮 0 次 /min	p1：控制杆位于关闭挡位
e2：控制杆向下移动一个挡位	a2：刮 6 次 /min	p2：控制杆位于间歇挡位
e3：拨盘向上移动一个挡位	a3：刮 12 次 /min	p3：控制杆位于低挡位
e4：拨盘向下移动一个挡位	a4：刮 20 次 /min	p4：控制杆位于高挡位
	a5：刮 30 次 /min	p5：拨盘位于 1 挡位
	a6：刮 60 次 /min	p6：控制杆位于 2 挡位
		p7：控制杆位于 3 挡位

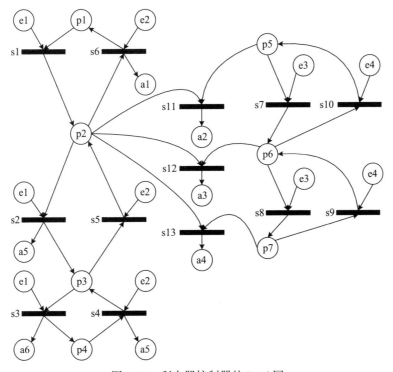

图 5-18　刮水器控制器的 Petri 网

有几个细节需要强调一下。首先是我们人为地将输入事件重复显示多次，例如输入事件 e1（控制杆向上一个挡位）点火了 3 次，相对应的输入事件 e2 也点火了 3 次。如果以这种方式建立 Petri 网模型，那么容易就识别出一条执行路径，但是却很难识别出输入事件出现的上下文（图 5-29 所示为类似的另一个例子）。连接变迁 s11、s12 和 s13 到库所 p2、p5、p6 和 p7 的箭头都是双向的，目的是能够在拨盘输入事件点火时，以及变迁 s11、s12 或 s13 中的一个点火时，能够继续保持标记。最后，由于状态 p5、p6 和 p7 是互斥的，因此当控制杆处于间歇状态（p2）时，只有变迁 s11、s12 和 s13 中的一个可以点火。表 5-4 所示为 Petri 网标记序列，它对应于表 4-4。它也是一个可执行表。

表 5-4 中还有另一个异常。从标记序列的步骤 m5 开始，输出 a2 和 a5 在步骤 m17 被标记，输出 a2、a3、a4、a5 和 a6 也被标记。这是不对的，因为这些活动是互斥的，我们无法从不是任何变迁的输入库所中移除令牌。

表 5-4 图 5-18 所示 Petri 网的标记序列

标记序列	库所: < 输入 e1, e2, e3, e4; 输出 a1, a2, a3, a4, a5, a6; 状态: p1, p2, p3, p4, p5, p6, p7>	可用变迁	点火变迁
m0	< 输入无; 输出无; 状态: p1, p5>	无	无
m1	< 输入 e1; 输出无; 状态: p1, p5>	s1	s1
m2	< 输入无; 输出无; 状态: p2, p5>	s11	s11
m3	< 输入无; 输出 a2; 状态 p2, p5>	无	无
m4	< 输入 e3; 输出 a2; 状态 p2, p6>	s12	s12
m5	< 输入无; 输出 a2, a3; 状态 p2, p6>	无	无
m6	< 输入 e1; 输出 a5; 状态 p3, p6>	无	无
m7	< 输入 e1; 输出 a2, a3; 状态 p2, p6>	s2, s11	s2
m8	< 输入无; 输出 a2, a3, a5; 状态 p3, p6>	无	无
m9	< 输入 e1; 输出 a2, a3, a5; 状态 p3, p6>	s3	s3
m10	< 输入无; 输出 a2, a3, a5, a6; 状态 p4, p6>	无	无
m11	< 输入 e2; 输出 a2, a3, a5, a6; 状态 p4, p6>	s4	s4
m12	< 输入无; 输出 a2, a3, a5, a6; 状态 p3, p6>	无	无
m13	< 输入 e3; 输出 a2, a3, a5, a6; 状态 p3, p6>	s8	s8
m14	< 输入无; 输出 a2, a3, a5, a6; 状态 p3, p7>	无	无
m15	< 输入 e2; 输出 a2, a3, a5, a6; 状态 p3, p7>	s5	s5
m16	< 输入无; 输出 a2, a3, a5, a6; 状态 p2, p7>	s13	s13
m17	< 输入无; 输出 a2, a3, a4, a5, a6; 状态 p2, p7>	s13	s13
m18	< 输入 e2; 输出 a2, a3, a4, a5, a6; 状态 p2, p7>	s6, s13	s6
m19	< 输入无; 输出 a2, a3, a4, a5, a6; 状态 p1, p7>	无	无

5.4 基于 Petri 网派生的测试用例

既然有限状态机通常是 Petri 网的一个特例，那么 4.4 节中的所有结果也同样适用于此。即使是普通的 Petri 网也能为派生测试用例提供更多的支持。

- 与 SL / FSM 一样，Petri 网中的路径也是测试用例的主要来源；
- 标记和输入 / 输出箭头的灵活性为 Petri 网提供了一种表示存储器的方式，这在任何有限状态机中都是不可能的；
- Petri 网原语表达了许多有价值的测试场景（冲突、优先级、互斥和不可用）；

- 标记序列还可以表示潜在情况，如死锁和活锁；
- Petri 网很容易组合（例如刮水器的案例），因此我们可以将表示类级别行为的 Petri 网进行组合，以支持更高级别的测试（例如，类之间交互的测试）。

普通 Petri 网的最大局限在于，它不能明确地表示事件（事实上，这产生了事件驱动 Petri 网的定义）。通常只有当一个"事件库所"被标记的时候，这个库所才可以表示事件的点火。第二个限制是，只有通过上下文敏感的输入事件才能识别出表示事件的库所和表示状态的库所之间的差异。第三个限制是，一旦一个输出库所被标记，那么它将始终被标记，这不仅会产生误解，而且也不正确。类似地，如果一个输入事件不止一次被点火，那么它必须在 Petri 网中重复（参见图 5-18 中事件 e1 的处理）。

表 5-5　从图 5-18 中派生的使用用例

用例名称	刮水器控制器执行表示例	
用例 ID	WWUC-1	
描述	操作员操作典型的控制杆和拨盘事件序列	
前置条件	1. 控制杆位于关闭挡位（p1），拨盘位于 1 挡位（p5）	
事件序列	**输入事件**	**系统响应**
	1. e1：控制杆向上移动一个挡位（p2）	2. s11：刮 6 次 /min（a2）
	3. e3：拨盘向上移动一个挡位（p6）	4. s12：刮 12 次 /min（a3）
	5. e1：控制杆向上移动一个挡位（p3）	6. s3：刮 30 次 /min（a5）
	7. e1：控制杆向上移动一个挡位（p4）	8. s3：刮 60 次 /min（a6）
	9. e2：控制杆向下移动一个挡位（p3）	10. s2：刮 30 次 /min（a5）
	11. e3：拨盘向上移动一个挡位（p7）	对刮水器速度没有影响
	12. e2：控制杆向下移动一个挡位（p2）	13. s13：刮 20 次 /min（a4）
	14.e2：控制杆向下移动一个挡位（p1）	15.s6：刮 0 次 /min（a1）
后置条件	1. 控制杆位于关闭挡位（p1）拨盘位于 3 挡位	

正如有限状态机一样，Petri 网也可以直接导出测试用例。回忆一下第 4 章中的使用用例和执行表（见表 4-4）。表 5-5 是从图 5-18 所示路径中得到的相关使用用例。

5.4.1　保费计算问题

下表是用 Petri 网表示保费计算问题时，需要的库所和变迁（见图 5-19）。

库所		变迁（行为）
p1：基本费用	p8：4 ≤出险次数 <10	t1：基本利率 ×1.5
p2：16 ≤年龄 <25	p9：年龄和出险次数调整率	t2：基本利率 ×1.0
p3：25 ≤年龄 <65	p10：是好学生	t3：基本利率 ×1.2
p4：年龄≥ 65	p11：不是好学生	t4：增加 0 美元
p5：年龄调整率	p12：非饮酒者	t5：增加 100 美元
p6：出险次数 =0	p13：饮酒者	t6：增加 300 美元
p7：1 ≤出险次数≤ 3	p14：累计费率	t7：减免 50 美元
		t8：减免 0 美元
		t9：减免 0 美元
		t10：减免 75 美元

注意，对应 p10 和 p11 库所对，以及 p12 和 p13 库所对的库所需要支持一些简单的布尔决策。我们利用 Petri 网中库所 p1 与变迁 t1、t2 和 t3 的冲突来表示 3 个年龄段的库所 p2、p3 和 p4 是互斥的。类似的表达也适用于计算出险次数。关于库所 p9 有一个细节需要注意：p9 与 t7、t8、t9 以及 t10-p9 的变迁相关，而且它既是变迁的输入又是变迁的输出。这需要标记序列的支持，如果在标记序列中加入保费减少量，它们就可以应用于任何顺序。（顺序在流程图描述中有规定。）Petri 网公式也支持测试的数据流视图。例如，如果库所 p2 有问题，那么它就会影响计算的其余部分。来看另一个例子：假设最终计算出现错误，那么标记序列的反向顺序可以帮助我们确定故障源的位置。这种分析很容易手动完成，如果希望自动完成，则需要非常复杂的 MBT 工具。

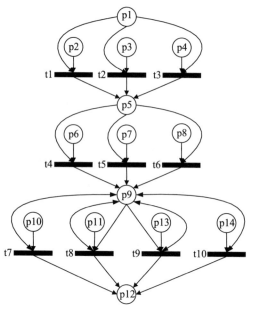

图 5-19 保费计算问题的 Petri 网模型

图 5-20 所示的两个 Petri 网表示两个保费计算样本的初始标记序列——最低价和最高价的。David Harel 将程序分为转换型程序和交互型程序 [Harel 1988]。保费计算问题是典型的转换型程序（在计算开始之前，所有输入都可用）。图 5-20 所示的初始标记序列显示了这一点，并且变迁的顺序也保证了其他顺序计算的正确性。最低价策略的初始标记（左边的 Petri 网）产生了两种可能的变迁点火序列：<t2, t4, t7, t9> 或 <t2, t4, t9, t7>，具体选择哪一个取决于首先使用哪一种折扣。第一个序列是指 p3 为真（25 ≤ 年龄 <65）时的情况，因此变迁 t2 点火（基本利率 × 1.0）。接下来，使用好学生折扣（p10），变迁 t7 点火（减免 50 美元），其次使用不喝酒折扣（p12），变迁 t9 点火（减免 75 美元）。库所 p9 的值表示可能的减少量。最终余额与折扣的使用顺序无关，这就是看似重复的变迁 t8 和 t9（减去 0 美元）出现在网络中的原因（见表 5-6）。

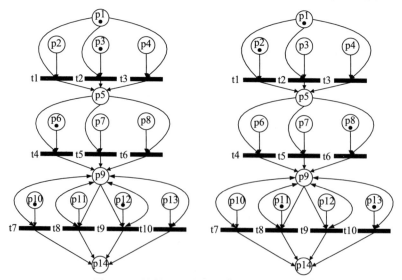

图 5-20 最低和最高费用的初始标记序列

表 5-6 图 5-20 所示的执行表（左边的模型）

执行步骤	标记 <p1, p2, p3, p4, p5, p6, p7,p8, p9, p10, p11, p12, p13, p14, p15, p16>	可用变迁	点火变迁	累计动作
m0	p1, p3, p6, p10, p12	t2	t2	基本利率 × 1.0
m1	p5, p6, p10, p12	t4	t4	增加 0 美元
m2	p9, p10, p12	t7, t7	t7	减免 50 美元
m3	p9, p12, p14	t9	t9	减免 75 美元
m4	p14（被两个令牌标记）	t10	t10	保费总额

5.4.2 车库门控系统

有限状态机中的输入事件、输出事件和状态在 Petri 网中都表示为库所，这对 MBT 测试用例的生成是有明显影响的。

输入事件	输出事件	状态
p1：发出控制信号	p5：起动电机向下	p11：门向上
p2：运行到轨道下端	p6：起动电机向上	p12：门向下
p3：运行到轨道上端	p7：停止电机	p13：门停止向下
p4：激光束被阻碍	p8：反转电机使其由下往上	p14：门停止向上
		p15：门正在关闭
		p16：门正在开启

变迁：

t1：门向上到门正在关闭	t6：门向下到门正在开启
t2：门关闭到门停止向下	t7：门正在开启到门停止向上
t3：门关闭到门向下	t8：门停止向上到门正在开启
t4：门关闭到门开启	t9：门开启到门向上
t5：门停止向下到门正在关闭	

通常 Petri 网的规则中存在几个问题：

1）重复的设备控制信号库所（p1）始终需要被标记；

2）通常的可用和点火惯例会导致输出库所被持续标记；

3）标记序列不够灵活。用户或者测试分析师需要对与点火事件相关的库所进行跟踪，并且识别出哪些是面向数据的哪些是面向状态的库所（见图 5-21）；

4）不能清楚地表示事件；

5）不容易识别事件的静默。

对于输出库所中存在持久令牌的问题，第一种解决方法是：因为电机的状态是互斥的，所以一旦输出事件发生，则相应的 Petri 网变迁将被点火，取消"当前"输出库所的标记并对"下一个"输出库所进行标记。第二种解决方法是，首先对每个输入事件的所有实例进行标记，当与被点火变迁相关的库所被用到时，再取消它们的标记。图 5-21 展示了一种处理表示输入事件的库所的可能方法——它们不仅全部都被标记，并且会加上一个初始标记，以便可以开始执行第 4 章中"肥皂剧"使用 / 测试用例的 Petri 网（见表 5-5）。

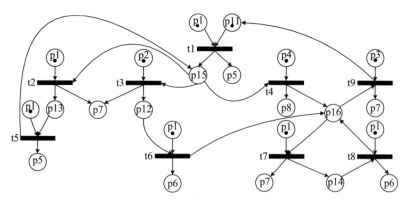

图 5-21   初始标记表示了所有潜在的输入事件和一个初始标记的状态库所

在初始标记 M0 中，t1 可用，并且车库门开启。

图 5-22 ～图 5-28 显示了表 5-7 中的标记序列。

在初始标记 M0 中，t1 可用，门开启。

标记步骤 M1：t1 已经点火，变迁 t2、t3 和 t4 可用。门关闭，p5 被标记（见图 5-22）。

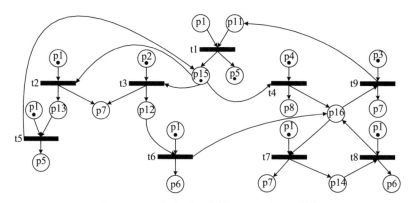

图 5-22   t1 点火后，变迁 t2、t3 和 t4 可用

标记步骤 M2：t2 点火，变迁 t3 和 t4 不可用。输出 p5 未被标记，输出 p7 被标记。门停止关闭。变迁 t5 是唯一可用的变迁（见图 5-23）。

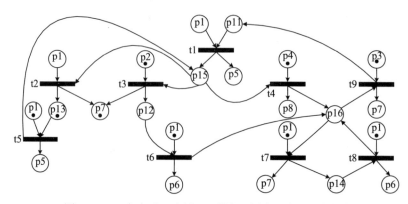

图 5-23   t2 点火后，变迁 t5 可用，变迁 t3 和 t4 不可用

标记步骤 M3：t5 点火，变迁 t3 和 t4 可用。输出 p5 被标记，输出 p7 未被标记。门继续关闭（见图 5-24）。

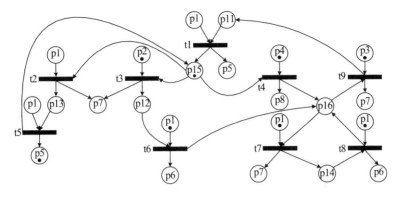

图 5-24　t5 点火后，变迁 t3 和 t4 可用

标记步骤 M4：t4 点火，变迁 t7 和 t9 可用。输出 p8 被标记，输出 p5 未被标记。门正在开启（见图 5-25）。

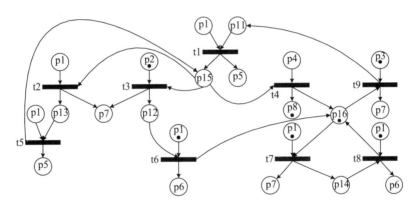

图 5-25　t4 点火后，变迁 t7 和 t9 可用

标记步骤 M5：t7 点火，变迁 t8 可用，t9 不可用。输出 p7 被标记，输出 p8 未被标记。门停止开启（见图 5-26）。

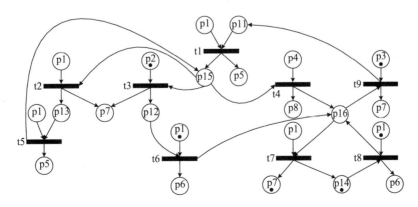

图 5-26　t7 点火后变迁 t8 可用

标记步骤 M6：t8 点火，变迁 t9 可用。输出 p6 被标记，输出 p7 未被标记。门继续开启（见图 5-27）。

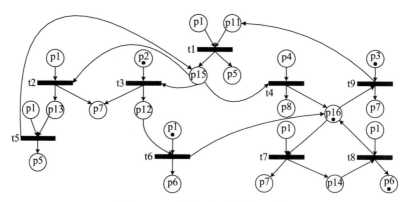

图 5-27　t8 点火后，变迁 t9 可用

标记步骤 M7：t9 点火，没有可用的变迁。输出 p7 被标记，输出 p6 未被标记。门开启。（见图 5-28）。

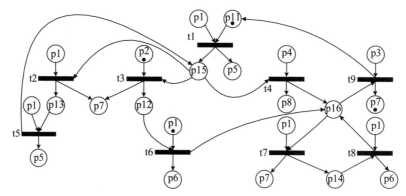

图 5-28　t9 点火后，没有变迁可用，到达事件序列终点

表 5-8 所示的路径直接对应表 3-15 中决策表公式派生出的结果。表 5-9 说明了"肥皂剧"路径的详细使用用例。状态序列是 <s1，s5，s3，s5，s6，s4，s6，s1>。此路径覆盖了除一个状态之外的所有状态和除两个输入事件外的所有事件。

表 5-7　图 5-22 ～图 5-28 所示的执行表

执行步骤	标记 < 输入 p1，p2，p3，p4，输出 p5，p6，p7，p8 状态 p11，p12，p13，p14，p15，p16>	可用变迁	点火变迁	图号
m0	<p1(所有实例)，p2，p3，p4，输出 (无)，状态 p11>	t1	t1	5-23
m1	<p1(余下的)，p2，p3，p4，输出 p5，状态 p15>	t2, t3, t4	t2	5-24
m2	<p1(余下的)，p2，p3，p4，输出 p7，状态 p13>	t5	t5	5-25
m3	<p1(余下的)，p2，p3，p4，输出 p5，状态 p15>	t3, t4	t4	5-26
m4	<p1(余下的)，p2，p3，输出 p8，状态 p16>	t7, t9	t7	5-27
m5	<p1(余下的 g)，p2，p3，输出 p6，状态 p16>	t7	t8	5-29
m7	<p1(无)，p2，输出 p7，状态 p11>			5-30

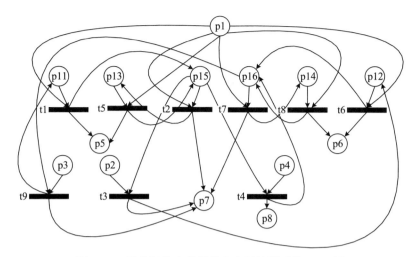

图 5-29   无重复输入库所的车库门控制系统 Petri 网

表 5-8   车库门控系统的路径

车库门控制系统路径（变迁序列）		
路径	描述	变迁序列
1	门正常关闭	t1, t3
2	门中间停止一次后正常关闭	t1, t2, t5, t3
3	门正常开启	t6, t9
4	门中间停止一次后正常开启	t6, t7, t8, t9
5	门正在关闭时，光束传感器被阻碍	t1, t4, t9

表 5-9   图 5-21 ～图 5-28 中长路径"肥皂剧"的使用用例

用例名称	车库门控系统"肥皂剧"使用用例（Petri 网）	
用例 ID	GDC-UC-1	
描述	Petri 网变迁序列的使用用例为 <t1, t2, t5, t4, t7, t8, t9>	
前置条件	1. 车库门打开（p11）	
	输入事件（库所）	系统响应（库所）
	1. p1：发出控制信号	2. p5：起动电机向下
	3. p1：发出控制信号	4. p7：停止电机
	5. p1：发出控制信号	6. p5：起动电机向下
事件序列	7. p4：激光束受到阻碍	8. p8：停止向下并反转电机
	9. p1：发出控制信号	10. p7：停止电机
	11. p1：发出控制信号	12. p6：起动电机向上
	13. p3：到达轨道上端	14. p7：停止电机
后置条件	1. 车库门打开（p11）	

5.5   经验教训

我在大学教授研究生课程时，作为奖励，我收到了一个学生的邮件。他正在从事食品仓储行业的工作。他解释，他和一些同事正面临一个复杂的问题，感觉无所适从。他写道："这让我想起了在您课上学过的 Petri 网。已经过去五年了，我找出了当年的笔记，并且对这个问题进行了建模。我们居然在 30min 内解决了这个问题。"

我认为 Petri 网在处理困难、关键问题的时候可以显示出它的能力和必要性。

Petri 网不能很好地扩展（如图 5-30 所示），它们很容易变得非常复杂和难以使用，下面是一个典型的例子 [Kerth 2006]：

我们与生态学家一起合作作为贝克斯坦蝙蝠的群体决策以及裂变 – 融合模式开发了一种机械模型。合作者提供了标记动物群的录音，这使我们可以在数周内追踪群体中每个成员的位置。我们特别感兴趣的是，以数学方式来确定群体对新栖息地选择所进行的决策过程。目前的模型包括已经确定的机制，如勘探、招募、最小成员个数。

我们选用连续和随机 Petri 网来进行建模。为了说明模型的复杂性，下面的 Petri 网模型仅表达了 6 个栖息地和两类异构群体的情况。

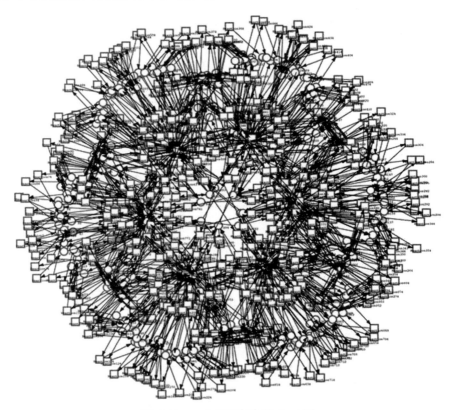

图 5-30　一个过于复杂的 Petri 网

5.6　优势与局限

Petri 网在欧洲比在美国更受欢迎。它们有很强的表达能力，能够帮助我们理解第 3 章介绍的行为问题中的一些细微差别。另一个优点是它们构成了一种自下而上的方法（适用于敏捷开发），并且可以很容易地组成更大的网。如前所述，Petri 网络引擎在项目早期可提供强大的分析功能，因此它们支持模型的执行——这可以实现第 1 章中描述的目标。最后，它们允许识别和分析饥饿（一个变迁始终点火导致的冲突）、死锁和互斥等情况。Petri 网可能最适合表达系统中需要"放大来看"的部分或者是最重要的部分。

此外，Petri 网处理选择关系的方式不是很好：决策的结果一定是输入库所到两个处于冲突的变迁。另一个缺点（由事件驱动 Petri 网可以解决这一缺点）是它们不能很好地表示事件驱动的系统。在执行表或引擎中，无法标记与输入事件相对应的库所。从这个意义上说，它们是"封闭系统"。事件驱动 Petri 网（见第 6 章）的扩展解决了这个问题，产生了"开放系统"。同样，一旦与输出事件相对应的库所被标记，那么它们就会保持标记。最后，Petri 网在描述数学计算时表现不佳。从技术上讲，Petri 网并不能表示并发——同一时间只能有一个变迁点火。这可以通过将子网分配给单独的设备来规避。状态图能很好地解决这个问题，我们将在第 8 章中看到泳道事件驱动的 Petri 网是另一个解决方案。

参考文献

[Bruyn 1988]
Bruyn, W., R. Jensen, D. Keskar, and P. Ward, An extended systems modeling language based on the data flow diagram. *ACM Software Engineering Notes* 1988;13(1):58–67.

[Harel 1988]
Harel, David, On visual formalisms, *Communications of the ACM*, Vol. 31, No. 5, pp. 514–530, May, 1988.

[Jorgensen 2009]
Jorgensen, Paul C., *Modeling Software Behavior—A Craftsman's Approach*. CRC Press, Boca Raton, FL, 2009.

[Kerth]
Kerth, G., C. Ebert, and C. Schmidtke, Group decision making in fission-fusion societies: Evidence from two-field experiments in Bechstein's bats. *Proceedings of the Royal Society of London B: Biological Sciences* 2006;273(1602):2785–2790.

事件驱动的 Petri 网

函数的输入可以是数据、事件或数据和事件的组合，函数的输出也是如此。数据作为输入很好理解，但事件作为输入，就不那么容易理解了。通常来说，有两种基本类型的事件——离散型和连续型。就本书中的例子而言，在铁路道口门控制系统中，火车的到达和离开以及道口门的升降都是离散事件。在汽车刮水器控制器例子中，输入事件（控制杆和拨盘的变化）是离散的，输出事件（以不同频率刮水器进行运动）是连续的。我们通常认为输入事件是离散的，输入也经常用来表示一个始终被测量的量，即使是不同的值，（输入）也应该是连续的。比如油箱中的燃油液位，空气的速度，账户余额等。我们需要思考，如何对这类事件进行建模。

为便于沟通和理解，流程图采用了一种混合表达方式来表示事件。识别事件是离散型还是连续型的唯一方法是通过文本来表达。此外，事件可能表现为必须发生的事情（在流程图中）或是一个决策结果。在流程图的表达形式中，事件的状态通常理解为"刚刚发生"，而且关于事件的附加描述信息很少。事件的时间顺序可以清晰地表示出来，至少可以表示出先后顺序。在决策表中，事件的表达就要困难一些。事件可以用条件（输入事件）或动作部分（输出事件）来命名。由于决策表是（或者应该是）陈述性的，所以任何事件序列的意义都可能丢失。但是决策表有能力表示输入事件到底有没有发生（根据规则入口），以及输出事件的动作部分有没有出现。通过这些可以补偿它的缺点。

有限状态机（FSM）稍微好一点。我们通常说状态变迁是由事件引起的（使其成为输入事件），而且输出动作也可以与变迁相关联。由于有限状态机的路径可以直接与测试用例的输入/输出序列相关联，所以我们至少能够确定事件的顺序。构建独立的有限状态机可能不太容易——我们必须要考虑状态的交叉乘积，这导致了明显的"有限状态爆炸"。在 FSM 中，离散事件和连续事件之间没有区别。因为有限状态机是 Petri 网的特例，但普通 Petri 网在表达事件方面不会有很大的改善。普通的 Petri 网虽然能够表示各种可能执行的标记序列，但是一旦对表示输出事件的库所进行了标记，那么它就不能再取消标记，从而使其成为一个连续的输出事件。这可能会造成很大的困扰，特别是当输出事件之间相互排斥的时候，例如刮水器控制器例子中的风窗玻璃刮水器的速度。而且，普通 Petri 网中的库所有 3 种解释——数据、状态、输入或输出事件，这些解释在图形化的模型表达上却看不出任何区别。普通 Petri 网的组成是比较简单的。

事件驱动的 Petri 网（EDPN）可以专门表示 Petri 网中的事件。与有限状态机、决策表和流程图不同，EDPN 中的输入和输出事件是明确显示出来的。在 6.2 节中，我们将看到 ESML 提示的 EDPN 表示法（从第 5 章开始）。特别是，我们能够对一个事件必须（或者不能）点火的原因进行建模。输入和输出事件有单独的符号，但是仍然没有离散或连续的区别，这使得标记序列变得更复杂。严格地说，普通和事件驱动的 Petri 网都只能显示潜在的并发，因为它们都规定了在同一时间只能有一个变迁点火。通过图形的方式，或者是通过特别设计的数据库，可以很容易地构建单独的事件驱动的 Petri 网。这一点很重要，因为构建状态图是不容易的，除非它们只有一个正交区域（然后它们至多是一个分层有限状态机）。EDPN 还可以扩展为 "泳道事件驱动的 Petri 网"，[DeVries 2013]，并且这些已被证明与 UML 中的 I、II 和 III 类状态图是等价的。我们通常在数据库中构建泳道 EDPN，因为绘图的方式会非常麻烦。

状态图和泳道事件驱动的 Petri 网都可以代表并发设备。状态图的正交区域和 "泳道" 都代表独立、真正并发的设备。这些模型可以显示事件点火的原因，而不仅是事件的点火。由于状态图与有限状态机一样，没有特定的事件符号，所以它们必须通过文本或状态图的一些补充信息来识别。

基本 Petri 网需要两处扩展才能成为事件驱动的 Petri 网（EDPN）。第一个扩展可以使它们能够更加准确地表示事件驱动的系统，第二个扩展是处理对 Petri 网进行标记，以表示事件的静默状态，事件静默是面向对象应用中的一个重要概念。综合起来，这些扩展可以为事件驱动系统的软件需求提供有效和可操作的模型视图。

6.1　定义与表示法

定义：事件驱动的 Petri 网（EDPN）是由 3 个节点集合 P、D 和 T 以及两个映射 In 和 Out 组成的三向图（P，D，T，In，Out），其中

- P 是一个端口事件的集合
- D 是一个数据库所的集合
- T 是一个变迁的集合
- In 是 (P ∪ D) × T 的一组有序对
- Out 是 T × (P ∪ D) 的一组有序对

对于图 6-2 所示的 EDPN，五元组 (P, D, T, In, Out) 中的元素分别为：

P = {p1, p2, p3, p4}
D = {d1, d2, d3}
T = {s1, s2, s3, s4}
In = {<p1, s1>, <p1, s2>, <p2, s3>, <p2, s4>, <d1, s1>, <d2, s2>, <d3, s3>, <d2, s4>}
Out = {<s1, p3>, <s2, p4>, <s3, p3>, <s1, d2>, <s2, d3>, <s3, d2>, <s4, d1>}

EDPN 表达了第 1 章定义的 5 个系统基本结构中的 4 个（并在 6.3 节中会重复），只缺少对设备的表达。变迁集合 T 对应于普通 Petri 网的变迁，用于表示动作。有两种类型的库所，即端口事件和数据库所。这些库所是变迁集合 T 中变迁的输入或者输出，它们是由 In 和 Out 两个映射定义的。EDPN 的图形符号如图 6-1 所示。我们可以通过对端口事件的符号进行扩展以便表示离散型和连续型的差异，或者在图例中进行说明，如图 6-2 所示。

图 6-1　事件驱动的 Petri 网的图形符号

定义：线程是事件驱动的 Petri 网中的一个变迁序列。

通过线程中变迁的输入和输出，我们可以得到这个线程的输入和输出。EDPN 以图形方式来表示，这与普通 Petri 网的图形相同。唯一的区别是，在 EDPN 中用三角形来表示了端口事件库所。在图 6-2 所示的 EDPN 中有 4 个变迁（s1、s2、s3 和 s4）、两个端口输入事件（p1 和 p2）、两个端口输出事件（p3 和 p4），以及 3 个数据库所（状态）d1、d2 和 d3。这个 EDPN 对应于刮水器有限状态机的一部分。

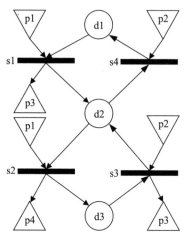

p1：控制杆向上移动一个挡位（离散）
p2：控制杆向下移动一个挡位（离散）
p3：（刮水器）刮30次/min（连续并且相互排斥）
p4：（刮水器）刮60次/min（连续并且相互排斥）
d1：控制杆位于间歇挡位
d2：控制杆位于低挡位
d3：控制杆位于高挡位
s1：从间歇到低挡位变迁
s2：从低到高挡位变迁
s3：从高到低挡位变迁
s4：从低到间歇挡位变迁

图 6-2　刮水器控制器问题的部分 EDPN

6.1.1　可变迁与可点火

因为我们希望能够处理事件静默，所以 EDPN 的标记会更复杂一些。

定义：EDPN（P，D，T，In，Out）的标记 M 是 p 元组的序列 M = <m1，m2，…，mp>，其中 $p = k + n$，k 和 n 分别是集合 P 和 D 中的元素数量。p 元组中的每个元素表示事件或数据库所中令牌的数量。

定义：标记的 EDPN 是一个六元组（P，D，T，In，Out，M），其中 P，D，T，In 和 Out 与未标记的 EDPN 中的一样，M 是标记序列。

EDPN 中令牌的移动和创建需要特别注意。在 EDPN 中，数据库所的标记方式有两种：初始标记，通过变迁点火进行标记。输出事件被标记的唯一方法是点火变迁。除了初始标记之外，输入事件的标记是由 EDPN 的使用者来选择的。这完全符合事件驱动系统的事件驱动的本质。令牌持续的时间还需要更详细的视图来表示。数据库所或状态的令牌与普通 Petri 网中的令牌相同。因为删除事件可能是离散的或是连续的，所以事件中的令牌是不同的。

定义：在离散事件中，无论是输入还是输出，都具有一个非常短暂的瞬时持续时间。

定义：在连续事件中，无论是输入还是输出，都具有可测量的持续时间。

在车库门控系统中，输入事件全部是离散的，而输出事件（电机）全部是连续并且互斥的。

连续输出事件的持续时间（保持标记的时间）主要取决于应用程序，但是在下面两种情况下，持续时间是比较明确的：

1）当某个变迁的点火引起了连续的输出事件，从而导致整个网络处于事件静默状态。

2）连续输出事件之间是互斥的。

在事件静默的情况下（情况 1），我们可以将连续输出事件的持续时间视为事件静默间隔的持续时间。当输出事件互斥时，持续时间可以简化为到下一次出现互斥事件的变迁点火之间的时间间隔。

当对 EDPN 进行标记时，我们将首先处理表示输入事件的库所，然后是数据库所，最后是表示输出事件的库所。EDPN 可以有任何数量的标记序列，每个标记序列都对应网络的一个执行过程。表 6-1 显示了图 6-2 中 EDPN 的标记序列的例子。

在 EDPN 中，可变迁和可点火的规则与传统 Petri 网的规则类似。如果每个输入库所中至少有一个令牌，那么变迁就是可用的；当可用的变迁点火时，需要从每个输入库所中移除一个令牌，并将其放置在每个输出库所中。这里解释一下表 6-1 中的"时间步长"。回想一下关于有限状态机中状态的定义：某个命题为真的持续时间。这个定义同样适用于 EDPN 中涉及状态或条件的数据库所。

定义：如果每个输入（库所或事件）中至少有一个令牌，则事件驱动 Petri 网中的变迁是可用的。

定义：当事件驱动 Petri 网中的变迁点火时，从每个输入中移除一个令牌，并将令牌添加到每个输出中。

EDPN 和传统 Petri 网之间的一个重要区别是：在 EDPN 中，可以在端口输入事件的库所中创建令牌来打破事件静默的状态。在传统的 Petri 网中，当没有变迁可用时，我们说网络处于死锁状态。在 EDPN 中，当没有变迁可用时，网络可能处于事件静默中。（当然，如果没有事件发生，那么就与死锁是一样的。）在表 6-1 所示的线程中出现了 5 次事件静默：分别在步骤 m0、m2、m4、m6 和 m8。

表 6-1　图 6-2 中 EDPN 的标记

时间步长	<p1, p2, d1, d2, d3, p3, p4>	描述
m0	<0, 0, 1, 0, 0, 0, 0>	初始条件，位于状态 d1
m1	<1, 0, 1, 0, 0, 0, 0>	事件 p1 发生，变迁 s1 可用
m2	<0, 0, 0, 1, 0, 1, 0>	s1 点火，p3 发生，位于状态 d2
m3	<1, 0, 0, 1, 0, 1, 0>	事件 p1 发生，变迁 s2 变为可用
m4	<0, 0, 0, 0, 1, 0, 1>	S2 点火，p4 发生，位于状态 d3，p3 未被标记
m5	<0, 1, 0, 0, 1, 0, 1>	事件 p2 发生，s3 变为可用
m6	<0, 0, 0, 1, 0, 1, 0>	s3 点火，p3 发生，位于状态 2，p4 未被标记
m7	<0, 1, 0, 1, 0, 1, 0>	事件 p2 发生，s4 变为可用
m8	<0, 0, 1, 0, 0, 0, 0>	s4 点火，没有输出事件，位于状态 d1*

* 这里有一个小问题——p3 仍被标记

标记序列中的各个成员可以认为是在离散时间点上执行 EDPN 的快照。这些成员也可以被称为时间步长、p 元组或标记向量。这让我们可以将时间视为有序的，以便可以识别出"之前"和"之后"。如果将瞬时时间作为端口事件、数据库所和变迁的属性，则可以更清楚地了解线程的行为。这样做的缺点是，不知如何在端口输出事件中处理令牌。由于在一个普通的 Petri 网中，端口输出库所的输出度始终为 0，所以无法从输出度为 0 的库所中移除令牌。如果端口输出事件中的令牌持续存在，则表明事件会无限期地点火。由于输出事件 p3 和 p4 是互斥的，所以用于普通 Petri 网的惯例可以在这里继续使用。一旦 p4 被标记，则 p3 必须是未标记的。（另一种可能性是在一个时间步长之后从标记的输出事件库所中移除令牌，这种方法运行良好，如表 6-1 所示。）

6.1.2 惯例

由于普通 Petri 网是 EDPN 的一个特例，所以在 5.1.2 节中的惯例也适用于 EDPN。在这里重复一下这些惯例，只是省略了第 5 章中的解释部分。

惯例 1：网络中无论有多少个变迁是可用的，在同一时刻只能有一个变迁可以被点火。

惯例 2：库所可以输入给不止一个变迁，同样，库所也可以是不止一个变迁的输出。

惯例 3：事件可以是变迁的输入，也可以是变迁的输出，但不能同时既为输入又为输出；

惯例 4：变迁必须拥有至少一个输入（事件或库所）和一个输出（事件或库所）。

6.1.3 非图形化的表达方式

正如我们所见到的普通 Petri 网一样，EDPN 具有文本形式或数据库形式两种表达。这两种形式都很有用，因为它们都可以缓解 EDPN 画图时带来的膨胀问题，当然这两种形式也损失掉了图形化方式的良好视觉效果。

6.1.3.1 文本形式的表达

第 5 章中针对普通 Petri 网的文本表达模板只要稍加修改就可以用于 EDPN。

```
Transition <transition Id> <transition name>
    has input places (repeat for each input place):
        <place 1> <place name> with marking <number of tokens>
    and has output places (repeat for each output place):
        <place 1> <place name> with marking <number of tokens>
    has input events (repeat for each input event):
        <event 1> <event name> with marking <number of tokens>
    and has output events (repeat for each output event):
        <event 1> <event name) with marking <number of tokens>
```

下面是针对图 6-2 所示变迁 s1 的完整的 EDPN 模板。

```
Transition <s1> <transition INT to LOW>
    has input places (repeat for each input place):
        <d1> <lever at INT > with marking <1 token>
    and has output places (repeat for each output place):
        <d2> <lever at LOW> with marking <0 tokens>
    has input events (repeat for each input event):
        <p1> <move lever up one position> with marking <0 tokens>
    and has output events (repeat for each output event):
        <p3> <deliver 30 wipes per minute> with marking <0 tokens>
```

6.1.3.2 数据库形式的表达

图 6-3 所示的 E/R 模型包含了完整描述 EDPN 所需的所有关系。所有关系都是可选的多对多的关系，也就是说它们的 UML 描述都是 $(0\cdots n)$。

正如普通 Petri 网的情况一样，这个移植过来的 EDPN 数据库中的信息对于重新创建（除了空间位置）图 6-2 所示的 EDPN 是充分且必要的。表 6-2 ～表 6-4 给出了从图 6-2 所示数据库中移植过来的实体和关系。

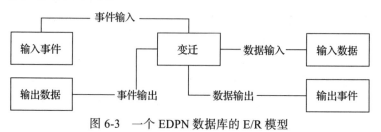

图 6-3 一个 EDPN 数据库的 E/R 模型

表 6-2　图 6-2 中的可移植 EDPN 库所和变迁实体

库所（状态）	名称	令牌	变迁	名称
d1	控制杆位于间歇挡位	0	s1	从间歇挡位到低挡位的变迁
d2		0	s2	
d3		0	s3	
			s4	

表 6-3　图 6-2 中的可移植 EDPN 事件实体

输入事件			输出事件		
事件	名称	令牌	事件	名称	令牌
p1	控制杆向上移动一个挡位	0	p3	刮 30 次 /min	0
p2		0	p3	刮 60 次 /min	0

表 6-4　针对图 6-2 的可移植 EDPN 关系

事件输入		事件输出		数据输入		数据输出	
事件	变迁	事件	变迁	库所	变迁	库所	变迁
p1	s1	p3	s1	d1	s1	d1	s4
p1	s2	p4	s2	d2	s2	d2	s1
p2	s3	p3	s3	d2	s4	d2	s3
p2	s4			d3	s3	d3	s2

6.2　技术详解

下面是利用事件驱动 Petri 网进行建模的一些有益的提示。

1）用变迁来表示动作

2）使用库所来表示以下任何一项：

- 数据
- 前置和后置条件
- 状态
- 消息

3）使用事件来表示

- 端口输入事件（包括时间步长）
- 端口输出事件

4）使用输入关系来表示操作的前置条件和输入

5）使用输出关系来表示操作的结果和输出

6）使用标记来表示网络"状态"、存储器或计数器

7）任务可以表示为独立的变迁或子网

8）变迁的输入数据库所的子集可用于定义上下文

由于普通 Petri 网是事件驱动 Petri 网的特例，因此第 5 章中描述的许多行为问题在事件驱动 Petri 网中都是相同的。下面的问题不需要特别说明（完整定义见第 5 章）：

- 顺序、选择和循环
- 可用、不可用和激活
- 触发（trigger）

- 挂起、恢复和暂停
- 冲突和优先级
- 互斥
- 同步

在本章我们讨论下面的几个行为原语（模式）：上下文敏感的输入事件，多原因输出事件和事件静默。

6.2.1   上下文敏感输入事件

图 6-4 所示的事件（e）是针对变迁 s1 和 s2 的上下文敏感输入事件。请注意，在 Petri 网中 s1 和 s2 关于事件存在冲突。无论上下文（库所）是否被标记，它都会决定（e）的"含义"。在最佳实践中，上下文敏感的输入事件的上下文应该是相互排斥的。类似地，事件（o）是针对多种原因点火的输出事件。

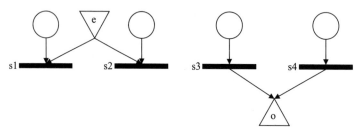

图 6-4   上下文敏感输入事件和多原因输出事件

6.2.2   多原因输出事件

图 6-4 所示的输出事件可以由 s3 或 s4 引起。由于没有历史记录，所以事件 o 发生的原因是未知的。这也是很多现场故障报告中，意外输出的原因所在：某些看似常规的故障原因，其实不是真正的原因。

6.2.3   事件静默

在事件（e）发生之前，图 6-5 所示的变迁 s1 和 s2 是不可用的。如果事件（e）从未发生，则会陷入死锁。这就是事件驱动系统中的事件静默，事件发生之前什么也不会发生。

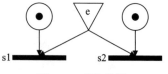

图 6-5   事件静默

6.2.4   事件驱动 Petri 网的引擎

由于事件驱动的 Petri 网是普通 Petri 网的扩展，因此它们的引擎差异很小。给定事件驱动的 Petri 网，其可能的执行表可以表明其引擎的操作过程。（有关汽车刮水器问题的简短执行表，请参见表 6-6。）

EDPN 引擎需要定义所有输入事件、输出事件、库所、与变迁相关的输入和输出函数以及初始标记，这类似于表 6-6 所示的用例。然后引擎（和用户）执行如下操作：

1）引擎确定所有可用变迁的列表。

2）如果没有可用的变迁，则网络处于事件静默或死锁状态。

3）如果输入事件可以打破事件静默，则用户将（象征性地）使输入事件发生；如果有多个输入事件可以打破事件静默，则用户选择要发生的事件。

4）如果 EDPN 死锁，则引擎结束执行。

5）如果只有一个可用的变迁，则它将自动点火，并创建一个新标记。

6）如果有多个可用的变迁，则用户必须选择一个来点火，并且会生成一个新的标记。（请注意，用户可以解决任何的 Petri 网冲突。）

7）如果变迁点火导致一个输出事件的发生，则该事件将被标记，直到下一个执行步骤。

8）引擎返回到第 1 步并重复，直到用户停止或网络产生死锁。

事件驱动 Petri 网的执行方式有 7 个级别，它们完全对应普通 Petri 网和状态图的执行级别。

等级 1（交互模式）：用户提供初始标记，然后指导变迁点火，如前所述。

等级 2（突发模式）：如果一系列步骤中只有一个变迁是可用的，则整个链条被点火。

等级 3（预定模式）：输入脚本标记库所并指导它执行。

等级 4（批量模式）：执行一组预定义的脚本。

等级 5（概率模式）：类似于交互模式，只是利用变迁的点火概率来解决冲突问题（例如，见步骤 4）。

等级 6（组合模式）：一组基于统计的批处理脚本，以随机顺序执行。

等级 7（穷举）：对于没有循环的系统，执行所有可能的"线程"。

对于 Petri 网的可达性树，穷举式的执行更明智。如果系统中存在循环，那么我们可以利用简化图来生成一个无循环的版本。这样有利于计算，因为给定的初始标记会产生许多可能的线程，而且要为许多初始标记重复该过程。

6.2.5 事件驱动 Petri 网的优势与局限

正如 Petri 网继承了有限状态机的优点一样，事件驱动的 Petri 网也继承了普通 Petri 网的所有优点。最大的不同是，EDPN 能够准确地处理事件，并且具有以下优势：

- 可以很准确地对事件建模。
- 很容易识别上下文敏感的输入事件。
- 与流程图、有限状态机和普通 Petri 网一样，路径也是候选测试用例。

事件驱动 Petri 网仍存在局限性：

- 虽然易于管理，但是将连续输出事件的标记取消的做法很不妥。
- 离散事件和连续事件在图形化表示方面没有差异。
- EDPN 对于计算型应用程序显然是有些大材小用，例如保费计算问题。

6.3 案例分析

6.3.1 铁路道口门控制器

在这里，我们将第 4 章中的铁路道口门控制器的有限状态机模型作为 EDPN 模型重新讨论。图 6-6 显示了完整的铁路道口门控制器的 EDPN，所有 4 个端口事件都是离散事件。

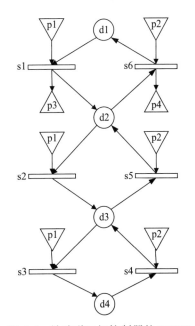

图 6-6 铁路道口门控制器的 EDPN

端口输入事件	端口输出事件	库所
火车到达	降低交叉道口门	没有火车在铁路道口
火车离开	提升交叉道口门	一列火车在铁路道口
		两列火车在铁路道口
		三列火车在铁路道口

表 6-5 所示的使用用例既是一个抽象测试用例，同时也是一个具体测试用例，因为在从抽象用例转化为具体用例的过程中，不需要修改具体的值。这种情况对于完全由事件驱动的系统来说很常见。

表 6-5 图 6-6 中"肥皂剧"用例

用例名称	铁路道口门控制器问题的长路径	
用例 ID	WWUC-1	
描述	一列火车到达一个空旷的十字路口，大门降下。后又有两列火车到达。随后其中的一列火车出发了，当最后一列火车开出时，大门就升起了	
前置条件	1.d1：0 列火车在道口（门已抬升）	
事件顺序	输入事件	系统响应
	1. p1：火车到达	2. p3：降低交叉道门
	3. p1：火车到达	4.（没有输出事件）
	5. p1：火车到达	6.（没有输出事件）
	7. p2：火车离开	8.（没有输出事件）
	9. p2：火车离开	10.（没有输出事件）
	11. p2：火车离开	12. p4：提升道口门
后置条件	1.d1：0 列火车在道口（门已抬升）	

6.3.2 汽车刮水器控制器

完整的汽车刮水器控制器的 EDPN 如图 6-7 所示。库所 d2（Int 处的控制杆）和变迁 s11、s12 和 s13（拨盘位置）之间的输入边都是双向连接的。否则，这些变迁只能点火一次。下面列出的事件和库所用于图 6-7 和表 6-6。

输入事件（离散型）	输出事件（连续型）	库所
p1：控制杆向上移动一个挡位	p10：刮 0 次 /min	d1：控制杆位于关闭挡位
p2：控制杆向下移动一个挡位	p11：刮 6 次 /min	d2：控制杆位于间歇挡位
p3：拨盘向上移动一个挡位	p12：刮 12 次 /min	d3：控制杆位于低挡位
p4：拨盘向下移动一个挡位	p13：刮 20 次 /min	d4：控制杆位于高挡位
	p14：刮 30 次 /min	d5：拨盘位于 1 挡位
	p15：刮 60 次 /min	d6：拨盘位于 2 挡位
		d7：拨盘位于 3 挡位

因为有两种不同类型的事件（离散型和连续型），所以 EDPN 的执行要比普通 Petri 网更复杂。这两种类型的事件都涉及标记、时间步长和事件静默。输出事件（p10 ~ p15）是连续型事件，因为它们在事件发生的时间步长内，提供了各种刮水器的速度。表 6-6 显示了一个可由 EDPN 引擎生成的执行表，它遵循第 5 章介绍的使用用例。

在时间步长 m1 中，由于事件 p1 的发生，所以系统不是事件静默的。同时，由于 p1 是一个离散事件（具有瞬时持续时间），所以变迁 s1 是可用的。如果我们确定当 EDPN 中只有一个变迁可用时，它会立即点火，那么所有时间步长 m1 都是瞬时的。否则，可以将变迁点火显示为一个单独的步骤，并显示在步骤 m2 中。在时间步长 m3（类似于时间步长 m6 和 m17）中，由于 p11 的发生，所以造成没有可用的变迁。现在必须要明确事件静默的含义。

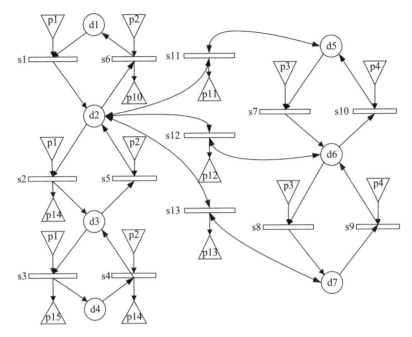

图 6-7　刮水器控制器的 EDPN

表 6-6　刮水器控制器的 EDPN 执行表

时间步长	点火变迁	输入事件	标记的输入事件和库所	可用变迁	输出事件	标记的输出事件和库所	事件静默
m0			d1, d5	无			是
m1		p1	p1, d1, d5	s1			否
m2	s1		d2, d5	s11		d2, d5	否
m3	s11		d2, d5	s11	p11	d2, d5, p11	是
m4		p3	p3, d2, d5	s7, s11		d2,d5	否
m5	s7		d2, d6	s12			否
m6	s12		d2, d6	s12	p12	d2, d6, p12	是
m7		p1	p1, d2, d6	s2, s12			否
m8	s2		d3, d6		p14	d3, d6, p14	是
m9		p1	p1, d3, d6	s3		d3, d6	否
m10	s3		d4, d6		p15	d4, d6, p14	是
m11		p2	p2, d4, d6	s4		d4, d6	否
m12	s4		d3, d6		p14	d3, d6, p14	是
m13		p3	p3, d3, d6	s8		d3, d6	否
m14	s8		d3, d7			d3, d7	是

（续）

时间步长	点火变迁	输入事件	标记的输入 事件和库所	可用变迁	输出事件	标记的输出 事件和库所	事件静默
m16		p2	p2, d3, d7	s5		d3, d7	否
m16	s5		d2, d7	s13		d2, d7	否
m17	s13		d2, d7	s13	p13	d2, d7	是
m18		p2	p2, d2, d7	s6, s13		d2, d7	否
m19	s6		d1, d7		p10	d1, d7	是

选择 1：没有可用变迁，等待输入事件。

选择 2：没有可用变迁，发生连续输出事件。

选择 3：EDPN 是真正死锁的，也就是说，没有输入事件可以使变迁可用。

在步骤 m4 中，变迁 s7 和 s11 是冲突的。EDPN 将一直处于静默状态，直到冲突得到解决，此时如何点火呢？如果客户希望使用 EDPN 引擎来执行该模型，那么客户自己需要选择一个输入。

6.4 基于事件驱动 Petri 网派生的测试用例

基于 EDPN 模型派生测试用例的问题可以通过"反向继承"来解释。由于有限状态机是普通 Petri 网的特例，而普通 Petri 网又是 EDPN 的特例。所以当问题被建模为一个 EDPN 时，所有基于有限状态机和普通 Petri 网来生成测试用例的有价值的信息都是可用的，甚至更多。EDPN 的形式化方法能够直接处理事件。在第 4 章中，我们定义了一个系统级有限状态机（SL/FSM），其中的路径直接对应于系统级的测试用例。EDPN 中的路径显然也是这样的。表 6-7 显示了使用用例、系统测试用例和 EDPN 元素之间的关系。表 6-7 还表明，应用程序的 EDPN 形式化表达提供了一种自上向下的视图，而使用用例和测试用例都是自下而上的视图。

表 6-7 使用用例、系统测试用例和 EDPN 元素之间的关系

使用用例	系统测试用例	事件驱动的 Petri 网
ID	ID	系统名称
名称	名称	所有系统元素的列表：输入事件、输出事件、数据库所和变迁
陈述性描述	测试对象	路径说明（通常是变迁序列）
前置条件	前置条件	数据库所的输入度 =0
事件序列（输入与输出交错）	事件序列（输入与输出交错）	变迁的输入和输出
后置条件	后置条件	数据库所的输出度 =0
	通过 / 失败的结果（以及其他测试管理信息）	

当 EDPN 中的路径转换为测试用例时，需要满足以下系统测试覆盖率度量的标准：

- 每个变迁（原子、系统级功能）
- 每个输入事件

- 每个上下文敏感的输入事件
- 每种上下文的每个输入事件
- 每个输出事件
- 每个多原因输出事件
- 每个输出事件的每一个原因
- 每个前置条件
- 每个后置条件
- 每条路径（不包括循环）

6.4.1 保费计算问题

由于保费计算问题中没有事件，所以它的事件驱动 Petri 网与普通 Petri 网相同（见 5.4.1 节）。从 EDPN 的形式化表达可以导出与第 5 章相同的测试用例。

6.4.2 车库门控系统

车库门控系统的 EDPN 形式化表达中的输入和输出事件以及状态几乎与普通 Petri 网中的相同，只不过库所的名称不同而已。EDPN 的形式化表达解决了第 5 章中普通 Petri 网所面临的形式化问题。具体来说，假设用户可以随时"创建"输入事件，这避免了对输入事件进行初始标记的需求，它就像普通的 Petri 网一样。输出事件的持续标记则通过两个惯例加以改善：

1）对于互斥的输出事件，有标记的输出事件可以解除标记，条件是与它互斥的事件通过变迁点火而被标记了。

2）标记的输出事件保持标记，直到下一个变迁被点火。

输入事件	输出事件	状态
p1：发出控制信号	p5：起动电机向下	p11：门开启
p2：运行到轨道下端	p6：起动电机向上	p12：门关闭
p3：运行到轨道上端	p7：停止电机	p13：门停止关闭
p4：激光束被阻碍	p8：由下往上反转电机	p14：门停止开启
		p15：门正在关闭
		p16：门正在开启

变迁为以下内容。

t1：门开启到门关闭

t2：门正在关闭到门停止关闭

t3：门正在关闭到门关闭

t4：门正在关闭到门正在打开（安全反转）

t5：门停止关闭到门正在关闭

t6：门关闭到门正在开启

t7：门正在开启到门停止开启

t8：门停止开启到门开启

t9：门正在开启到门开启

图 6-8 和图 6-9 逐渐建立了图 6-10 所示的完整车库门控系统的 EDPN。图 6-8 显示了 EDPN 是如何组成的。构建一个完整的 EDPN 可以采用自上而下或自下而上的方式来完成。图 6-9 中的组件显示了此过程的一部分。这与 Scott Ambler [Ambler 2004] 提出的 "敏捷模型驱动开发" 是一致的。

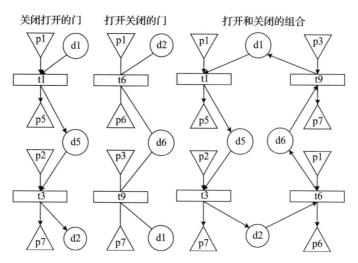

图 6-8   关闭和开启车库门以及它们的组合

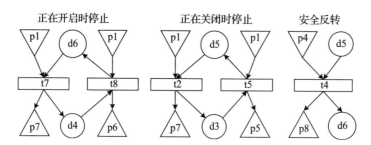

图 6-9   车库门中途停止并安全反转

图 6-10 所示为完整车库门控系统的 EDPN 示例，说明了第 5 章中讨论的一些关于 ESML 的提示。库所 d5 (译者注：原文错误，写成了 p5) 是变迁 t2、t3 和 t4 的输入，因此所有的这 3 个变迁都在 Petri 网中存在冲突库所 d5。库所 d5 也使 3 个相同的变迁可用。最后，库所 d5 是一个事件静默点，因为一旦它被变迁 t1 或 t5 所标记，那么就没有可用的变迁了。事件 p1、p2 或 p4 中的任何一个都可破坏这个冲突。

图 6-11 中有几个 ESML 提示：点火序列 t2、t5 是暂停的，即 t2 禁用了 t4，t5 启用了 t4。这说明了安全机制的工作原理。注意，点火变迁 t3 也会禁用变迁 t4。当标记 d5 时，事件 p4 (激光束交叉) 在 t4 时起到触发器的作用。这里只展示了最有意义的一些提示。

图 6-10 所示的 EDPN 还表明了输入事件发生的点，这是人为输入事件。图 6-11 所示为相同的 EDPN，其中的输入和输出事件分别只出现一次——结果是出现了类似 "意大利面式代码" 的图形。图 6-12 ~图 6-20 显示了表 6-8 描述的标记序列中的令牌。

图 6-12 ~图 6-20 显示了支持系统级用例 (和测试用例) 自动派生的步骤信息。在该序列图中展示的点火序列是表 6-10 中 "肥皂剧" 用例 / 测试用例的一部分。

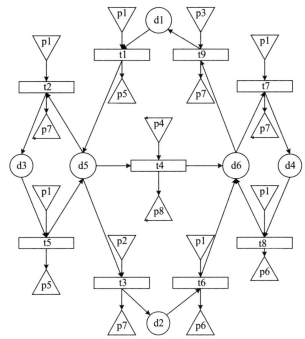

图 6-10　完整车库门控系统 EDPN

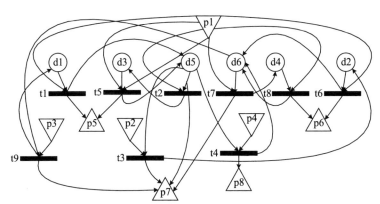

图 6-11　没有重复事件的完整车库门控系统 EDPN

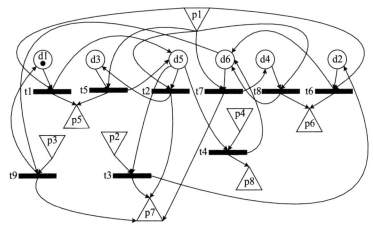

图 6-12　初始标记（门开启）。这是使用 / 测试用例的前置条件。此时，系统处于事件静默。该图还显示了事件 p1 控制信号的极端敏感上下文——它可以在 6 个上下文中点火

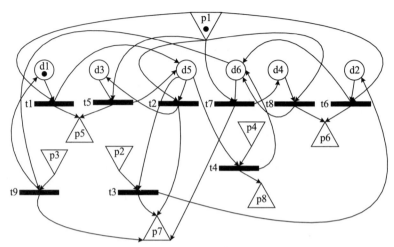

图 6-13　事件 p1 点火，变迁 t1 可用。由于在 p1 点火时标记了 d1，因此解决了上下文敏感问题，并且可以点火 t1

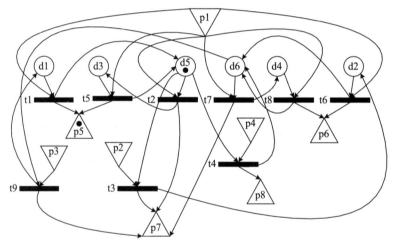

图 6-14　t1 点火后，d1 未被标记，d5 被标记，p5 点火。由于 p5 是电机的一个事件，所以它是一个连续输出事件，并保持标记，直到电机的其他一些事件发生。此时，系统处于事件静默

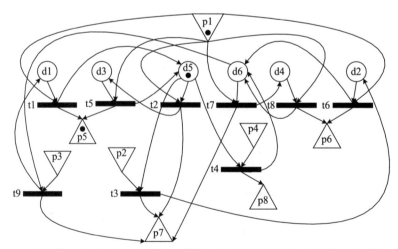

图 6-15　由于当 p1 点火时 d5 被标记，所以它解决了上下文敏感问题，从而使 t2 可用

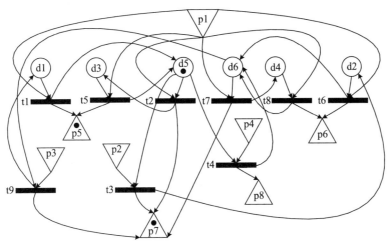

图 6-16 t2 点火后，d5 未被标记，d3 被标记，p7 点火。由于 p7 是电机的一个事件，而且是一个连续
　　　　输出事件，所以它会保持标记，直到电机的其他一些事件发生。这使令牌从连续输出事件 p5
　　　　中删除，此时，系统处于事件静默

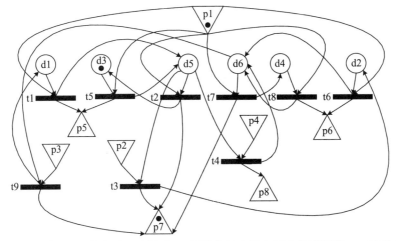

图 6-17 由于 p1 点火时 d3 被标记，所以它解决了上下文敏感问题，t5 可点火

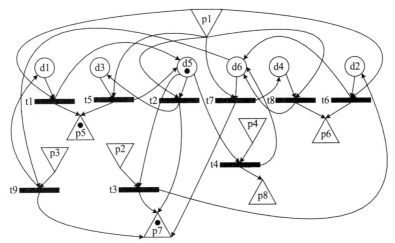

图 6-18 一旦 t5 被点火，d5 被标记，p5 被标记，p7 未被标记。系统此时是事件静默。该标记步骤与
　　　　图 6-14 所示相同。变迁 t2、t3 和 t4 可用

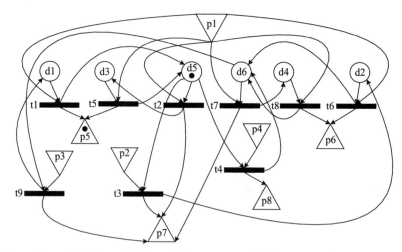

图 6-19 事件 p2 发生，由于当 p2 点火时 d5 被标记，所以它解决了上下文敏感问题，t3 可点火，输出事件 p5 始终被标记

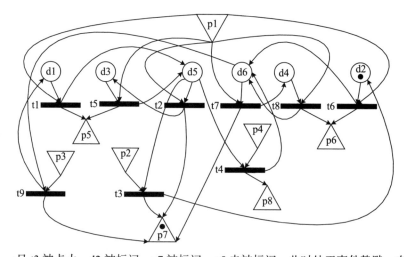

图 6-20 一旦 t3 被点火，d2 被标记，p7 被标记，p5 未被标记。此时处于事件静默，车库门关闭

表 6-8 中途停止的车库门关闭用例中的标记序列

标记步骤	标记元素	事件静默	可用变迁	将要被点火的变迁	图号
0	d1	是	无	无	6-12
1	d1, p1	否	t1	t1	6-13
2	d5, p5	是	无	无	6-14
3	d5, p1, p5	否	t2, t3, t4	t2	6-15
4	d3, p7	是	无	无	6-16
5	d5, p1, p5	否	t5	t5	6-17
6	d5, p5	是	无	无	6-18
7	d5, p2, p5	否	t2, t3, t4	t3	6-19
8	d2, p7	是			6-20

一旦 t3 点火，d2 会被标记。p7 被标记，p5 取消标记。在这个事件静默点，车库门关闭。

在这个序列中显示的点火序列是表 6-10 中"肥皂剧"用例 / 测试用例的一部分。

表 6-9 所示路径可以直接对应于表 3-15 派生出的决策表公式和表 5-7 中的结果。表 6-10 说明了"肥皂剧"路径的详细测试用例。变迁序列是 <t1，t2，t5，t4，t7，t8，t9>。此路径涵盖除了一个库所以外的所有库所和两个输入事件之外的所有输入事件。

表 6-9　车库门控系统路径的示例

车库门控系统路径示例（EDPN 变迁序列）		
路径	描述	变迁序列
1	门正常关闭	t1, t3
2	门中间停止一次后正常关闭	t1, t2, t5, t3
3	门正常开启	t6, t9
4	门中间停止一次后正常开启	t6, t7, t8, t9
5	门正在关闭时，光束传感器被阻碍	t1, t4, t9

表 6-10　图 6-10 所示长路径的"肥皂剧"使用用例

用例名称	车库门控系统"肥皂剧"使用用例（Petri 网）	
用例 ID	GDC-UC-1	
描述	EDPN 变迁序列为 <t1,t2,t5,t4,t7,t8,t9> 的使用用例	
前置条件	1. 车库门打开（d1）	
事件序列	**输入事件**	**系统响应**
	1. p1：发出控制信号	2. p5：起动电机向下
	3. p1：发出控制信号	4. p7：起动电机
	5. p1：发出控制信号	6. p5：起动电机向下
	7. p4：激光束受到阻碍	8. p8：停止向下并反转电机
	9. p1：发出控制信号	10. p7：起动电机
	11. p1：发出控制信号	12. p6：起动电机向上
	13. p3：到达轨道上端	14. p7：停止运转电机
后置条件	1. 车库门打开（d1）	

6.5　经验教训

最重要的一点是，即使是车库门控系统等案例，事件驱动的 Petri 网也不能很好地扩展。图 6-3 所示的 EDPN 数据库是解决扩展问题的最佳方案。表 6-11 ～表 6-13 显示了车库门控系统的 EDPN 数据库中可移植实体的关系。

EDPN 的数据库形式是普通 Petri 网和 EDPN 关于组合膨胀问题的最佳解决方案。普通 Petri 网和 EDPN 这两种形式在图形化建模中都会受到组合膨胀的影响，但两者都可以在各自的数据库表达中正确地表示，而不会丢失任何信息。随着数据库的形式化，扩展的唯一限制就是数据库的存储。通过设计良好的数据库查询，可以很容易且直观地看到小案例中的一些重要信息。例如，输入事件 p1（控制器信号）具有 6 个上下文依赖事件。这一点可以在图中看出（虽然有点困难），也可以从连接输入数据关系和输入事件关系的映射中得到。

图 6-21 表明，即使是一个很小的例子也可以迅速得到类似于"意大利面"一样复杂的图形。

表 6-11   车库门控系统的 EDPN 事件和库所

输入事件		输出事件		数据库所	
事件	名称	事件	名称	事件	名称
p1	发出控制信号	p5	P5：起动电机向下	d1	门开启
p2	运行到轨道下端	p6	P6：起动电机向上	d2	门关闭
p3	运行到轨道上端	p7	P7：停止电机	d3	门停止关闭
p4	激光束被阻碍	p8	P8：由下往上反转电机	d4	门停止开启
				d5	门正在关闭
				d6	门正在开启

表 6-12   车库门控系统的 EDPN 的变迁

变迁	
变迁	名称
t1	门开启到门正在关闭
t2	门正在关闭到门停止关闭
t3	门正在关闭到门关闭
t4	门正在关闭到门正在打开（安全反转）
t5	门停止关闭到门正在关闭
t6	门关闭到门正在开启
t7	门正在开启到门停止开启
t8	门停止开启到门关闭
t9	门正在开启到门开启

表 6-13   车库门控系统 EDPN 的移植关系

事件输入		事件输出		数据输入		数据输出	
事件	变迁	事件	变迁	事件	变迁	事件	变迁
p1	t1	p5	t1	d1	t1	d1	t9
p1	t2	p5	t5	d2	t6	d2	t3
p1	t3	p6	t6	d3	t5	d3	t2
p1	t5	p6	t8	d4	t8	d4	t7
p1	t7	p7	t2	d5	t2	d5	t1
p1	t8	p7	t3	d5	t3	d5	t5
p2	t3	p7	t7	d5	t4	d6	t6
p3	t9	p7	t9	d6	t7	d6	t8
p4	t4	p8	t4	d6	t9	d6	t4

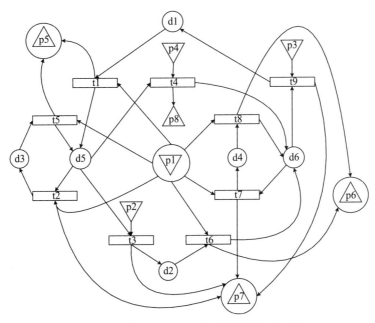

图 6-21　只画了单个事件（不重复）的车库门控系统 EDPN

6.6　优势与局限

事件驱动的 Petri 网继承了普通 Petri 网的所有优点，同时，由于它增加了一类事件库所，所以消除了一些普通 Petri 网使用过程中的限制。EDPN 的主要优势是它会对事件明确建模，因此带来了一些与事件相关的问题，例如事件静默、上下文敏感的输入事件以及多原因输出事件。与普通的 Petri 网类似，它们构成了一种自下而上的方法（适合敏捷型开发），并且很容易就可以组成更大的网络。如上所述，EDPN 引擎在项目的早期阶段可提供广泛的分析功能，因此它们支持第 1 章中描述的可执行性目标。最后，它们能够识别和分析饥饿（一个变迁始终被点火的冲突）、死锁和互斥等情况。Petri 网可能最适合用于对系统的重要部分进行深入分析与建模。

Petri 网最大的问题是图形化的方式不能很好地扩展。这可以通过使用事件驱动 Petri 网中的信息关系数据库，然后开发有用的查询来缓解。图 6-3 给出了这种数据库的 E/R 模型。数据库可以完全解决扩展的问题，但却牺牲了图形化表达方式良好的可视化优势。而且，大多数用户发现，如果使用键值（或图例）给 Petri 网的库所和变迁提供一个简短的名称，那么就可以提高沟通的效率。

此外，Petri 网处理选择关系的方式并不简便，因为决策的结果必须进入两个相互冲突变迁的输入库所。另一个缺点（可由事件驱动的 Petri 网解决）是，它们不能很好地表达事件驱动系统。在执行表或引擎中，无法标记与输入事件相对应的库所。而且，一旦与输出事件相对应的库所被标记，那它们就会始终保持标记。最后，Petri 网在描述数学计算时表现不佳。从技术上讲，事件驱动的 Petri 网不能表达并发——同一时刻只能有一个变迁点火。与普通 Petri 网一样，可以通过将子网分配给单独的设备来避免这种情况。使用状态图可以很好地解决这个问题。

最后对 EDPN 建模的行为问题进行了比较（见表 6-14）。

表 6-14　EDPN 行为事件的表达方式

行为事件	EDPN 的表达
顺序	好
选择	好，但是笨拙
循环	好
可用	好
不可用	好
触发	好
激活	好
挂起	好
恢复	好
暂停	好
冲突	好
优先级	好
互斥	不好
死锁	好
上下文敏感事件	好
多原因输出事件	好
异步事件	好
事件静默	好

参考文献

[Ambler 2004]

Ambler, Scott, Agile Model-Driven Development, http://agilemodeling.com/essays/, also in *The Object Primer 3rd Edition: Agile Model Driven Development with UML 2*, Cambridge University Press, 2004.

[DeVries 2013]

DeVries, Byron, *Mapping of UML Diagrams to Extended Petri Nets for Formal Verification*, Master's Thesis, Grand Valley State University, Allendale, MI, 2013.

状　态　图

David Harel 在开发状态图这种技术时有两个目标：他想设计一种可视化的符号表示方法，使其能够将维恩图表达层次结构的能力和有向图表达连通性的能力融合在一起 [Harel 1988]。这两种表达方式的融合不仅可以为普通有限状态机的"状态爆炸"问题提供最佳解决方案，还可以开发出一种高度复杂且非常精确的符号系统，这个符号系统由商业 CASE 工具来支持，特别是来自 IBM 的 StateMate 系统的支持。状态图是目前对象管理组织（OMG）提出的统一建模语言（UML）的首选控制模型。（详细信息，请参阅 www.omg.org。）7.1 节中的大部分内容直接来自 [Jorgensen 2009]。

7.1　定义与表示法

定义：状态图是一种分层有向图（S，T，R，In，Out），其中：

- S 是状态的集合
- T 是变迁的集合
- R 是正交区域的集合
- In 是输入的集合
- Out 是输出的集合

状态图遵守以下约定：

- 状态可能包含子状态
- 状态可能包含正交区域
- 变迁可以由状态边界（轮廓）上的初始点和最终点来定义
- 变迁是由 In 集合中的输入引起的
- 变迁可以导致 Out 集合中的输出

In 和 Out 集合中的元素既可以是端口事件，也可以是数据值或者涉及事件和数据的各种条件。

Harel 使用术语"blob"一词来描述状态图的基本构造（本书译为"块"）。块可以包含其他块，就像维恩图可以显示集合的包含关系一样。块也可以连接到具有边界的其他块上，其连接方式与有向图中节点的相连是一样的。正如 Harel 所预期的那样，我们可以将块解释为状态，将边解释为变迁。完整的 StateMate 系统支持一种精心设计的状态图建模语言，该语言还定义了变迁的产生方式和时间。状态图是可执行的，其方式比普通的有限状态机更复杂。状态图的执行需要类似于 Petri 网标记的概念。

在图 7-1 中，块 A 包含 B 和 C 两个块，它们通过边连接。块 A 通过两条边连接到块 D。状态图的"初始块"由没有源块的边来确定。如果有块嵌套在其他块中，则初始块的确定原则可用于较低级别的块。在图 7-1 中，块 A 是初始块，当进入块 A 时候，也同时进入较低级别的块 B。当进入某个块时，我们可以将其视为活动的，其方式非常类似于 Petri 网中的标记库所。如果一个块包含其他块，就像块 A 一样，那么边会"指向"所有子块。因此，从 A

到 D 的边意味着可以从块 B 或块 C 发生变迁。从块 D 到块 A 的边，如图 7-1 所示。B 表示为初始块，这意味着变迁是从块 D 到块 B 的。这种约定有效地避免了有限状态机成为"意大利面式代码"的可能性。在本章，我们将仅使用"状态"而不是更泛化的术语"块"。

状态图中的状态和维恩图中的圆圈之间有一个明显的区别。在维恩图中，圆圈中的任何点都被假定为由圆圈表示的集合中的元素。这一点并不适用于状态图的包含关系，被包含的状态（或子状态）必须具有唯一的边界。在图 7-2 中，状态 B 是状态 A 的子状态，但状态 C 就有点问题，因为其边界接触到了状态 A 的边界。图 7-2 说明了"唯一边界"约定的原因：块 C 的边界接触到了块 A 的边界，这导致我们无法知道哪个状态（A 或 C）是状态 D 的源状态。

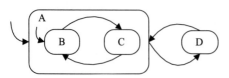
图 7-1 状态图中的块、边界和边

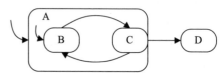
图 7-2 状态边界的约定

状态图语言非常复杂，并且代表了有限状态机的主要扩展。一个基本的变化是状态图具有存储器——回忆一下可知有限状态机是没有存储器的。这个改变极大地增强了状态图模型的表现力。变迁仍然是由事件和条件引起的（如表 7-1 ～表 7-3 所示）。

表 7-1 描述事件的状态图语言

事件	发生条件
en(S)	进入状态 S
ex(S)	退出状态 S
entering(S)	进入状态 S
exiting(S)	退出状态 S
st(A)	激活活动 A
sp(A)	停止活动 A
ch(V)	数据项表达式 V 的值被改变
tr(C)	条件 C 的值设为 TURE（来自 FALSE）
fs(C)	条件 C 的值设为 FALSE（来自 TURE）
rd(V)	读取数据项 V
wr(V)	输入数据项 V
tm(E, N)	自事件 E 发生，过去 N 个时间单位
E(C)	E 已经发生，条件 C 是正确的
not E	E 没有发生
E1 and E2	E1 和 E2 同时发生
E1 or E2	E1 和 E2 可以同时发生

表 7-2 描述条件的状态图语言

条件	为真的条件
in(S)	系统处于状态 S
ac(A)	活动 A 处于活跃状态
hg(A)	活动 A 已挂起
EXP1 R EXP2	表达式 EXP1 和 EXP2 的值满足关系 R，当表达式为数字时，R 可以是 =、/=、>、<。当表达式为字符时，R 可以是：=, /=

（续）

条件	为真的条件
not C	C 不为真
C1 and C2	C1 和 C2 都是真
C1 or C2	C1 或 C2，或者两者均为真

表 7-3　描述活动的状态图语言

活动	行为
E	生成事件 E
tr!(C)	将 TURE 分配给条件 C
fs!(C)	将 FALSE 分配给条件 C
V:=EXP	将 EXP 的值分配给数据项 V
st!(A)	激活活动 A
sp!(A)	终止活动 A
sd!(A)	挂起活动 A
rs!(A)	恢复活动 A
rd!(V)	读取数据项 V 的值
wr!(V)	写入数据项 V 的值

现在我们讨论状态图的最后一个方面：并发或正交区域。在图 7-3 中，状态 D 中的虚线表示状态 D 实际上是两个并发状态，即 E 和 F（Harel 的惯例是将 D 的状态标签移动到状态轮廓的矩形标记上）。我们可以（也应该）将 E 和 F 视为并发执行的并行机器（或是设备）。因为来自状态 A 的边终止于状态 D 的边界，所以当发生该变迁时，设备 E 和 F 都是被激活的（在 Petri 网中就意味着被标记）。每个正交区域必须有自己的默认入口。

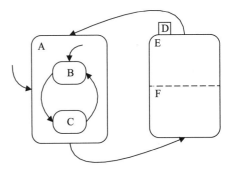

图 7-3　并发状态

7.2　技术详解

以下是使用状态图的一些提示。

1）使用变迁表示状态或子状态的变迁。

2）使用表 7-1 ～表 7-3 所示的语言功能表达变迁。

3）使用状态表示以下任何内容：

- 数据
- 前置和后置条件

4）使用输入和输出来表示

- 端口输入事件（包括时间的推移）
- 端口输出事件
- 数据条件

5）使用正交区域表示单独设备或并发进程。

7.2.1 基于广播机制的交互

图 7-4 直接取自于 1988 年 David Harel 的开创性论文 [Harel 1988]。他使用此示例来描述状态图的执行。它有 3 个并发区域，在此标记为 A、D 和 H，它们始终处于活跃状态。在整个图（未命名）的入口，初始活动的子状态是 B、F 和 J。我们将按照一个抽象的方案来查看事件对活跃状态的影响，如表 7-4 所示。

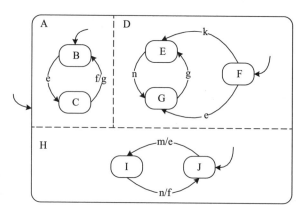

7.2.2 状态图引擎

最初 StateMate 系统的输入是状态图。状态图的执行有 7 个级别。状态图引擎将生成类似表 7-5 所示的执行表，该表与第 4 章、第 5 章和第 6 章使用相同的用例场景。在状态图的执行过程中，包含时间步长的概念，即输入事件之间的时间

图 7-4 摘自 Harel (1988) 的广播状态图

间隔。在表 7-5 中，第一个时间步长分为 3 个阶段以显示广播的效果。这些阶段在后面的时间步骤中被压缩成一个步骤。状态图表示法不对输出事件提供直接的表达——但它们很容易在单独的并发区域中作为状态来显示。在最初的 StateMate 系统中，变迁的输出指的是活动，而这些活动又生成了输出事件。

表 7-4 Harel 广播状态图示例的可执行表

步骤	活跃子状态	输入事件	输出事件	下一个子状态
0	B、F、J	k	无	E
1	B、E、J	m	E	I
2	B、E、I	e	无	C
3	C、E、I	n	f	G、J
4	C、G、J	f	g	B、G、J
5	B、G、J	g	无	B、E、J

表 7-5 刮水器控制器问题的可执行表

步骤	活跃状态	输入事件	下一个状态	输出（事件）
1.1	控制杆：关闭 拨盘：1 间歇速度为 0wmp	e1：控制杆向上移动一个挡位	控制杆：间歇 拨盘：1	处于间歇状态，拨盘为 1
1.2	控制杆：间歇 拨盘：1	处于间歇挡位	控制杆：间歇 拨盘：1 刮水器：间歇	
1.3		处于间歇 1 挡位	控制杆：间歇 拨盘：1 刮水器：间歇速度为 6wmp	
2	控制杆：间歇 拨盘：1 间歇速度为 6wmp	e3：拨盘向上移动一个挡位	控制杆：间歇 拨盘：2 刮水器：间歇速度为 12wmp	处于间歇状态，拨盘为 2

（续）

步骤	活跃状态	输入事件	下一个状态	输出（事件）
3	控制杆：间歇 拨盘：2 间歇速度为 12wmp	e1：控制杆向上移动 一个挡位	控制杆：低 拨盘：2 间歇速度为 30wmp	处于低状态，拨 盘为 2
4	控制杆：低 拨盘：2 间歇速度为 30wmp	e1：控制杆向上移动 一个挡位	控制杆：高 拨盘：2 间歇速度为 60wmp	处于高状态，拨 盘为 2
5	控制杆：高 拨盘：2 间歇速度为 60wmp	e2：控制杆向下移动 一个挡位	控制杆：低 拨盘：2 间歇速度为 30wmp	处于低状态，拨 盘为 2
6	控制杆：低 拨盘：2 间歇速度为 30wmp	e3：拨盘向上移动一 个挡位	控制杆：低 拨盘：3 间歇速度为 30wmp	处于低状态，拨 盘为 3
7	控制杆：低 拨盘：3 间歇速度为 30wmp	e2：控制杆向下移动 一个挡位	控制杆：间歇 拨盘：2 间歇速度为 20wmp	处于间歇状态， 拨盘为 3
8	控制杆：间歇 拨盘：2 间歇速度为 20wmp	e2：控制杆向下移动 一个挡位	控制杆：关闭 拨盘：3 间歇速度为 0wmp	处于关闭状态， 拨盘为 3

等级 1（交互模式）：用户提供初始条件，然后通过提供的输入事件直接执行。

等级 2（突发模式）：如果存在一系列步骤，并且只有一个变迁可用，则整个链会被点火。如果在单独的并发区域中启用了多个变迁，则这些变迁都会执行。

等级 3（预定模式）：输入脚本可以标记库所并直接执行。

等级 4（批量模式）：执行一组预定脚本。

等级 5（概率模式）：与交互模式类似，使用变迁触发概率解决冲突。

等级 6（组合模式）：按随机顺序执行的一组统计脚本。

等级 7（穷举）：对于没有循环的系统，执行所有可能的"线程"。对于 Petri 网的可达性树，更彻底地执行穷举。如果系统有循环，则使用简化图可以生成无循环版本。这在计算上非常有用，因为给定的初始标记可能会生成许多可能的线程，应该对许多初始标记重复该过程。

7.2.3 基于状态图派生的测试用例

UML 状态图的 I 型、II 型和 III 型已被证明等同于泳道事件驱动的 Petri 网，因此 EDPN（事件驱动的 Petri 网）的许多优点也适用于状态图。自 20 世纪 90 年代初以来，StateMate 的商业化产品已经可以支持系统测试用例的自动生成。由于有商业工具的支持，所以状态图的优点是显而易见的，但仍存在以下限制。

- 虽然状态图利用并发区域表示了潜在的并发性，但一次只能发生一个事件，并且一次只能发生一次变迁。广播机制具有的瞬时特性提供了几乎可以并发的变迁点火；
- 状态图中对事件的表达并不像 EDPN 那样明显；
- 在状态图中缺少简便的方法来识别上下文敏感的输入事件。

7.3 案例分析

7.3.1 铁路道口门控制器

我们继续讨论第 4 章中的铁路道口门控制系统的模型。由于状态图方法并不能直接处理事件，因此在第 6 章（事件驱动的 Petri 网）中使用的符号将恢复为有限状态机中的事件 / 行为样式。

输入事件	输出动作	状态
e1：火车到达	a1：降低道口门	s1：没有火车在道口
e2：火车离开	a2：提升道口门	s2：1 列火车在道口
		s3：2 列火车在道口
		s4：3 列火车在道口

图 7-5 所示的状态图包含了一个层次结构的示例，但它实际上是没有必要的。我们可以采取与第 4 章有限状态机一样的处理方式。如果某个事件与状态 s2、s3 和 s4 相关，则"道口占用"的状态可能是有用的。正如我们希望的，"肥皂剧"用例（如第 4 章、第 5 章和第 6 章）与早期版本几乎相同（见表 7-6）。

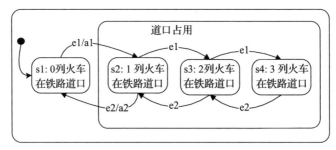

图 7-5 铁路道口门控制系统的状态图

表 7-6 图 7-5 所示"肥皂剧"用例

用例名称	铁路道口门控制系统问题的长路径	
用例 ID	RRX-UC-1	
描述	一列火车到达一个空旷的十字路口，大门降下。后又有两列火车到达。随后其中的一列火车开出，当最后一列火车开出时，大门升起	
前置条件	1.S1：0 列火车在交叉道口（门已抬升）	
事件顺序	输入事件	系统响应
	1. e1：火车到达	2. a1：降低交叉道门
	3. e1：火车到达	4.（没有输出事件）
	5. e1：火车到达	6.（没有输出事件）
	7. e2：火车离开	8.（没有输出事件）
	9. e2：火车离开	10.（没有输出事件）
	11. e2：火车离开	12. a2：提升道口门
后置条件	s1：0 列火车在道口（门已抬升）	

7.3.2 汽车刮水器控制器

输入事件和输出动作与第 4 章（见图 7-6）中的有限状态机的示例相同。

输入事件	输出动作
e1：控制杆向上移动一个挡位	a1：刮 0 次 /min
e2：控制杆向下移动一个挡位	a2：刮 6 次 /min
e3：拨盘向上移动一个挡位	a3：刮 10 次 /min
e4：拨盘向下移动一个挡位	a4：刮 20 次 /min
	a5：刮 30 次 /min
	a6：刮 60 次 /min

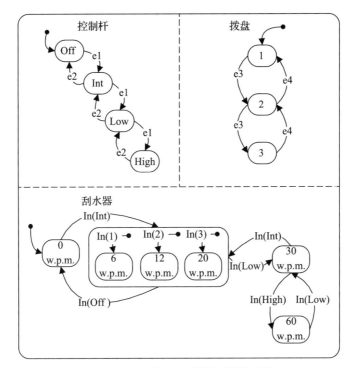

图 7-6 土星牌刮水器控制器状态图

注意，使用"在状态…下"（In（S））这种表达方式可以解决变迁的终止状态为间歇性状态（intermittent state）的问题。这是状态图支持有限状态机通信的一种机制（见第 4 章）。

7.4 后续问题

7.4.1 保费计算问题

与其他基于变迁的模型一样，我们没有必要将保费计算问题建模为状态图。（这是典型的矫枉过正使用模型的作法。）

7.4.2 车库门控系统

图 7-7 是第 4 章中车库门控系统的有限状态机模型。在图 7-8 中，初始动作被重命名为事件，并且它在车库门控系统问题的状态图中传播到其他正交区域。我们将借用 Petri 网中的令牌概念来指示哪些状态是"活动的"。这里只使用令牌来标记最深层嵌套的状态，因为每个嵌套的外层状态也必须是活动的。

输入事件	输出事件
e1：发出控制信号	a1：起动驱动电机向下
e2：运行到轨道下端	a2：起动驱动电机向上
e3：运行到轨道上端	a3：停止驱动电机
e4：激光束受到阻碍	a4：从下向上反转驱动电机

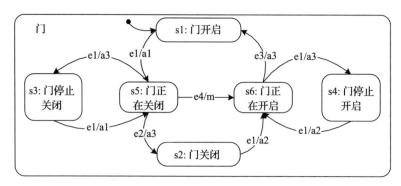

图 7-7　车库门控系统的有限状态机

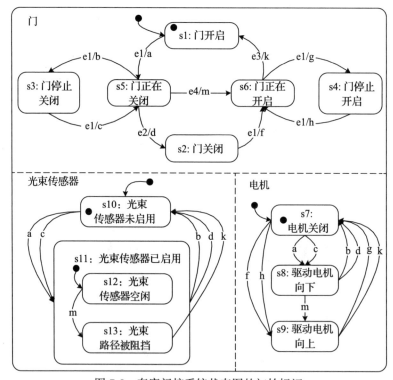

图 7-8　车库门控系统状态图的初始标记

图 7-8 所示的初始标记，状态 s1、s7 和 s10 都是活跃的。注意图 7-7 所示有限状态机模型中的"动作"在并发正交区域之间表示广播交互机制。

图 7-9 介绍了另一种图形约定——加粗的黑线，它用来表示发生的事件，随后广播该事件到其他正交区域。在该图中，事件 e1 导致从初始状态 s1 到状态 s5 的变迁：门正在关闭。广播动作 a 导致从 s7（电机关闭）变迁到状态 s8（电机向下运转）。同时，动作 a 充当光束传

感器区域中的驱动。变迁移动至状态 s12（光束传感器空闲），这是 s11（光束传感器启用）的一个子状态。作为事件 e1 的结果，活跃状态是 s5、s8 和 s12，并且系统是事件静默的。此时，3 个事件中的任何一个都可能发生在门的正交区域，e1（发出控制信号）、e2（运行到轨道的下端），或 e4（光束被阻碍）。状态 s5 中存在时间问题，该状态描述了门关闭，最终它将到达 e3（下行轨道末端的传感器），因此可能更准确的说法是，系统暂时处于静默状态。（我的车库门从开启到关闭大约需要 13s。）

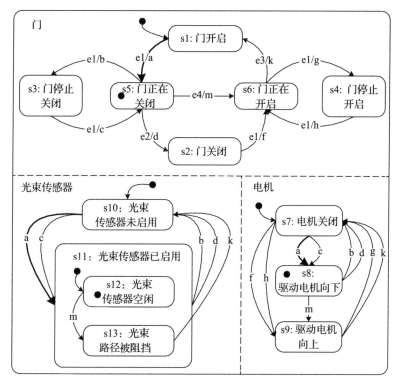

图 7-9　事件 e1 引起广播输出 a 到电机和光束传感器

在图 7-10 中，第二个控制信号事件（e1）驱动系统从状态 s5（门关闭）变迁到状态 s3（门停止关闭）。在电机正交区域，广播事件 b 引起状态 s8（起动电机向下）变迁到状态 s7（电机关闭）。在光束传感器正交区域，广播事件 b 引起状态 s12（光束传感器空闲）[和状态 s11（光束传感器启用）] 变迁到状态 s10（光束传感器不可用）。在这个时候系统处于无限期的事件静默状态。

在图 7-11 中，第三个控制信号事件（e1）将系统从状态 s3（门停止关闭）变迁到状态 s5（门关闭）并生成广播事件 c。在电机正交区域中，广播事件 c 导致状态 s7（电机关闭）变迁到状态 s8（运转电机向下）。在光束传感器正交区域中，广播事件 c 导致状态 s10（光束传感器未启用）变迁到状态 s12（光束传感器空闲）[和 s11（光束传感器启用）]。此时系统暂时处于事件静默状态（如图 7-9 所示）。

在图 7-12 中，光束被阻碍事件（e4）将系统从状态 s5（门正在关闭）变迁到状态 s6（门正在开启），并生成广播事件 m。在电机正交区域中，广播事件 m 引起状态 s8（运转电机向下）变迁到 s9（运转电机向上）。在光束传感器正交区域中，广播事件 m 引起状态 s12（光束传感器空闲）变迁到 s13（路径被阻挡）。此时，系统暂时处于事件静默状态（如图 7-9 所示），而车库门开始向上移动。

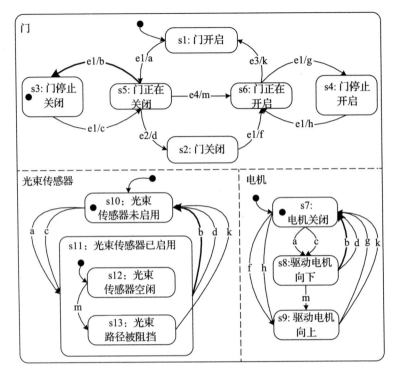

图 7-10　事件 e2 引起广播输出 b 到电机和光束传感器

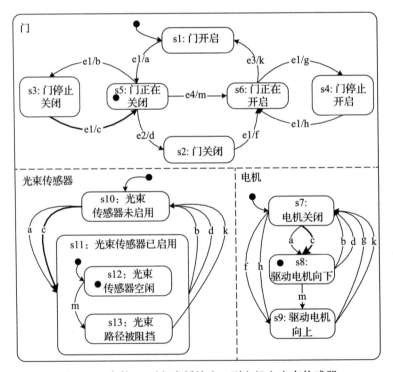

图 7-11　事件 e1 引起广播输出 c 到电机和光束传感器

在图 7-13 中，到达轨道上端事件（e3）将系统从状态 s6（门正在开启）变迁到状态 s1（门开启），并且产生一个广播事件 k。在电机正交区域，广播事件 k 引起状态 s5（运转电机向上）

变迁到状态 s6（电机关闭）。在光束传感器正交区域，广播事件 k 引起状态 s11（路径被阻挡）变迁到状态 s8（光束传感器未启用）。此时系统处于无限期的事件静默状态。以上的状态变化情况总结在表 7-7 中。

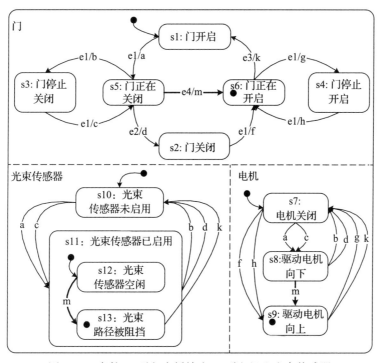

图 7-12　事件 e4 引起广播输出 m 到电机和光束传感器

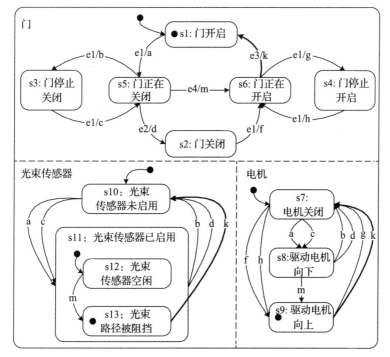

图 7-13　事件 e3 引起广播输出 k 到电机和光束传感器

商业工具 StateMate 的实际执行策略是把表 7-7 所示的步骤分为更小的具有明确步骤的事件，以便更细致地表示广播事件。表 7-8 表示表 7-7 所示的前两个步骤。

表 7-7   从图 7-9 ~ 图 7-13 的可执行表

车库门控系统状态图可执行表

步骤	事件前的状态		输入事件	广播输出	广播之后的状态	
	门、电机、光束传感器				门、电机、光束传感器	
0	s1, s7, s10		e1	a	s5, s8, s12	
1	s5, s8, s12		e1	b	s3, s7, s10	
2	s3, s7, s10		e1	c	s5, s8, s12	
3	s5, s8, s12		e4	m	s6, s9, s13	
4	s6, s9, s13		e3	k	s1, s7, s10	

表 7-8   从图 7-9 ~ 图 7-13 的 StateMate 样式的可执行表

车库门控系统状态图可执行表

步骤	事件前的状态	输入事件	广播输出	广播之后的状态
0.1	s1	e1	a	s5
0.2	s10	a		s12
0.3	s7	a		s8
1.1	s5	e1	b	s3
1.2	s12	b		s10
1.3	s8	b		s7

7.5   经验教训

来自 i-Logix 公司（现已解散）的 StateMate 产品是在我学术生涯的早期阶段推出的。我对此没有实际的工程使用经验。20 世纪 90 年代初，我在密歇根州的大急流城（Grand Rapids）建立了一个小规模的工具实验室。有一次，实验室里有 25 种商品，StateMate 就是其中之一。我参加了 i-Logix 的培训，并对该产品有一周的实践经验。

我学到的主要经验是，除了非常简单的状态图之外，它几乎不可能对状态图进行技术检查，因为信息太密集了。i-Logix 对此的回答是，这正是状态图引擎如此重要的原因。使用引擎不是对状态图进行技术检查，而是为了执行各种用例。状态图的执行类似于广泛使用的、菜单驱动应用程序的快速原型技术——这两者都非常适合在设计和实现之前，获得用户和客户的反馈。第二个经验是，利用状态图对项目中的复杂部分建模，这是比较合适的，没有必要尝试对整个大型项目进行建模。

在 20 世纪 90 年代早期，我作为 i-Logix 的代表（同时也包括 David Harel），给大急流城的一个航空电子公司做报告。他们描述了最近（令人印象深刻！）在建立弹道导弹发射控制系统方面的成果。与已经完成部署的系统开发人员合作两周后，他们能够以详尽的各种模式来运行状态图模型，运行完成后，最终模型确定了 3 种可以发射导弹的事件序列。

起初，这个航空电子公司的人员对状态图方法嗤之以鼻——他们只知道发射导弹的两个事件序列。经过仔细检查后，令开发人员懊恼的是，他们意识到状态图模型真的揭示了第三个发射导弹的事件序列。这可是一个已经部署完成的系统啊！

7.6 优势与局限

状态图有两个主要优点：一个是具有商业上可用的执行引擎的支持，另一个是状态图可以很好地扩展，从而对大型、复杂和并发的应用程序建模。而状态图的主要缺点就是，它在变迁符号和语言上的复杂性。因此，对复杂的状态图进行技术检查会非常困难。表7-9所示为模型表达19个行为问题的方式的比较。

表7-9 状态图工具中事件行为的表达形式

事件	表达	建议
顺序	是	顺序块
选择	是	有两个可发生变迁的块
循环	是	一个回到先前块的变迁
可用	是	st(A)（活动A已启动）语言元素
不可用	是	sp(A)（活动A已停止）语言元素
触发	是	st!(A)（激活活动A）语言元素
激活	是	sp!(A)（结束活动A）语言元素
挂起	是	sd!(A)（挂起活动A）语言元素
恢复	是	rs!(A)（恢复活动A）语言元素
暂停	是	（恢复后挂起）
冲突	是	从执行列表中选择事件的发生顺序
优先级	是	从优先块变迁到其他块
互斥	是	并发区域
同步	是	并发区域
死锁		利用执行表来确定
上下文敏感输入事件	是	同有限状态机
多原因输出事件	是	同有限状态机
异步事件	是	并发区域
事件静默	是	利用执行表来确定

参考文献

[Harel 1988]
Harel, David, On visual formalisms. *Communications of the ACM* 1988; 31(5): 514–530.

泳道型事件驱动的 Petri 网

自从 1998 年以来，我一直认为，事件驱动的 Petri 网（EDPN，第 6 章的主题）在某种程度上与 David Harel 提出的状态图方法是相似的。直到我在大学的教学生涯中出现了一位真正杰出的学生后这种情况才有了变化。这位学生是 2010 ～ 2013 年师从于我的 Byron DeVries。2013 年，他完成了硕士论文，其形式化地证明了带泳道标记的 Petri 网与 UML 状态图的类型 I、II 和 III 之间是等价的 [DeVries 2013]。DeVries 论文的核心说明了 UML 活动图的泳道（Swim Lane）概念与状态图的正交区域概念有很多共同之处。使用泳道来代表状态图的并发区域，这是我之前没有意识到的。将 DeVries 的带泳道标记的 Petri 网扩展到泳道型事件驱动的 Petri 网（SLEDPN）遵循普通 Petri 网扩展到事件驱动的 Petri 网的原则。也就是说，一般情况下 DeVries 的带泳道标记的 Petri 网是泳道型事件驱动的 Petri 网的特例。

8.1 定义与表示法

定义 1 [DeVries 2013]：带泳道标记的 Petri 网是一个七元组 (P，T，I，O，M，L，N)，其中 (P，T，I，O，M) 是一个标记的 Petri 网，L 是一个 n 元组的集合，其中：

- P 是库所的集合
- T 是变迁的集合
- I 是 P 中的库所到 T 中变迁的输入映射
- O 是 T 中的变迁到 P 中库所的输出映射
- M 是将自然数映射到 P 中库所的标记
- $n \geq 1$ 是泳道的数量
- L 是 n 个泳道中库所的并集
- N 是 n 个泳道中变迁的并集

这里还有两个简单的衍生定义。

定义 2：普通的泳道 Petri 网是一个六元组 (P，T，I，O，L，N)，其中 (P，T，I，O) 是普通的 Petri 网（如第 5 章所述）。六元组中的元素与定义 1 中的元素相同。

定义 3：泳道型事件驱动的 Petri 网（SLEDPN）是一个七元组 (P，D，T，In，Out，L，N)，其中 (P，D，T，In，Out) 是事件驱动的 Petri 网（EDPN）（见第 6 章）。七元组中的元素与定义 1 中的元素相同。

SLEDPN 的符号表示法如图 8-1 所示。

8.1.1 可变迁与可点火

在 SLEDPN 中，变迁点火与 EDPN 中的是一样的，而且适用相同的标记持久性约定。第 6 章的定义在此处进行了扩展，如下所示。

定义：SLEDPN（P，D，T，In，Out，L，N）的标记 M 是一个 p 元组序列 M = $<m_1, m_2, \cdots>$，其中 p 是集合 P 和 D 中元素的总和。p 元组中的各项表示事件库所或数据库所中的令牌数。

在 SLEDPN 中，变迁可用和点火与普通 EDPN 中的完全相同。此外，关于事件的定义以及输出事件保持标记时间的约定也是相同的。

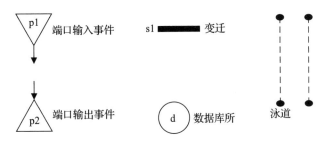

图 8-1   SLEDPN 的符号表示

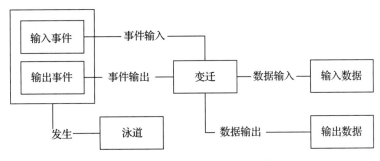

图 8-2   SLEDPN 数据库的 E/R 模型

8.1.2 泳道型事件驱动的 Petri 网中的事件

在 SLEDPN 中，事件的概念与普通 EDPN 中的几乎一样。离散事件和连续事件的定义是相同的，输出事件保持标记时间的约定也是相同的。由于泳道可以对应设备，因此很多时候将端口输入和输出事件与特定泳道相关联是很方便的。正如我们在第 6 章中看到的，图 8-2 中的 E/R 模型包含了描述 SLEDPN 所需的所有关系。所有关系都是可选的多对多关系，也就是说，在 UML 中它们的最大 / 最小描述都是（$0 \cdots n$）。

为特定 SLEDPN 所补充的 SLEDPN 数据库中的信息对于重建（除了空间位置）SLEDPN 的图表来说是充分且必要的。

8.2 技术详解

8.2.1 使用泳道模型

以下是使用 SLEDPN 的一些提示。

1）使用变迁来表示动作；

2）使用库所表示以下任何一项：

- 数据
- 前置和后置条件
- 状态
- 消息

3）使用事件表示以下内容：

- 端口输入事件（包括时间的推移）
- 端口输出事件

4）使用泳道表示设备或并发进程；

5）使用输入关系表示动作的前置条件和输入；

6）使用输出关系表示动作的结果和输出；

7）使用标记来表示 Petri 网络"状态"、存储器（memory）或计数器；

8）变迁的输入数据库所的子集可用于定义输入事件的上下文。

由于普通的事件驱动 Petri 网是 SLEDPN 的一个特例，所以第 6 章中描述的内容也适用于 SLEDPN，如下所示：

- 顺序
- 选择
- 循环
- 可用、不可用和激活
- 触发
- 挂起、恢复和暂停
- 冲突和优先级
- 互斥
- 同步
- 上下文敏感的输入事件
- 多原因输出事件
- 事件静默

SLEDPN 的一个显著优点是，可以仔细地检查设备之间的交互点。第 5 章中给出的 ESML 建模提示（见 5.2 节）非常便捷易懂。图 8-3 描述了汽车刮水器控制器示例的一部分。由于完整的 SLEDPN 模型通常非常复杂且很占空间，所以比较明智的做法是将精力集中在建模（或测试）问题的某个关键或重要的区域。图 8-3 所示 SLEDPN 中元素的更多详细信息请参见表 8-1。

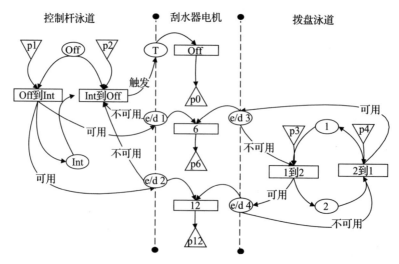

图 8-3 刮水器控制器中一部分的 SLEDPN 表示

表 8-1　图 8-3 所示 SLEDPN 中的名词解释

输入事件	输出事件	其他库所
p1：控制杆向上移动一个挡位	p0：刮 0 次 /min	Off：控制杆位于关闭挡位
p2：控制杆向下移动一个挡位	p6：刮 6 次 /min	Int：控制杆位于间歇挡位
p3：拨盘向上移动一个挡位	p12：刮 12 次 /min	1：拨盘位于 1 挡位
p4：拨盘向下移动一个挡位		2：拨盘位于 2 挡位
		T：触发库所
		e/d：可用 / 不可用库所

在图 8-3 中，控制杆仅有关闭和间歇两种状态，并且拨盘仅具有位置 1 和 2 两个挡位，它们对应于每分钟 6 次或 12 次行程的刮水器控制器速度。控制杆从间歇状态到关闭状态的变迁会发出一个触发提示，以停止刮水器控制器的电机。间歇状态和拨盘位置之间的相互作用更复杂——控制杆和拨盘均具有可用的提示。在控制杆和拨盘可用都存在之前，刮水器控制器的电机变迁不能点火。由于拨盘状态是互斥的，因此一次只能标记一个可用位置。请注意，当发生拨盘事件时，不可用提示会从可用位置删除令牌，并将令牌放在后续位置。当间歇（Int）到关闭（Off）的变迁点火时，将消耗两个可用 / 不可用位置中的令牌。

8.2.2　"模型检验"

标题上的引号用来区分以下的讨论与纯学术用法的区别。学术上的模型检验是一种严格的理论性方法，它依据定理证明的方法，证明所建立的模型是正确的。这种模型检验的大部分工作都集中在模型的语法方面，而本章我们更关注底层的语义，因为我们希望使用 SLEDPN 来生成测试用例。对于给定的 SLEDPN 模型，我们通常会借助使用场景来检查这个模型是否能够准确地表达和描述我们的意图。表 8-2 所示为对汽车刮水器控制器中一部分的 SLEDPN 表示的执行表。在表 8-2 所示的场景中，一旦刮水器控制器中刮水器泳道的变迁 6 被点火，则库所 e/d-3 未被标记，并且拨盘泳道进入死锁状态。

表 8-2　图 8-3 所示 SLEDPN 的可执行表

步骤	内容	控制杆泳道		刮水器泳道		拨盘泳道	
		标记	可用	标记	可用	标记	可用
0	初始标记	Off				e/d-3, 1	
1	控制杆移动	p1, Off	Off 到 Int 可用			e/d-3, 1	
2	关闭挡位到间歇挡位的点火	Int, e/d-1, e/d-2			6	e/d-3, 1	
3	点火 6	Int, e/d-2		p6		1	

我是在设计执行表时发现的这个问题（见表 8-2）。我认为这背后的原因可以追溯到任何系统都具有的、两个彼此正交的视图上面，即结构视图（IS，这是什么系统）和行为视图（DOES，这个系统能做什么）。如果借助一组使用场景来执行所建立的模型，那么经常可以揭示这个正在执行的模型中的潜在错误。我很幸运，在第一个使用场景中就发现了死锁的错误。图 8-4 所示内容解决了这个问题，并在修订版中进行了更准确的描述，其中主要考虑了以下因素。

- 控制杆和拨盘是独立设备；
- 只有当控制杆处于间歇位置时，拨盘才可以处于"激活状态"；

- 在图 8-3 中，没有必要设计两套可用／不可用库所（e/d-1 和 e/d-2）。控制杆只需部分启用刮水器控制器的电机；
- 必须使用一些方法来初始化拨盘以避免死锁问题。

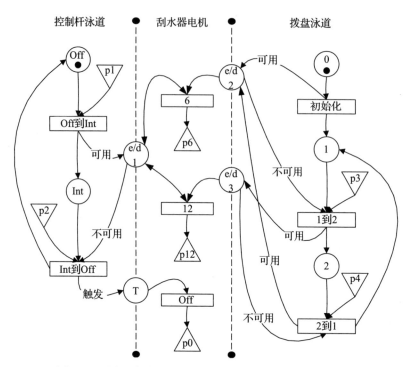

图 8-4　刮水器控制器中一部分的 SLEDPN 表示（修正后）

在图 8-4 中，只有一个可用／不可用库所（e/d-1）通过控制杆变迁作用于刮水器变迁 6 和变迁 12。由于拨盘位置处于相互排斥状态，所以这些变迁将始终互斥，这是正确的。当从 Off 到 Int 的控制杆变迁被点火时可用／不可用库所 e/d-1 被标记。当从 Int 到 Off 的变迁被点火时，取消这个库所的标记。在拨盘上，初始变迁被添加到拨盘"起始位置"。图 8-4 显示了可能的初始标记——关闭和 0 挡位库所。请注意，可用／不可用库所 e/d-2 可以通过初始化从 2 到 1 的变迁来激活。刮水器控制器电机泳道中有详细的介绍。标签为"6"和"12"的变迁只能在各自的可用／不可用输入库所被标记时才可点火。库所 e/d-1 的双向箭头可以确保一旦启用了刮水器变迁，那么它们在拨盘变迁点火时依然保持启用状态。可用／不可用库所 e/d-2 可以通过两种方式来标记——通过初始化变迁点火或（拨盘挡位）从 2 到 1 的变迁点火。如果变迁 6 被点火，则 e/d-2 未被标记，库所 e/d-1 将保持被标记。如果（拨盘挡位）从 2 到 1 的变迁点火，它将标记库所 e/d-2，并且将再次启用刮水器变迁 6。如果控制杆泳道从 Int（间歇）变迁到 Off（关闭）[在 p2（控制杆向下输入）之后]，则库所 e/d-1 将被取消标记，且刮水器泳道的关闭变迁被触发。当刮水器泳道的关闭变迁被点火时，无论哪个刮水器控制器电机（连续）的输出都将停止。表 8-3 所示为这些相互作用关系的详细标记序列。

8.2.3　基于泳道型事件驱动的 Petri 网派生的测试用例

如前所述，SLEDPN 的主要价值在于，它能够非常详细地刻画泳道（通常是设备）之间的交互关系。显然，我们应该测试这种交互关系，执行表中的步骤能够直接导出详细测试用例的序列（不仅是一组），如表 8-4 所示。CAUSE 和 VERIFY 行为引用系统级事件，并且可以使用合适的工具自动执行。给定适当的工具，系统可以自动执行"检查存储器"的操作。它们也可能已经在单元测试级别进行了检查。

表 8-3　图 8-4 所示 SLEDPN 的执行表示例

步骤	内容	控制杆泳道		刮水器泳道		拨盘泳道	
		标记	可用	标记	可用	标记	可用
0	初始标记	Off	—	—	—	0	初始化
1	控制杆移动	p1, off	Off 到 Int	—	—	0	初始化
2	关闭到间歇的点火	Int, e/d-1	—	—	—	0	初始化
3	点火初始化	Int, e/d-1	—	—	6	1, e/d-2	—
4	变迁 6 点火	Int, e/d-1	—	p6	—	1	—
5	事件静默	Int, e/d-1	—	p6	—	1	—
6	拨盘移动	Int, e/d-1	—	p6	—	p3, 1	1 to 2
7	变迁 1 到 2 点火	Int, e/d-1	—	p6	12	2, e/d-3	—
8	变迁 12 点火	Int, e/d-1	—	p12	—	2	—
9	事件静默	Int, e/d-1	—	p12	—	2	—
10	拨盘移动	Int, e/d-1	—	p12	—	p4, 2	2 to 1
11	变迁 2 到 1 点火	Int, e/d-1	—	p12	6	1, e/d-2	—
12	变迁 6 点火	Int, e/d-1	—	p6	—	1	—
13	事件静默	Int, e/d-1	—	p6	—	1	—
14	控制杆移动	p2, Int, e/d-1	Int 到 Off	p6	—	1	—
15	关闭到间歇的点火	Off, T	—	p6	Off	1	—
16	变迁 off 点火	Off	—	p0	—	1	—
17	事件静默	Off	—	p0	—	1	—

表 8-4　表 8-3 中得到的测试用例

步骤	内容	测试目标	动作
0	初始标记	前置条件是否正确	
1	控制杆移动	输入事件 p1 是否正常运行	CAUSE p1
2	关闭到间歇的点火	Off 到 Int 的变迁是否正确执行	检查库所 Int 和 e/d-1 的存储器状态
3	点火初始化	初始变迁是否正确执行	检查库所 1 和 e/d-2 的存储器状态
4	变迁 6 点火	p6 是否正常运行	VERIFY 刮水器速度 ==6
5	事件静默	刮水器速度是否连续	VERITY 刮水器连续运行
6	拨盘移动	输入事件 p3 是否正常运行	CAUSE p3
7	变迁 1 到 2 点火	1 到 2 的变迁是否正确执行	检查库所 2、e/d-2 和 e/d3 的存储器状态
8	变迁 12 点火	p12 是否正确运行	VERITY 刮水器速度 ==12
9	事件静默	刮水器速度是否连续	VERITY 刮水器连续运行
10	拨盘移动	输入事件 p4 是否正常运行	CAUSE p4
11	变迁 2 到 1 点火	2 到 1 的变迁是否正确执行	检查库所 1、2、e/d-2 和 e/d-3 的存储器状态
12	变迁 6 点火	刮水器速度是否是 6 次 /min	VREITY 刮水器速度 ==6
13	事件静默	刮水器速度是否连续	VERITY 刮水器连续运行
14	控制杆移动	输入事件 p2 是否正常运行	CAUSE p2
15	关闭到间歇的点火	Int 到 Off 的变迁是否正确执行	检查库所 Int、Off、T 和 e/d-1 的存储器状态
16	变迁 off 点火	p0 是否正确运行	VERITY 刮水器速度 ==0
17	事件静默	刮水器电机是否停止	VERIFY 刮水器电机停下

表 8-3 和表 8-4 中场景描述的测试用例覆盖了如下的结构化（基于模型）标准：

- 每个输入事件
- 每个输出事件
- 每个输入库所
- 每个输出库所
- 每个变迁
- 每条边
- 每个设备（泳道）

表 8-3 中的系统控制杆部分的测试在表 8-4 中以更简洁的形式表示出来。

8.3 后续问题

8.3.1 保费计算问题

没有必要利用强大的 SLEDPN 来解决保费计算问题。在保费计算问题中没有任何事件或设备，因此其 SLEDPN 模型是单泳道，这与普通 Petri 网相同（参见 5.4.1 节）。第 5 章中的测试用例可以从泳道的 EDPN 公式中得出。

8.3.2 车库门控系统

在车库门控系统的 SLEDPN 形式化中输入、输出事件以及状态都与 EDPN 版本中的相同（见 6.4.2 节）。EDPN 形式化方法解决了第 5 章中针对普通 Petri 网所出现的问题。具体来说，假设用户可以随时"创建"输入事件。这样就不需要像普通 Petri 网那样包含每个输入事件的初始标记。输出事件的持久标记通过以下两个约定得到改善：

1）对于互斥的输出事件，当一个互斥事件被变迁点火所标记时，另一个标记的输出事件会取消标记。

2）标记的输出事件将保持标记，直到"下一个"变迁被点火。

通过为实际设备添加泳道，可以更仔细地检查（并测试）单独设备的交互方式。我们还可以看一下车库门控系统中不易理解的地方，特别是光束传感器可能出现的故障模式。最终，车库门控系统的完整 SLEDPN 将需要以下元素。

输入事件	输出事件	状态
p1：控制信号	p5：起动电机向下	s1：门开启
p2：运行到轨道下端	p6：起动电机向上	s2：门关闭
p3：运行到轨道上端	p7：停止电机	s3：门停止关闭
p4：激光束被阻碍	p8：由下往上反转电机	s4：门停止开启
		s5：门正在关闭
		s6：门正在开启

8.3.2.1 光束传感器

我们从车库门、控制装置、光束传感器和电机之间的连接开始。回想一下，光束传感器只能在门正在关闭（向下移动）时运行。我们把这种交互表示为可用 / 不可用模式和触发器，如图 8-5 所示。

为了分析泳道之间的相互作用，假设有一个库所 s1（门开启）的初始标记。这是一个事件静默点。接下来，假设我们产生了一个控制信号 p1，它起动了开始关闭这个变迁。当它点火时，它会向变迁（起动电机向下）发送一个点火提示，同时传感器中断变迁接收到启用提示，并标记库所 s5（门正在关闭）。可以假设在点火提示后立即点火起动电机向下这个变迁，标记事件 p5（开始驱动电机向下）。输出事件 p5 将保持标记，直到标记了另一个互斥的电机事件。系统现在处于事件静默的另一个点。此时可能发生两个输入事件：p1 或 p4。我们分别考虑以下两种情况。

情况 1：如果发生事件 p1（发出控制信号），则停止关闭这个变迁可用。当它点火时，可用 / 不可用库所中的令牌被消耗掉，从而禁用传感器中断这个变迁。它还消耗了库所 s5（门正在关闭）中的令牌，并将令牌放在库所 s3（门停止关闭）上。最后，它向停止电机这个变迁发送点火提示。当停止电机这个变迁点火时，输出事件 p7（停止驱动电机）被标记，并且（由于互斥）事件 p5 被取消标记。此时，SLEDPN 进入死锁，没有事件可以触发变迁。

情况 2：如果出现事件 p4（激光束被阻碍），则传感器中断这个变迁启用。当传感器中断这个变迁点火时，它会消耗掉可用 / 不可用库所中的令牌，并向由下往上反转电机这个变迁发送点火提示。当这个变迁点火时，取消库所 p5 的标记，并标记互斥输出事件 p8（驱动电机由下往上反转）。在这种情况下，门正在打开，由下往上反转电机这个变迁也标记了库所 s6（门正在开启）。与情况 1 一样，此时，SLEDPN 陷入死锁状态，没有事件可以引起变迁。

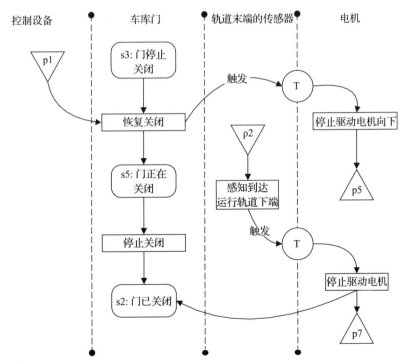

图 8-5　SLEDPN 表示的 4 条泳道之间的交互关系

8.3.2.2　轨道末端传感器

从某种意义上说，图 8-6 是接着情况 2 的结束部分开始的，其中结束状态是 s3（门停止关闭）和 s6（门正在开启）。

图 8-6 所示的初始标记是库所 s3（门停止向下），这是一个事件静默点。在图 8-6 所示的两个输入事件中，没有任何一个可以在物理上导致事件 p2（到达运行轨道末端）发生的条件。如果发生事件 p1，则变迁（恢复关闭）是唯一可用的变迁。当它点火时，点火提示将起动电机向下变迁点火，并导致事件 p5。当车库门向下到达轨道的末端时，引起事件 p2（到达运行轨道的下端）。这将启用感知到达运行轨道末端这个变迁，当它点火时，触发停止电机这个变迁。当停止电机变迁点火时，输出事件 p7（停止驱动电机）发生，并且取消标记输出事件 p5，同时标记状态 s2（门关闭）。

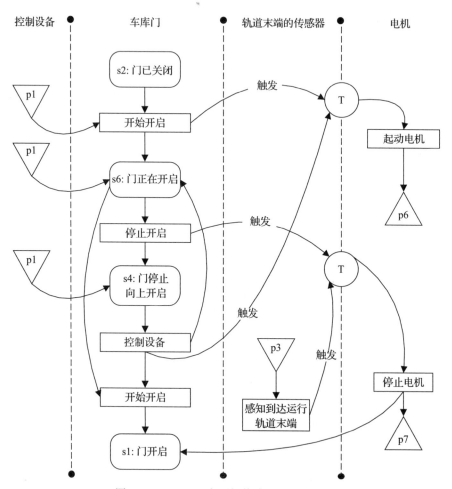

图 8-6　SLEDPN 中尾部传感器的交互关系

8.3.2.3 车库门打开操作

图 8-7 显示了开门顺序。初始状态为 s2（门已关闭），这是一个事件静默点。如果发生输入事件 p1，则启用开始开启这个变迁。当它点火时，标记库所 s6（门正在开启），并将点火提示发送到起动电机向上这个变迁。该变迁立即点火，标记输出事件 p6（开始驱动电机向上），车库门向上移动。正如在门关闭序列（见图 8-5）中看到的那样，当状态 s6（门正在开启）被标记时，可能发生 p1（发出控制信号）或 p3（到达运行轨道上端）这两个输入事件。输入事件 p3 之后的序列与图 8-6 所示的事件非常相似。

如果再次发生事件 p1，则变迁（停止开启）点火，标记库所 s4（门停止开启），并向变迁（停止电机）发送点火提示。当该变迁点火时，p6 未被标记，p7 已被标记，并且标记了库所 s4（门停止开启）。从理论上讲，这个起动 / 停止循环可以无限地持续。（实际上，关闭序列中确实存在类似的循环。）在现实中，按下控制按钮是一个手动操作，这可能需要 10ms 的时间（类似于触摸电话数字键盘上数字的时间）。电机停止的反应时间大约是 1s，在这段时间内，门向上移动了一段可测量的距离。停止 / 恢复周期的重复次数的实际限制可能约为 20 次，因此这不是一个无限循环。

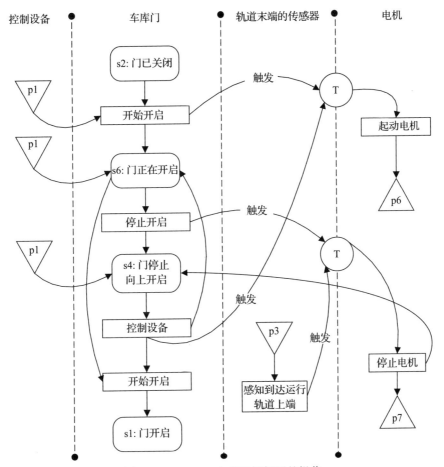

图 8-7　SLEDPN 中表示门打开的操作

8.3.2.4　失效模式事件分析

失效模式事件分析处理可能失效的物理设备。设备可能由于各种原因而失效——物理退化、过热、过电压等。无论根本原因是什么，有 3 种失效模式，如表 8-5 所示。这里只考虑两种常见的失效模式：光束传感器的 Stuck-at-One（SA-1）和 Stuck-at-Zero（SA-0）。如果光束传感器发生 SA-0 故障，并且发生物理事件 p4（激光束被阻碍），则不发送信号。相应地，如果光束传感器发生的是 SA-1 故障，则即使没有发生物理事件 p4，也始终发送信号。可以通过为 SA-0 和 SA-1 故障分配概率来考虑间歇性失效模式。重要的是要记住（并建模！）物理输入事件可能会发生，设备也可能会失效。图 8-8 显示了光束传感器正常的操作模式。

表 8-6 和表 8-7 是系统级测试用例，其分别描述了门关闭和激光束中断的正常操作。它们使用第 1 章中介绍的 CAUSE/VERIFY 谓词。在正常操作中，标记状态 s1（门开启），系统

处于事件静默状态。如果发生输入事件 p1（控制设备发出信号），则开始关闭这个变迁会启用，当它点火时，它会触发变迁（起动电机向下），并且门开始关闭。变迁（开始关闭）还启用了传感器中断这个变迁。

表 8-5   设备失效模式

SA-0 失效模式	SA-1 失效模式	间歇性失效模式
应该发出信号时，不发出信号	始终发出信号，即使不应该发出信号的时候	有时不应该发出信号时，发出信号；有时应该发出信号时，不发出信号，而且通常不能重复

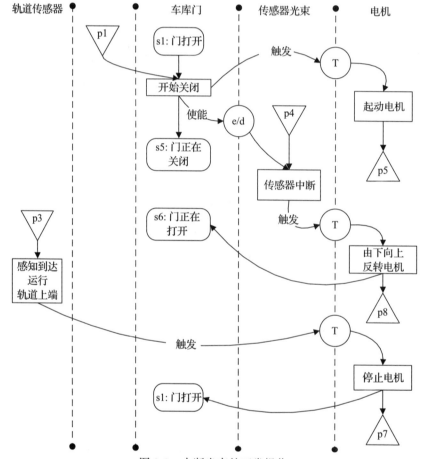

图 8-8   中断光束的正常操作

情况 1（参见图 8-7）：如果事件 p4（激光束被阻碍）未发生，则传感器中断无法点火。这样下一个事件将是事件 3 中的 p2（到达运行轨道末端）。这使得变迁（感知到达运行轨道末端）能够在点火时触发停止电机这个变迁。电机停止，车库门关闭。

情况 2（参见图 8-8）：如果事件 p4（激光束被阻碍）发生，则传感器中断可用并被点火，同时向变迁（由下往上反转电机）发送触发。当该变迁（立即）点火时，标记输出事件 p8，并且输出未标记事件 p5。当门完全开启时，输入事件 p3（到达运行轨道上端）发生，并且变迁（感知到达运行轨道上端）点火，触发停止电机这个变迁。当变迁（停止电机）点火时，标记输出事件 p7，取消标记事件 p8，并标记库所 s1（门开启）。表 8-4 所示为相应的系统级测试用例。表 8-4 中的测试用例对应的 SLEDPN 模型如图 8-8 所示。

表 8-6 门正常关闭时的系统级测试用例

测试用例	SysTC-1：门正常关闭			
前置条件	1. 车库门开启			
原因	发生位置	响应	发生位置	观察到的操作
1.p1：发出控制信号	控制设备	2. p5：开始驱动电机向下	电机	电机向下起动
				门开始关闭
3.p2：到达运行轨道下端	轨道末端的传感器	4. p7：停止驱动电机	电机	电机停止
				门关闭
后置条件	1. 车库门关闭			

表 8-7 门正常关闭时光束中断的系统级测试用例

测试用例	SysTC-2：门正常关闭时的光束中断			
前置条件	1. 车库门开启			
原因	发生位置	响应	发生位置	观察到的操作
1.p1：发出控制信号	控制设备	2.p5：开始驱动电机向下	电机	电机起动向下
				门开始关闭
3.p4：激光束被阻碍	光束传感器	4. p8：由下往上反转电机	电机	电机反转
				门开启
5.p3：到达运行轨道上端	轨道末端的传感器	6.p7：停止驱动电机	电机	电机停止
				门正在开启
后置条件	1. 车库门开启			

现在，考虑失效模式。我们从 SA-0 故障开始，表 8-8 描述的是测试用例，图 8-9 描述的是 SLEDPN 的仿真。

一旦测试用例 SysTC-3 失败，那么测试人员应该尝试找到原因。原因应该是发生了某个物理输入事件，但系统却没有给出正确的响应。SA-0 故障自然是原因的首选。图 8-9 所示的 SLEDPN 显示了如何模拟 SA-0 故障。我们从图 8-8 所示的正常情况开始，执行图 8-9 中的 SLEDPN。这次执行的区别在于 SA-0 库所没有被标记，并且没有也可能标记它的变迁。因此变迁（传感器中断）仍然可以启用，并且仍然可以发生 p4（激光束被阻碍），但变迁永远不会被点火。在图 8-9 中，车库门将继续保持关闭，直到输入事件 p2 发生，同时感知到达运行轨道末端这个变迁被点火，并且触发变迁（停止电机）。最终的结果是门关闭。

表 8-8 门正在关闭时发生 SA-0 传感器故障的系统级测试用例

测试用例	SysTC-3：门在正常关闭时发生 SA-0 传感器故障			
前置条件	1. 车库门开启			
	2. 光束传感器发生 SA-0 故障			
原因	发生位置	响应	发生位置	观察到的操作
1.p1：发出控制信号	控制设备	2. p5：开始驱动电机向下	电机	电机起动向下
				门开始关闭
3. p4：激光束被阻碍	光束传感器	4. p8：由下往上反转电机	电机	电机继续向下
此时，测试用例执行失败，它应该停止执行				

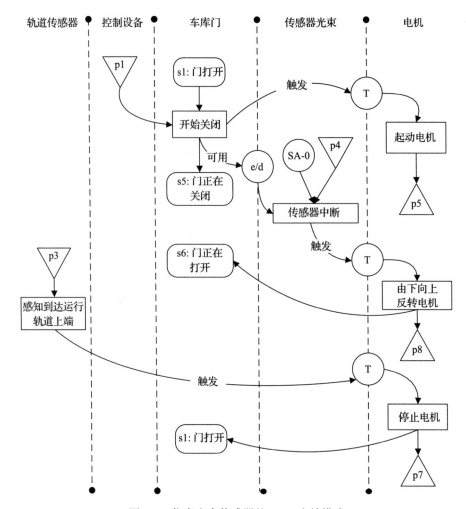

图 8-9 仿真光束传感器的 SA-0 失效模式

表 8-9 描述了 SA-1 故障，图 8-10 仿真了该故障。与 SA-0 故障一样，一旦测试失败，测试人员应确定具体原因。在这两个故障中，SA-0 故障可能会造成潜在的危害或伤害，而 SA-1 故障仅使自动关闭车库门这个功能失效。

表 8-9 门正在关闭时发生 SA-1 传感器故障的系统级测试用例

测试用例	SysTC-3：门在正常关闭时发生 SA-1 传感器故障			
前置条件	1. 车库门开启			
	2. 光束传感器发生 SA-1 故障			
原因	发生位置	响应	发生位置	观察到的操作
1. p1：发出控制信号	控制设备	2. p5：开始驱动电机向下	电机	电机起动向下
				门开始关闭
				电机反转向上
				电机停止，门开启
此时，测试用例失败，测试用例的执行应该停止				

图 8-10 中模拟了 SA-1。模拟 SA-1 故障的一种简单方法是，消除 SLEDPN 模型中的输入事件 p4（激光束被阻碍）。取而代之的是将库所的 SA-1 进行标记。由于该库所既是变迁（传感器中断）的输入也是输出，所以它将始终被标记。一旦发生事件 p1，门开始关闭，并且它立即开始开启，直到达到上行轨道的末端。

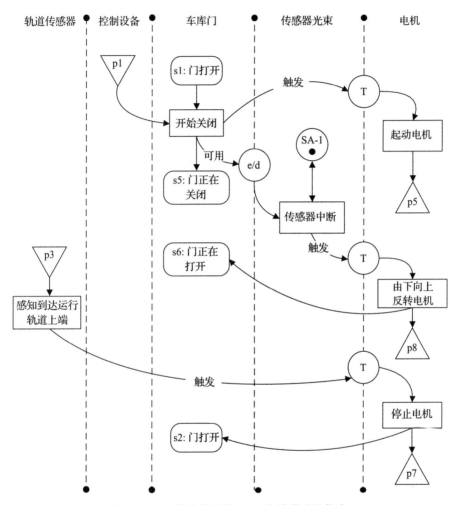

图 8-10　光束传感器的 SA-1 失效模式的仿真

简单地消除事件 p4 似乎有点自欺欺人。事实上，事件可能会发生，也可能不会发生，但无论如何，触发应该被发送到变迁（由下往上反转电机）才可以。图 8-11 显示了这种"更好"的方式。

注意图 8-11 所示输出事件 p4 的两个连接。一个是通常的连接（带箭头），另一个是终点带小圆圈的连接，是一个抑制弧，我们在下面进行定义。

定义：抑制弧仅在变迁未标记时才能使变迁变为可用。

在图 8-11 中，有两个变迁可以触发由下往上反转电机这个变迁。假设已经（通过门关闭）标记了可用 / 不可用库所，端口输入事件 p4（激光束被阻碍）可能发生也可能不发生。如果发生，则启用传感器中断（带信号），当它点火时，它会触发变迁（由下往上反转电机）。如果未发生事件 p4，则由于抑制弧连接而启用变迁（传感器中断）（无信号）。这种表示显然更准确，因为输出事件 p4（激光束被阻碍）是现实世界中的物理事件。对输入做出反应并导致触发的是 SA-1。

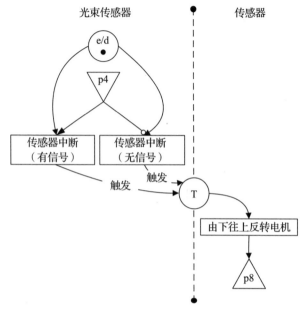

图 8-11 光束传感器的 SA-1 失效模式的更准确的仿真

8.4 泳道型事件驱动的 Petri 网派生的测试用例

利用 SLEDPN 模型生成测试用例与从普通 EDPN 中导出测试用例的过程非常相似。不同之处在于，需要将对应泳道的设备添加到测试用例中。第 1 章已经简要介绍了自动的测试执行系统，下面是一个与表 8-6 所示测试用例相对应的简短测试用例。这里我们要求保留字大写，并且必须从预定义列表（斜体字体）中选择参数。下面的测试用例中包含了一些干扰词（注释）以便于阅读（普通字体）。

Test Execution Script for test case SysTC-1
Preconditions: 1. Garage door is open
CAUSE the input event *p1: Control signal* ON the *Control Device*
VERIFY that the output event *p5: Start drive motor down* occurs ON the *Motor*
CAUSE the input event *p2: End of down track hit* ON the *End-of-Track Sensors*
VERIFY that the output event *p7: Stop drive motor* occurs ON the drive *Motor*
Postconditions: 1. Garage door is closed
Depending on the harness used with the automatic test executor, the preconditions could be **Caused** and the postconditions could be **Verified**.

8.5 经验教训

我是一个小型（三人）团队中的一员，我们构建了上面介绍的测试执行系统。它最初仅用于回归测试，后来经过扩展，它成为一个至少使用了 15 年的商业产品。为了便于阅读，我们使用了一些干扰词，但是聪明的测试开发人员很快就写了诸如以下的短语。

如果你心情很好，那么通常会产生第一个输入事件 p1（控制信号开启），哦，我不知道，也许是控制设备吧！

而我们这些慢速键盘手的人只会写：

原因 p1：控制信号开启以控制设备。

两个版本都可以被解释为相同的命令序列，但至少能够让测试用例的设计者添加一些怪异的幽默感。

除此之外，SLEDPN 是如此新颖的，以致还没有实际的应用经验。我希望 MBT 工具供应商能够朝着这个方向发展。

表 8-10 所示为对模型如何表达 19 个行为问题的比较。

表 8-10　SLEDPN 行为事件的表达方式

行为事件	SLEDPN 的表达
顺序	好
选择	好，使用抑制弧
循环	好
可用	好
不可用	好
触发	好
激活	好
挂起	好
恢复	好
暂停	好
冲突	好
优先级	好
互斥	好
死锁	好
上下文敏感事件	好
多原因输出事件	好
异步事件	好
事件静默	好

参考文献

[DeVries 2013]

DeVries, Byron, *Mapping of UML Diagrams to Extended Petri Nets for Formal Verification.*
　　Master's Thesis, Grand Valley State University, Allendale, Michigan, USA, 2013.

面向对象的模型

OMG 组织提出的 UML 是对象建模技术的事实上的标准。在 UML2.5 版本中，有 3 种模型：结构化模型、行为模型和交互模型。我们在第 1 章已经讨论过，UML 的主要贡献之一就是将 IS 视图（结构化的以表示系统内容的视图）和 DOES 视图（行为的以表示系统如何运行的视图）结合起来。关于 UML 的 PDF 形式的定义文档一共有 748 页之多。如此大篇幅的内容，在本章也只能简单介绍一下而已。本章的主要目标是展示被选中的 UML 模型是如何应用在商业上基于模型的测试 MBT 产品中的。为了完整起见，这里列出 UML2.5 的完整列表。

结构化模型包括以下几个方面。

- 类图
- 对象图
- 部件图
- 混合结构图
- 包图
- 部署图

行为模型包括以下几个方面。

- 用例图
- 活动图
- 状态图

交互模型包括以下几个方面。

- 顺序图
- 通信图
- 时序图
- 交互概览图

UML2.5 过于庞大的规模，使之几乎成为有效使用该技术的最大障碍。例如，结构化模型图里面有 9 种被称为"图形路径"的连接方式。图 9-1 中展示了其中的 7 种，图 9-2 ～图 9-4 展示了其他类型图表中的 UML 符号。这样丰富的符号表一方面能够准确地描述特定的需求。而另一方面，却给用户带来了记忆上的困难，而且在商业层面，很难获得自动化工具的支持。UML 的图例集合存在帕累托规则，即用户只能大约用到其中的 20%。

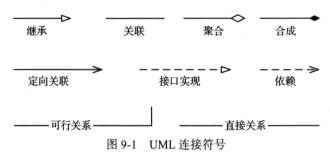

图 9-1　UML 连接符号

软件开发人员在使用 UML 建模时会分成截然不同的两派。自上而下的这一派从结构化模型开始，通常是从类图开始，然后转移到行为模型，使用用例图、活动图以及状态图。而自底向上的那一派则从行为模型开始，然后利用行为模型帮助定位结构部件。两种方法都可以，选择哪一种纯粹是个人爱好和风格。

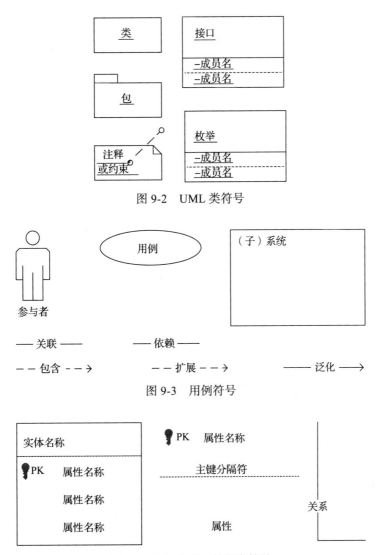

图 9-2　UML 类符号

图 9-3　用例符号

图 9-4　E/R 模型和数据库符号

9.1　定义与表示法

本章，我们集中讨论下面这些软件需求层面的行为模型：

- 用例图
- 活动图
- 状态图
- 顺序图

用例图仅提供系统的使用者与独立的使用场景之间的一种概要性的描述，例如系统级输入和输出的源头和目的地。有时候，这很像对一个系统采用结构化分析方法而获得的上下文图形化表示（Yourdon 风格的）。活动图是普通 Petri 网和流程图的结合体。因此，它们都是非常直观的，也是易创建和易理解的。状态图可以看作简化版本的状态表（见第 7 章）。顺序图则是一种能在任何时候，直接将 IS 视图和 DOES 视图相结合的技术。

9.1.1　用例图

用例图是顾客 / 用户和开发者之间交流系统的 DOES 视图的最佳方式。基于不同层面的细节，用例图有很详细的分类（Larman 1998）。此处呈现的是汽车刮水器控制器的用例图描述。一旦定义了一组用例，那么用例图就可以显示每个单独的用例如何与外部参与者进行交互，这些也是系统级输入的源头和系统级输出的目的地。图 9-5 显示了汽车刮水器用例的示意图，它带有 3 个未在此处定义的用例。

用例名称	向上移动控制杆
用例 ID	L1
初始化参与者	控制杆
描述	驾驶员将刮水器向上抬起一个挡位，例如从 Off 抬到间歇挡位
前置条件	1. 控制杆的初始挡位，为 off、Int 和 Low 三者之一 2. 初始控制杆的位置在 off
事件序列	驾驶员将刮水器挡位抬升一个挡位 如果拨盘位置是 1，则系统每分钟发送刷 6 次的动作 如果拨盘位置是 2，则系统每分钟发送刷 12 次的动作 如果拨盘位置是 3，则系统每分钟发送刷 20 次的动作 如果控制杆位置在低（Low），则系统每分钟发送刷 30 次的动作 如果控制杆在高（High），则系统每分钟发送刷 60 次的动作
接收参与者	无
后置条件	1. 控制杆位于间歇（Int）、低（Low）或高（High）三者之一
用例资源	问题描述

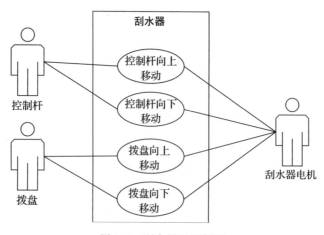

图 9-5　刮水器的用例图

基于用例定义的开发是严格的自底向上、基于行为的方法。在该方法中，如何确定需要多少用例，或者说确定多少用例才是充分的，这是不可避免的问题。敏捷开发过程的答案是：只要满足了客户或者用户的要求，那么现有的用例就是充足的。但这不一定能满足开发者和系统测试人员的要求。如果是基于模型覆盖的，那么我们就可以有更好的答案，下面给出用例可以覆盖的各个级别的要求（选择一个或多个级别）。

- 所有系统级输入
- 所有系统级输出
- 所有类
- 所有消息
- 所有可能的前置条件
- 所有可能的后置条件

UML 允许在一个用例图中，在多个用例之间建立联系。例如，一个用例可能会使用另一个用例，或者一个用例可能扩展成为另一个用例。用例图的问题在于，如果需要多个用例，那么用例图的剪裁就存在困难。

9.1.2　活动图

UML 的活动图提供了单一用例的更详细的实现方式。活动图利用了分隔技术，也称其为泳道技术，也就是 SLEDPN 采用的技术。分隔技术是为了区别执行该行为的设备或者类。图 9-6 显示了在 UML 活动图中使用的符号。

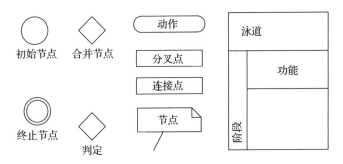

图 9-6　活动图中使用的符号

活动图有两种习惯的排版方式：平行和垂直的。在平行的排版方式中，行为的描述从左上角的初始状态开始，通常是从左往右进行，就好像西方的阅读习惯一样。如果使用了分隔（泳道）技术来表示类或者代理以支持用例，那么垂直的排版方式会更常见一些。

从活动图的符号集合中可以明显地看出，活动图是基本流程图的概念向面向对象范式的一个扩展。主要区别就在于，活动图中使用了表示变迁的符号，这些符号基本上类似 Petri 网的变迁。分叉与连接分别对应不同输出和输入之间的变迁。再具体一点说，分叉变迁就是 Petri 网中同步的启动，连接变迁就是 Petri 网中同步的停止（见第 5 章）。图 9-6 所示为刮水器用例的活动图。

因为活动图是面向对象的流程图，所以它们也具有流程图的所有不足之处，例如它们很难表示事件。在图 9-7 中，我们利用行为状态来表示由某个事件导致的控制杆位置的变化。不过活动图只能表示一个激活序列，这一点也还算不上是它的缺点，因为活动图本身就是针对单独一个用例的。

9.1.3 状态图

状态图和有限状态机是 UML 2.5 中的核心控制类模型。状态图是为每个类而开发的，因此能够表达出一个类是如何参与整体系统行为的。但是这里有一个问题，即我们没有办法把两个或两个以上的类所对应的状态图合并成一个大的状态图。

UML 中的许多状态符号（见图 9-8）与活动图中的符号是完全一致的，这是有意为之的。然而我个人并不觉得在状态图中使用判定符号有什么意义。状态符号可以表示普通的状态，在有限状态机中就是这样做的。如果一个状态包含若干个低级别的状态，那么就可以使用复合状态符号，正如全状态图表示方法所示。从技术上来讲，复合状态可以描述并行区域，这也是与原始的状态图表示方法一致的。当然很少有人这样做，因为 UML 假设正在描述的永远是一个具体的类。至于表达浅层历史和深层历史的符号，就完全依靠工具的支持了。浅层历史节点仅包含对象的前一个状态，而深层历史节点则包括对象的所有历史信息。

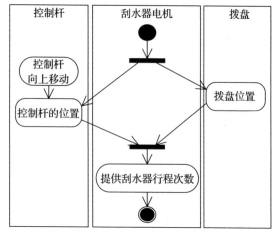

图 9-7 用例的活动图

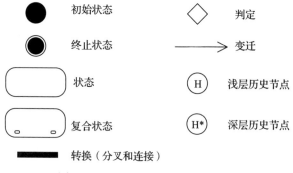

图 9-8 UML 状态图中使用的符号

9.1.4 顺序图

在主流模型中，UML 的顺序图是一种很独特的图，即它能够在一个用例中组合 IS 和 DOES 两类视图。在 UML 顺序图中，实现用例所需的每个类中的对象都有一条对象生命线，生命线指的是对象实例化过程中的执行时间。生命线是一条垂直虚线，线的顶端是对象或类的名字。图 9-9 中的其他符号指的是对象之间基于消息的通信。

在 UML 顺序图中，时间是向下流动的。顺序图的一个变种是将线扩大为一个窄矩形，以表示一个对象被实例化和被销毁的时间。顺序图描述的是一个单独的用例，它刻画了各个对象之间的基于消息的交互行为，这些对象是从支持用例的类实例化而来的。对象/类代表了 IS 视图，而消息发出与返回的序列则可以表达 DOES 视图中的运行时间。在图 9-10 所示的顺序图中，假设存在 4 种支持类：控制杆、控制器、拨盘和刮水器。在图 9-10 中，较早时给出的用例事件序列中描述的控制杆事件是序列的起点。尽管"控制杆事件"还是有些模糊，但这就是其在用例中的表达方法。我们也可以非常具体地描述下面几个控制杆事件。

- e1.1 将控制杆从 off 移动到 Int
- e1.2 将控制杆从 Int 移动到 low
- e1.3 将控制杆从 low 移动到 high

- e2.1 将控制杆从 high 移动到 low
- e2.2 将控制杆从 low 移动到 Int
- e2.3 将控制杆从 Int 移动到 off

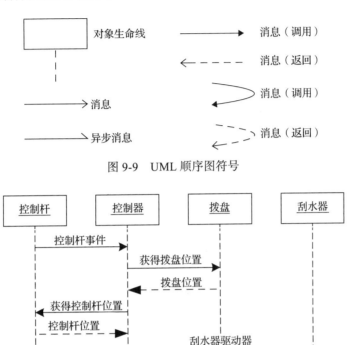

图 9-9　UML 顺序图符号

图 9-10　用例的顺序图

图 9-10 会产生 6 个用例，每个用例都需要明确前置条件，也就是拨盘位置。用例的颗粒度问题说明，对于第 3 章中讨论的通用化事件通常都是上下文敏感的，与之相关的是需要一个上下文敏感的事件列表。在需求层次，通用化的表格可以减少用例数目，也可以增加系统的可理解性。不过，系统测试人员总是更喜欢具体一些的用例。

9.2　案例分析

UML 2.5 模型在前面章节的基础上并没有增加多少内容，因此我们只要稍微说明一下刮水器控制器案例中的一些特殊之处即可。

- 图 9.5 是用例图
- 图 9.7 是活动图
- 图 9.10 是顺序图
- 图 9.18 是状态图

9.3　后续问题

9.3.1　保费计算问题

图 9-11 和图 9-12 分别展示了在保费计算问题中，UML 活动图中两个细节的变种。图 9-11 所示的活动图是严格线性的，也是第 2 章所给流程图的一个简化版本。它要求必须有输

入，而且图中的决策必须是有顺序的。

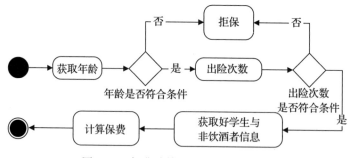

图 9-11 保费计算问题的线性活动图

图 9-12 使用了更多的活动图功能，尤其是分叉和连接功能。分叉显示两个活动可以以任意的顺序来执行；而连接则要求两个活动必须在下一个活动开始之前完成。可以更详细地展开这个问题：假设有来自 4 个不同企业的 4 组输入数据，每个都可以有自己的泳道。符号集可以支持这种需求，但这对于可理解性来说却几乎没有什么帮助。

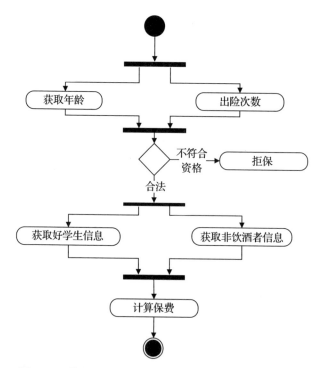

图 9-12 带有分叉和连接功能的保费计算问题的活动图

本章提到的其他 UML 图（用例图、状态图和顺序图），对可理解性的帮助都很小。

9.3.2 车库门控系统

9.3.2.1 活动图

如前面所述，车库门控系统是一个事件驱动的系统，因此，它不适合使用类似图 9-13 所示的活动图来表示。活动图尤其是带有泳道的活动图，非常占用空间，所以根本就没有空间给安全设备（激光束）提供第五条泳道。同样也没有好的办法来表示事件，因此它们只能被表示为活动图中的活动。我们通常理解的状态，也有这个问题。图 9-13 确实表示了所有可能用到的控制设备的信号点，但是这里面却没有顺序的概念。因为输出（电机）事件在自己的泳道里，所以它可以被解释为是与该泳道上任何输入事件都并行的一个事件。

图 9-13 所示的活动图是非常不完整的，其中没有激光束安全设备对应的泳道，它只表示绝大部分的关门活动，就连开门活动也未在其中。所以我们的结论是：活动图可能最适合在单元层面上表示计算类的应用。

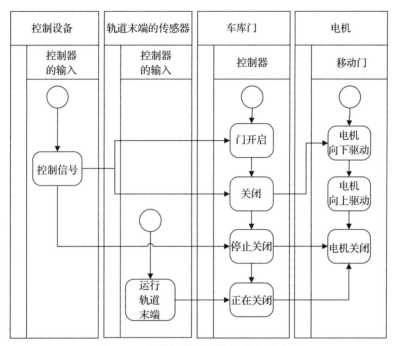

图 9-13　车库门控制系统的部分活动图

9.3.2.2　车库门控系统的用例

用例的开发和建模技术是一个自底向上的过程。关键问题是，开发者如何能够确认用例的集合是充分的。在本节，我们提供两种方式来回答这个问题：一个是从用例中派生出的有限状态机，另一个是利用与用例有关的关联矩阵来实现输入事件和输出事件。可以以车库门控系统为例，讨论这个问题。为方便起见，输入事件、输出动作和最终有限状态机的状态在这里重复显示一遍。虽然名称上略有不同，但它们实际上与 4.4.2 节中所示内容是完全一致的。在针对车库门控系统的用例开发过程中，我们将使用 Larmann 的"扩展的关键用例"概念 [Larmann 1998]。

输入事件	输出事件（动作）	状态
控制设备发出信号	开始驱动电机向下	门开启
到达运行轨道末端	开始驱动电机往上	门关闭
到达运行轨道上端	停止驱动电机	门停止关闭
激光束被阻碍	从下往上反转电机	门停止开启
		门正在关闭
		门正在开启

1. 扩展的关键用例（第一次尝试）

因为使用自底向上的过程开发用例，所以没有办法保证初始的用例集合是好的。我们将使用几种方法来判断一个用例集是否足够"好"。

名称，ID	正常打开	EEUC-1（扩展的关键用例）
描述	控制设备发出信号以开启完全关闭的门	
前置条件	s2：门关闭	—
—	事件序列	
—	输入	输出
—	1. e1：控制设备发出信号	2. a2：开始驱动电机向上
—	3. e3：到达运行轨道上端	4. a3：停止驱动电机
后置条件	s1：门开启	—
使用的事件	e1, e3	a2, a3

名称，ID	正常关闭	EEUC-2
描述	控制设备发出信号以关闭完全开启的门	
前置条件	s2：门开启	—
—	事件序列	
—	输入	输出
—	1. e1：控制设备发出信号	2. a1：开始驱动电机向下
—	3. e2：到达运行轨道末端	4. a3：停止驱动电机
后置条件	S2：门关闭	—
使用的事件	e1, e2	a1, a3

名称，ID	门正在关闭时停止	EEUC-3
描述	当门正在关闭时，控制设备发出信号，使门停止关闭	
前置条件	s5：门正在关闭	—
—	事件序列	
—	输入	输出
—	1. e1：控制设备发出信号	2. a3：停止驱动电机
后置条件	s3：门停止向下	—
使用的事件	e1	a3

名称，ID	当门正在关闭时停止，之后门继续关闭	EEUC-4
描述	当门正在关闭时停止，之后控制设备发出信号，使门继续关闭	
前置条件	s3：门停止关闭	—
—	事件序列	
—	输入	输出
—	1. e1：控制设备发出信号	2. a1：开始驱动电机向下
后置条件	s5：门正在关闭	—
使用的事件	e1	a1

名称，ID	门正在开启时停止	EEUC-5
描述	门正在开启时，控制设备发出信号，使门停止开启	
前置条件	s6：门正在开启	—
—	事件序列	
—	输入	输出
—	1. e1：控制设备发出信号	2. a3：停止驱动电机
后置条件	s4：门停止开启	—
使用的事件	e1：	a3

名称，ID	当门正在开启时停止，之后门继续开启	EEUC-6
描述	当门正在开启时停止，之后控制设备发出信号，门继续开启	
前置条件	s3：门停止开启	—
—	事件序列	
—	输入	输出
—	1. e1：控制设备发出信号	2. a2：开始驱动电机向上
后置条件	s6：门正在开启	—
使用的事件	e1	a2

名称，ID	光束停止	EEUC-7
描述	当门正在关闭时，光束受到阻碍，门停止关闭，电机反转向上	
前置条件	s5：门正在关闭	—
—	事件序列	
—	输入	输出
—	1. e4：激光束受到阻碍	2. a4：由下往上反转电机
后置条件	s6：门正在开启	—
使用的事件	e4	a4

用例 / 事件关联（第一次尝试）

在一开始，至少需要一个能够"覆盖"输入事件和输出动作的用例集合，表 9-1 所示的关联矩阵显示了构建符合这一要求的用例集合的第一次尝试。

表 9-1　第一次尝试的用例的关联矩阵

EEUC-	e1	e2	e3	e4		a1	a2	a3	a4
1	X		X				X	X	
2	X	X				X		X	
3	X							X	
4	X					X			
5	X							X	
6	X						X		
7				X					X

EEUC 的有向图（第一次尝试）

这里重复一下第一次尝试用例集合的说明性描述，表 9-2 显示了这些用例的前置和后置条件。

EEUC-1：控制设备发出信号以开启完全关闭的门。

EEUC-2：控制设备发出信号以关闭完全开启的门。

EEUC-3：当门正在关闭时，控制设备发出信号，使门停止关闭。

EEUC-4：当门正在关闭时停止，之后控制设备发出信号，门继续关闭。

EEUC-5：门正在开启时，控制设备发出信号，门停止开启。

EEUC-6：当门正在开启时停止，之后控制设备发出信号，门继续开启。

EEUC-7：当门正在关闭时，光束受到阻碍，门停止关闭，反转向上。

表 9-2 第一次尝试用例的前置和后置条件

EEUC-	前置条件	后置条件
1	s2：门关闭	s1：门开启
2	s1：门开启	s2：门关闭
3	s5：门正在关闭	s3：门停止关闭
4	s3：门停止关闭	s5：门正在关闭
5	s6：门正在开启	s4：门停止开启
6	s4：门停止开启	s6：门正在开启
7	s5：门正在关闭	s6：门正在开启

我们发现，将"包含"一组用例的有限状态机继续演化时，如果一个用例的前置条件刚好是另一个用例的后置条件，那么后一个用例就可以与前一个用例"连接"起来。这就导出了图 9-14 所示的有向图。

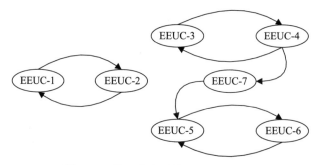

图 9-14 第一次尝试的 EEUC 有向图

EEUC-1 和 EEUC-2 与第一次尝试的用例集合中的其他用例比起来，看上去有点笨拙。从测试的角度来看，如果我们能把用例当作"砖块"来使用，那么就能"连接"更多的用例。来看下面的"用户故事"（长用例）。

"控制设备发出信号以关闭一个全开的门。当门正在关闭时，光束传感器被触发。这时门停止关闭，立即向上开启。用户触发控制设备，此时门在上升途中，门会停止开启。控制设备第二次被触发之后，门继续打开。最后，到达运行轨道上端，门停在全开位置。"

使用前面介绍的用例很难描述上述过程，因为它们没有办法把 EEUC-2 和 EEUC-7 连接起来。于是需要进行 EEUC 的第二次尝试。

2. 扩展的关键用例（第二次尝试）

要想获得所需要的前置和后置条件，我们要将 EEUC-1 改写为 EEUC-1a 和 EEUC-1b，EEUC-2 也要改写为 EEUC-2a 和 EEUC-2b。由于其他用例都不用改变，所以就直接复用了。

名称，ID	门正常开启	EEUC-1a
描述	控制设备发出控制信号以开启一个全关的门	
前置条件	s2：门关闭	—
—	事件序列	
—	输入	输出
—	1. e1：控制设备发出信号	2. a2：开始驱动电机向上
后置条件	s6：门正在开启	—
使用的事件	e1	a2

名称，ID	门正常开启	EEUC-1b
描述	门到达运行轨道上端	
前置条件	s6：门正在开启	—
—	事件序列	
—	输入	输出
—	1. e3：到达运行轨道上端	2. a3：停止驱动电机
后置条件	s1：门开启	—
使用的事件	e3	a3

名称，ID	门正常关闭	EEUC-2a
描述	控制设备发出控制信号以关闭一个全开的门	
前置条件	s1：门开启	—
—	事件序列	
—	输入	输出
—	1. e1：控制设备发出信号	2. a1：开始驱动电机向下
后置条件	s5：门正在关闭	—
使用的事件	e1	a1

名称，ID	门正常关闭	EEUC-2b
描述	门到达运行轨道末端	
前置条件	s5：门正在关闭	—
—	事件序列	
—	输入	输出
—	1. e2：到达运行轨道末端	2. a3：停止驱动电机
后置条件	s2：门关闭	—
使用的事件	e2	a3

用例 / 事件关联（第二次尝试）

如前所示，我们需要一组能够"覆盖"输入事件和输出动作的用例，表 9-3 所示的关联矩阵显示了满足这一要求的第二次尝试。

这里仍然需要重复第二次用例集合中的说明性描述，表 9-4 包含了这些用例的前置和后置条件。

表 9-3　第二次尝试用例的关联矩阵

EEUC-	e1	e2	e3	e4		a1	a2	a3	a4
1a	X						X		
1b			X					X	
2a	X					X			
2b		X						X	
3	X							X	
4	X					X			
5	X							X	
6	X						X		
7				X					X

表 9-4　第二次尝试用例的前置和后置条件

EEUC-	前置条件	后置条件
1a	s2：门关闭	s6：门正在开启
1b	s6：门正在开启	s1：门是打开的
2a	s1：门开启	s5：门正在关闭
2b	s5：门正在关闭	s2：门关闭
3	s5：门正在关闭	s3：门停止关闭
4	s3：门停止关闭	s5：门正在关闭
5	s6：门正在开启	s4：门停止开启
6	s4：门停止开启	s6：门正在开启
7	s5：门正在关闭	s6：门正在开启

EEUC-1a：控制设备发出控制信号以开启一个全关的门。

EEUC-1b：门到达运行轨道上端。

EEUC-2a：控制设备发出控制信号以关闭一个全开的门。

EEUC-2b：门到达运行轨道末端。

EEUC-3：当门正在关闭时，控制设备发出信号，门停止关闭。

EEUC-4：当门正在关闭时停止，之后控制设备发出信号，门继续关闭。

EEUC-5：门正在开启时，控制设备发出信号，门停止开启。

EEUC-6：当门正在开启时停止，之后控制设备发出信号，门继续开启。

EEUC-7：当门正在关闭时，光束受到阻碍，门停止关闭，反转向上。

这一次，"用户故事"不能再用第一次尝试的用例序列来表达了，我们将其改为下面的表达方式："控制设备的信号到达之后，关闭一个全开的门（EEUC-2a）。当正在关门的时候，触发光束传感器。门停下，立即开始开门（EEUC-7）。用户触发控制设备后，门在上升途中停下（EEUC-5）。触发第二个控制设备之后，门继续打开（EEUC-6）。最后到达终点，门停在全开位置（EEUC-1b）。"

EEUC 的有向图（第二次尝试）

图 9-15 所示为第二次尝试 EEUC 的有向图。注意

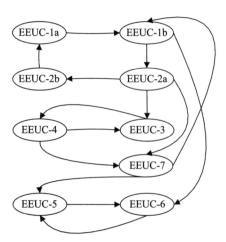

图 9-15　第二次尝试的 EEUC 有向图

这次我们不再使用彼此独立的用例了。

长扩展的关键用例——可能用于回归测试（第三个版本）

如下文所示，有些作者更喜欢使用"点对点"（end-to-end）用例。需要注意的是，要想成功地测试这些用例，我们需要解决几个方面的问题。也正因为这点，这些用例成为回归测试的良好选择。这些用例也可以在不同的上下文中执行事件 e1。后面会继续讨论同样的输入事件、输出事件和状态。

名称，ID	正常开门	LongEEUC-1
描述	控制设备发出信号以打开一个全关的门	
前置条件	s2：门关闭	—
—	事件序列	
—	输入	输出
—	1. e1：控制设备发出信号	2. a2：开始驱动电机向上
—	3. e3：到达运行轨道上端	4. a3：停止驱动电机
后置条件	s1：门开启	—
使用的事件	e1, e3	a2, a3

名称，ID	正常关闭	longEEUC-2
描述	控制设备发出信号以关闭完全开启的门	
前置条件	s2：门开启	—
—	事件序列	
—	输入	输出
—	1. e1：控制设备发出信号	2. a1：开始驱动电机向下
—	3. e2：到达运行轨道末端	4. a3：停止驱动电机
后置条件	s2：门关闭	—
使用的事件	e1, e2	a1, a3

名称，ID	门开启过程中停止	LongEEUC-3
描述	当门正在开启时停止，之后控制设备发出信号，门继续开启	
前置条件	s2：门关闭	—
—	事件序列	
—	输入	输出
—	1. e1：控制设备发出信号	2. a2：开始驱动电机向上
—	3. e1：控制设备发出信号	4. a3：停止驱动电机
—	5. e1：控制设备发出信号	6. a2：开始驱动电机向上
—	7. e3：到达运行轨道上端	8. a3：停止驱动电机
后置条件	s1：门开启	—
使用的时间	e1, e3	a2, a3

名称，ID	门关闭过程中停止	LongEEUC-4
描述	当门正在关闭时停止，之后控制设备发出信号，门继续关闭	
前置条件	s1：门开启	—
—	事件序列	
—	输入	输出
—	1. e1：控制设备发出信号	2. a1：开始驱动电机向下
—	3. e1：控制设备发出信号	4. a3：停止驱动电机
—	5. e1：控制设备发出信号	6. a1：开始驱动电机向下
—	e2：到达运行轨道末端	8. a3：停止驱动电机
后置条件	s2：门关闭	—
事件序列	e1, e2	a1, a3

名称，ID	门关闭过程中接收光束传感器的信号并停止	LongEEUC-5
描述	当门正在关闭时，光束受到阻碍，门停止关闭，反转向上	
前置条件	s1：门开启	—
—	事件序列	
—	输入	输出
—	1. e1：控制设备发出信号	2. a1：开始驱动电机向下
—	3. e4：光束被阻碍	4. a4：由下往上反转电机
—	5. e3：到达运行轨道上端	6. a3：停止驱动电机
后置条件	s1：门开启	—
使用的事件	e1, e3, e4	a1, a3, a4

用例 / 事件关联（第三个版本）

对于长用例来说，它可以覆盖所有输入事件和输出动作，而且可以满足一系列的关联关系。长用例更适合用来进行回归测试（见表 9-5）。

表 9-5   长用例的关联矩阵

LongEEUC-	e1	e2	e3	e4	a1	a2	a3	a4
1	X		X			X	X	
2	X	X			X		X	
3	X		X			X	X	
4	X				X		X	
5	X		X	X	X		X	X

9.3.2.3 车库门控系统的用例图

图 9-16 是针对第二次用例集（短）的用例图，它可以从用例 / 事件关联矩阵中派生出来。在图 9-16 中，表示参与者的图标是系统级输入和输出的源头。虽然从图标来看，它们似乎代表的是人物，但实际上它们可以是任何设备，它就像 Yourdon 风格的数据流程图中的上下文关系图。除了对正在建模的系统进行快速直观的概要性描述之外，该图不会提供太多的信息。另外，读者可以想象一个需要 30 个或更多用例的有众多参与者的系统，参与者和

用例之间复杂的关联性会因连接线的混乱而模糊不清。

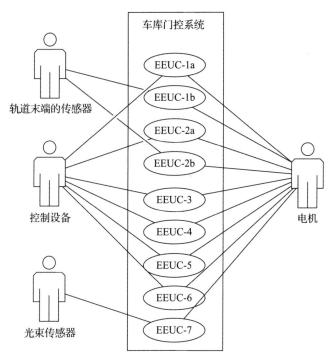

图 9-16 车库门控系统的用例图

9.3.2.4 车库门控系统的顺序图

顺序图可以表示单个用例与支持其运行的类（或者过程单元）之间的交互。顺序图将 IS 视图（结构）与 DOES 视图（行为）融为一体，能够体现类之间的通信，而且其向下延伸的形式还可以很好地表达时间特性。图 9-17 所示的顺序图针对长用例 EEUC-2（门正常关闭）。从设备发出的消息使用实心带有名字的箭头来表示，返回消息则是虚线箭头。车库门类从设备上接收消息，然后控制电机。

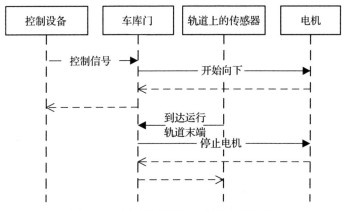

图 9-17 门正常关闭的长用例的顺序图

9.3.2.5 车库门控系统的状态图

我们在这里再次使用图 7-8，并将其重命名为图 9-18。为了将门的正交区域与第 4 章中有限状态机表示的区域尽可能的一致，图 9-18 只表示了 3 个正交区域。控制设备和轨道上传感器的输入事件在这里只显示为引起转换的事件，这样可以更容易地遵循状态图的广播特性。

9.4   基于 UML 模型派生的测试用例

9.4.1   基于活动图的测试用例

很多商用的 MBT 工具都会使用 UML 活动图来生成测试用例。一般来说，UML 活动图适用于计算型应用，比如保费计算问题。由于活动图与常用的流程图非常接近，因此所有在第 2 章中使用的、从流程图中生成测试用例的技术都可以从活动图中生成测试用例。由于活动图有强时序特征，所以可以直接将其翻译成抽象测试用例，我们将其简要总结如下。

- 活动图中的路径对应抽象测试用例。
- 分叉（Fork）和连接（Join）功能可以用不同的顺序生成部分测试用例。
- 不容易显示事件。
- 必须人工识别上下文敏感的事件。
- 活动图不适用于事件驱动的应用。

读者可参见第 14、16 和 18 章由供应商提供的例子。

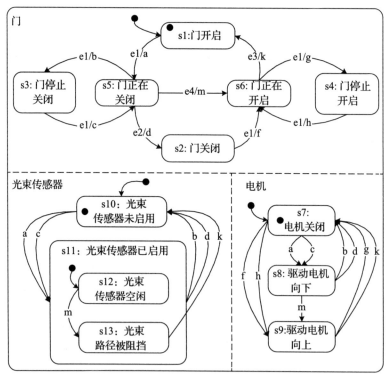

图 9-18   车库门控系统的状态图

9.4.2   基于用例的测试用例

一个扩展的关键用例几乎可以直接当成测试用例来使用。表 9-6 可见其相似性。

9.4.3　基于用例图的测试用例

UML 的用例图对于生成测试用例没有任何帮助，最多也就是能以操作者的角度，指导测试该如何分组。

9.4.4　基于顺序图的测试用例

对于 UML 顺序图所表示的使用用例来说，顺序图很明显是冗余的。它们可以作为集成级别的测试用例框架，因为它能够突出表示内部通信的源头和目的之间的关系。

9.4.5　基于状态图的测试用例

如我们在第 7 章讨论过的，状态图特别适用于生成测试用例，尤其是事件驱动的系统和带有独立设备的系统。如有必要，状态图中的一条路径可以穿过一个正交区域，直接成为一个测试用例。这其中有两个限制：一是需要将输入事件视为状态变迁的原因，二是输出事件通常显示不出来，是用"状态"来表示的。在依赖于设备的正交区域，这些状态可以描述输出事件的发生。如果有状态图引擎，则输入事件的用户驱动顺序可以生成几乎完整的系统级测试用例。

表 9-6　扩展的关键用例和测试用例的比较

扩展的关键用例元素	测试用例的内容
简短的名称、描述性名称	简短的名称、描述性名称
叙述性描述	叙述性描述、业务规则（business rule）
前置条件	配置条件
输入事件序列	输入事件序列
输出事件（动作）序列	预期的输出事件（动作）序列
	实际的输出事件（动作）序列
后置条件	结果条件
	通过 / 失败的结果
	执行日期
	软件 / 系统的版本

9.5　优势与局限

UML 的用途非常广泛，而且它已经成为事实上的标准。很多商用 MBT 工具产品都支持 UML。表 9-7 所示为 UML 活动图能够表达的行为事件。

因为 UML 使用了状态图的表达方式，所以我们希望其对行为事件的表达与本章中状态图的表达是相同的。

表 9-7　UML 活动图对行为事件的表达

事件	表达	建议
顺序	能	流程图的要点
选择	能	流程图的要点
循环	能	流程图的要点
可用	不能	必须以文本形式在活动框中描述

（续）

事件	表达	建议
不可用	不能	必须以文本形式在活动框中描述
触发	不能	必须以文本形式在活动框中描述
激活	不能	必须以文本形式在活动框中描述
挂起	不能	必须以文本形式在活动框中描述
恢复	不能	必须以文本形式在活动框中描述
暂停	不能	必须以文本形式在活动框中描述
冲突	不能	
优先级	不能	必须以文本形式在活动框中描述
互斥	不能	判断后的并行路径
同步	局部地	使用分叉和连接构造
死锁	不能	
上下文敏感事件	不能	必须通过仔细检查判断后的序列来推断
多原因输出事件	间接地	必须通过仔细检查判断后的序列来推断
异步事件	不能	
事件静默	不能	
是否具有存储器	能	参考之前的判断、输入和活动框
是否能拓展	能	活动框根据需要扩展更详细的内容

但是有时也不尽然，一些 ESML 问题是在原始状态图中利用详细的转换语言实现的。但在 UML2.5 中没有这部分。

表 9-8 所示为 UML 状态图中表示的行为事件。

表 9-8   UML 状态图对行为事件的表示

事件	表达	建议
顺序	能	序列性的模块（blobs）
选择	能	具有两个出发点的转换模块
循环	能	回到先前模块的转换
可用	不能	
不可用	不能	
触发	不能	
激活	不能	
挂起	不能	
恢复	不能	
暂停	不能	
冲突	能	根据在执行表中发生的事件来确定
优先级	能	从优选的模块到其他模块的转换
互斥	能	并发区域
同步	能	并发区域
死锁		从执行表中确定
上下文敏感事件	能	同有限状态机中的一样
多原因输出事件	能	同有限状态机中的一样
异步事件	能	正交区域
事件静默	能	从执行表中确定

参考文献

[OMG 2011]

OMG Unified Modeling Language™ (OMG UML) Superstructure, version 2.4.1, down-
loaded from http://www.omg.org/spec/UML/2.5.

[Larman 1998]

Larman, C., *Applying UML and Patterns: An Introduction to Object-Oriented Analysis and
Design.* Prentice-Hall, Upper Saddle River, NJ, 1998.

业务流程建模和标识

业务流程建模和标识（BPMN）是由业务流程建模学院（http://www.bpminstitute.org/）开发的技术，目前由 OMG 组织管理。BPMN 2.0（当前最新版本）旨在帮助企业针对其业务流程进行建模，并在内部和外部的实体间进行通信。正如第 9 章介绍的 UML 技术一样，BPMN 技术的介绍文档是 PDF 格式的，共 538 页，因此本章只是进行简单的介绍。我们的目的是说明 BPMN 模型可以描述一个包含开发人员和管理层在内的软件开发过程。本章讨论 BPMN 有两个主要原因，第一是目前有些商用的 MBT 工具支持这种表达方式（见图 14-1、图 18-2 和图 18-3），第二是这种表达方式在 ISTQB 基础级教材的 MBT 扩展中也有所体现。

10.1 定义与表示法

BPMN 有 4 个基本形状：活动、网关、事件和流，见图 10-1。每个形状都有若干变种，它们可以组成非常易于理解的一些形状，见图 10-2 ～图 10-5。

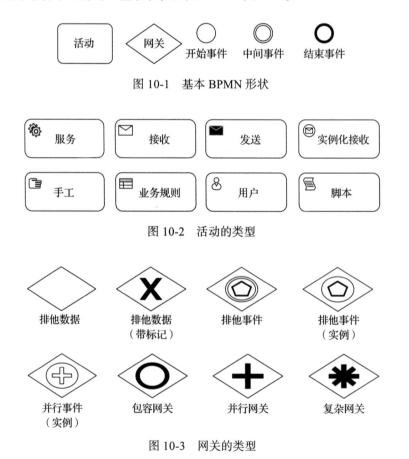

图 10-1 基本 BPMN 形状

图 10-2 活动的类型

图 10-3 网关的类型

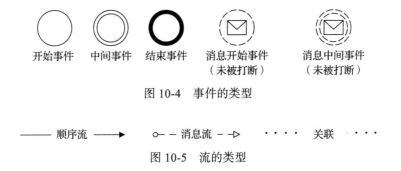

图 10-4　事件的类型

图 10-5　流的类型

10.2　技术详解

基本形状及其变种非常容易理解，使用这些形状能够描述完整的业务流程，而且可以用于记录。BPMN 技术还能实现泳池和泳道技术。我们可以将一个泳道置于另一个泳道之中，从而创建泳池。一般来说一个泳池可以有多个泳道，这样就可以很好地对应一个组织结构。由于泳池和泳道都可以命名，因此使用不同的泳池和泳道就可以表示外部组织。泳道内部的活动和决策与流程图技术很相似。尽管在泳道内可能有内部活动，但是形式良好的 BPMN 应该只有一个启动事件和一个结束事件。同样，组织内的主要活动可以分解成不同的 BPMN 图，这与分解流程图的技术差不多。

10.3　案例分析

可以将 BPMN 模型中最简单的视图视为一个更丰富的流程图，它能够展示信息流、通信路径和组织内数据的交互。与之前的章节略有不同，一个组织对于现场故障报告的反应进行了建模，如图 10-6 所示。

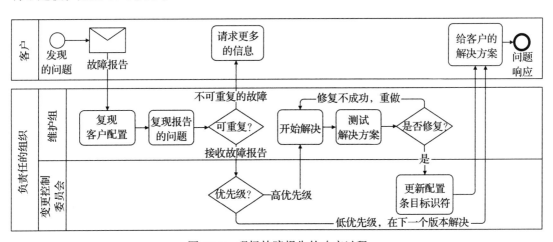

图 10-6　现场故障报告的响应过程

10.4　基于业务流程建模和标识定义派生的测试用例

10.4.1　保费计算问题

如图 10-7 所示，可将保费计算问题转换为业务流程。在这个问题中有两个实体：投保人和保险公司，它们分别被刻画为不同的泳道。这没有改变在 MBT 中测试用例的生成角度，只是显示了需要人工检查的通信路径。

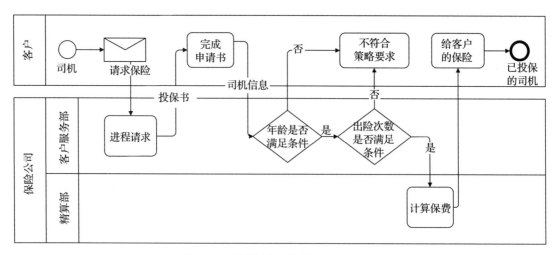

图 10-7　保费计算问题的 BPMN 概述

BPMN 标识技术允许将活动分解到不同的图。计算保费这个活动可以使用类似第 2 章所示的流程图模型中的 BPMN 图来表示，见图 2-9。测试用例的生成也跟第 2 章中流程图模型的技术几乎相同。第 14 章和第 18 章介绍了如何利用商用 MBT 工具生成测试用例。

10.4.2　车库门控系统

BPMN 中针对事件驱动建模的过程与流程图和 UML 活动图的过程非常相似，此处不再赘述。

10.5　优势与局限

很明显，BPMN 技术对于描述业务流程很有帮助。在描述"某人何时做某事"的时候，使用泳池和泳道技术是非常方便的。在 BPMN 中活动和网关的各种变种组成了非常丰富的"字母表"，可以很方便地描述业务流程，活动左上角的小图标也便于记忆。但是，8 个网关的可用性不太高。与其他丰富的模型相比，想要使用 BPMN 技术精确地描述某个业务流程，使用者需要熟练掌握字母表。

作为一种基于模型测试的工具，BPMN 的价值很有限。这项技术能够实现吗？当然可以，商用的 MBT 工具已经说明了这一点。这是个好主意吗？未必！流程图和决策表可能是更好的选择。

表 10-1 所示为行为事件的 BPMN 的表示。

表 10-1　行为事件的 BMPN 图表示

事件	表现	建议
顺序	好	与流程图一样
选择	好	与流程图一样
循环	好	与流程图一样
可用	不好	必须以文本形式在活动框中描述
不可用	不好	必须以文本形式在活动框中描述

（续）

事件	表现	建议
触发	不好	必须以文本形式在活动框中描述
激活	不好	必须以文本形式在活动框中描述
挂起	不好	必须以文本形式在活动框中描述
恢复	不好	必须以文本形式在活动框中描述
暂停	不好	必须以文本形式在活动框中描述
冲突	不好	必须以文本形式在活动框中描述
优先级	不好	必须以文本形式在活动框中描述
互斥	好	谨慎使用网关事件
同步	局部地	必须以文本形式在活动框中描述
死锁	不好	
上下文敏感事件	不好	
多原因输出事件	不好	
异步事件	不好	
事件静默	不好	
是否具有存储器	好	参考之前的判断、输入和活动框
是否可拓展	好	活动框根据需要扩展更详细的内容

第二部分

The Craft of Model-Based Testing

基于模型测试的实践

国际软件测试评定委员会

按照国际软件测试评定委员会（ISTQB）官网（www.istqb.org）上的说法，它是"事实上的软件测试评定标准"。ISTQB 提供 3 个级别的软件测试证书——基础级、高级和专家级。最近，ISTQB 增加了 4 个领域的新模块——敏捷、汽车、易用性和基于模型的测试（MBT）。截止到 2015 年 6 月，ISTQB 已经为 100 多个国家的 410 803 名测试人员颁发了证书。

11.1　ISTQB 组织

ISTQB 是一个非营利组织，包括 50 名成员（通常是以国家为单位的），服务于 72 个国家，有超过 250 名通过认证的培训提供者。其愿景（直接引用 ISTQB 官网）是：

通过以下措施持续地改进和加强软件测试专业能力：

- 定义和维护一个基于最佳实践的知识体系，作为对测试人员进行认证的基础。
- 与国际软件测试社区（联盟）紧密合作。
- 鼓励研究。

ISTQB 的目标如下（同样引用自 ISTQB 官网）：

1）向个人和企业宣传专业的软件测试价值观；

2）通过能力认证，帮助软件测试人员改善工作效果并提高工作效率；

3）在专业编码标准和多层级认证的道路上，为测试人员提供更多技能和知识辅导，帮助他们达到更高级的专业能力；

4）提供最佳可用的业界实践，以及最前沿的研究成果，持续改善并提高测试的知识体系水平，并且将这些知识无偿地提供给大家；

5）对培训的提供者进行认证，保证在全球范围内提供一致的知识体系；

6）使用官方考核体系，进行规范化考试，管理考试过程和发放证书；

7）使更多认证团体加入 ISTQB，扩展全球软件测试认证的范围。这些成员国都应遵守 ISTQB 制定的法律法规，并接受审计；

8）培养开放的国际社团，承诺分享软件测试领域的知识、想法和创新；

9）与学院、政府、媒体、专业组织和其他相关团体保持良好的关系；

10）作为一个值得信赖的软件测试知识来源，我们提供针对测试评估的参照点，并据此对测试服务的有效性进行评估。

作为一个全部由志愿者组成的组织，ISTQB 位于比利时的总部和各个国家的办公室都没有付薪水的职员，ISTQB 由会员大会选举出的执行委员会（主席、副主席、财务人员和秘书）来管理，会员大会由不同成员国的委员会代表组成，会员大会规定了工作组应该完成的工作。基础级大纲的 MBT 分组就是这样一个工作组，工作组的成员通常由国际以及各国内知名的专家组成。

11.2　认证等级

ISTQB 的认证分 3 个级别：基础级、高级和专家级。在基础级中，已有以下几个方面的扩展：敏捷测试人员、基于模型的测试人员。另外还有已在计划中的扩展：易用性测试人员和汽车软件测试人员。高级认证分为 3 种：测试经理、测试分析师和技术型测试分析师。在基础级还有两个敏捷分支：企业级和技术级。在专业领域有两个已在计划中的扩展，分别是安全测试人员和自动化测试人员。在专家级有两个认证：测试管理和测试过程改进。所有这些认证的考试大纲都可以在 ISTQB 官网上免费下载。

11.3　ISTQB 的 MBT 大纲

基础级的 MBT 扩展由 ISTQB 会员大会于 2015 年 10 月予以认可。工作组成员包括主席、作者组分主席、出题组、练习题答案审查组和整体审查组，其中有 8 位作者、12 位出题员、4 位答案审查员和 13 位审查组成员。

每个 ISTQB 大纲都包括学习目标、预期业务输出和培训的建议时间。一般来说，推荐的培训时间为 12 小时，预计是两天。ISTQB 发布的学习目标直接引用自大纲，每个学习目标都与本书的内容有所关联。

11.3.1　基于模型测试的简介

企业可能考虑使用 MBT 的主要原因有两个——有效性和高效率。这两点都能够利用早期的建模活动，改善开发过程中所有利益相关者间的交流。测试的自动执行还可以提高测试的充分性（由于测试用例从模型中派生），因此它能够实现良好的需求追踪。我们也必须警告大家：MBT 不是治愈糟糕的测试状况的良药。必须在建模阶段就努力做好，因为只有模型好，生成的用例与自动执行的用例才能好。引入 MBT 技术不可避免地要改变企业的开发过程，我们在第 1 章已经提供了一些基于业界经验的建议。

在 ISTQB 中，MBT 的学习目标包括以下这些内容。

- MBT 的目标和动力
  - 描述 MBT 的预期收益。
  - 描述对 MBT 的过高期待和缺点。
- 在基础级测试过程中 MBT 的活动和工作产品
  - 在测试过程中，总结与 MBT 相关的活动。
  - 回顾关键的 MBT 产品（输入和输出）。
- 11.3.1.3　将 MBT 与软件开发周期集成
  - 解释 MBT 如何融入软件开发的生命周期。
  - 解释 MBT 如何支持需求工程。

11.3.2　基于模型测试的建模

建模技术是 ISTQB 大纲中最为综合和广泛的内容。大纲中的这部分内容一直都在说建模，但却几乎没有实际的建模技术指导。（本书的第一部分提供了丰富的建模技术，以及如何能更好地使用这些技术。）在 ISTQB 大纲的附录 A 里面提供了两个示例模型。一个是带有通用符号的 UML 活动图，它不能代表特定的应用；第二个是以状态机的方式呈现的，它与通常的有限状态机形式有一点冲突，因为其中增加了决策框，所以它更像是 UML 活动图和传统有限状态机的混合物。本章总结了有关需求追踪和使用 MBT 工具的一些有益的建议。

- 基于模型测试的建模技术
  - 使用基于工作流的建模语言预先定义测试目标，针对该测试目标，开发一个简单的 MBT 模型（参见 8.1 节）。
  - 使用基于状态转换的建模语言预先定义测试目标，针对该测试目标，开发一个简单的 MBT 模型（参见 8.2 节）。
  - 针对主题和重点，对 MBT 模型进行分类。
  - 举例说明 MBT 模型如何依赖测试目标。
- MBT 建模语言
  - 回顾 MBT 中的常用建模语言。
  - 对不同系统和项目目标，回顾相关的典型建模语言类别。
- MBT 建模活动的最佳实践
  - 回顾 MBT 建模的质量特性。
  - 在 MBT 建模活动过程中描述常见的错误和缺陷。
  - 在 MBT 模型中，解释建立需求和过程之间的关联关系的好处。
  - 解释 MBT 建模指南的必要性。
  - 举例说明重用已有模型（在需求阶段或者开发阶段）是否合适。
  - 回顾支持特定 MBT 建模活动的工具类型。
  - 总结迭代的 MBT 建模开发、审查和验证的过程。

11.3.3 测试用例设计的选择标准

MBT 工具，尤其是商用工具，能够生成大量的测试用例。在自动测试环境中，这不是问题。我们可以通过精心挑选准则来减少生成的测试用例的数目，例如，只选择覆盖模型某个特定方面的用例。这些准则通常可以作为企业的补充条例，例如工程风险或强制安全要求。这些能力很多都是与 MBT 产品相关的，在最终的工具选择中，这些都是很重要的内容。

- MBT 测试用例选择准则的分类
  - 对各种测试用例选择准则以进行分类。
  - 利用 MBT 模型生成测试用例，在给定的上下文中达到预定的测试目标。
  - 提供案例，说明如何制定基于模型覆盖率、数据相关、基于模式和场景以及基于项目的测试用例的选择准则。
  - 说明 MBT 测试准则与 ISTQB 基础级测试设计技术之间的联系。
- 使用测试用例的选择准则
  - 回顾和总结测试产品的自动测试程度。
  - 对于给定的 MBT 模型，使用给定的测试用例选择准则。
  - 描述 MBT 测试准则的最佳实践。

11.3.4 MBT 测试的实施与执行

这是大纲的第二部分。这一部分清晰描述了抽象和具体测试用例的区别，还描述了 MBT 测试执行的 3 个层次：严格手工测试，严格自动测试，以及两者的混合。自动测试执行要求按照某种形式的"预期"描述预期的输出。预期输出也是用例执行工具判断通过 / 失败的准则。如何预测依赖于使用的模型，如果 SUT 是使用有限状态机建模的，那么能够引起状态变迁的事件和条件也作为预期输出。

- MBT 测试用例实施和执行的说明
  - 在 MBT 中，解释抽象测试用例和具体测试用例的区别。
  - 在 MBT 中，解释测试用例执行的不同种类。
  - 在需求、测试目标或测试对象有变化时，如何升级 MBT 模型和测试生成。
- 在 MBT 中测试适应性活动
  - 在 MBT 中，解释哪些类型的测试是必需的。

11.3.5　评估和部署 MBT 的方法

本节讨论进行技术更新的目的：

- 必要的更新，或需要修复现有的缺陷。
- 希望成为 MBT 工具的熟练使用者。
- 试用 MBT 技术。
- 转变已有的测试策略。

第 12 章会详细说明上述内容。

在我个人的测试生涯中（20 世纪 90 年代早期的电话交换机系统），我们实验室的情况是，就算完全人工执行从模型中派生出来的测试用例，都能大大改善测试过程和整体的测试质量。而当我们建立一个自动回归测试系统之后，获得自由的测试人员创造出了非常多的测试用例，远远超过了在手工执行测试用例的情况下能够达到的水平。

表 11-1 所示为本书中覆盖的 ISTQB 学习目标。

表 11-1　本书中的 ISTQB 学习目标

ISTQB 目标类别	具体目标	章节
1.1 MBT 的目标和动机	描述 MBT 的预期收益	1.9 节 第 14 ~ 19 章
	描述 MBT 的过高期望和陷阱	1.9 节 第 14 ~ 19 章
1.2 MBT 在基础测试过程中的活动和工件	在测试过程中进行部署时，总结 MBT 特有的活动	1.9 节
	回顾基本的 MBT 工件（输入和输出）	1.9 节
1.3 将 MBT 集成到软件开发生命周期中	解释 MBT 如何集成到软件开发生命周期中	第 2 ~ 10 章
	解释 MBT 如何支持需求工程	第 2 ~ 10 章
2.1 MBT 建模	使用基于工作流的建模语言为测试对象和预定义的测试目标开发一个简单的 MBT 模型（参见 8.1 节）	第 2 ~ 10 章
	使用基于状态转换的方法为测试对象和预定义的测试目标开发一个简单的 MBT 模型	第 2 ~ 10 章
	根据主题和关注点对 MBT 模型进行分类	第 2 ~ 10 章
	举例说明 MBT 模型如何依赖于测试目标	第 2 ~ 10 章
2.2 MBT 模型的语言	回想常用于 MBT 建模语言类别的例子	第 2 ~ 10 章
	回想一下与不同系统和项目目标相关的建模语言类别中的典型代表	第 2 ~ 10 章
2.3 MBT 建模活动的良好实践	回顾 MBT 模型的质量特性	第 2 ~ 10 章

（续）

ISTQB 目标类别	具体目标	章节
2.3 MBT 建模活动的良好实践	描述 MBT 建模活动中的经典错误和陷阱	第 2～10 章
	解释将需求和流程相关信息链接到 MBT 模型的优势	第 1 章
	解释 MBT 建模指南的必要性	—
	提供重用现有模型（在需求阶段或开发阶段）是否合适的示例	—
	回顾支持特定 MBT 建模活动的工具类型	第 2～10 章
	总结迭代 MBT 模型的开发、审查和验证	—
3.1 MBT 测试选择准则的分类	对各种测试用例选择标准以进行分类	第 2～10 章
	利用 MBT 模型生成测试用例，以在给定的上下文中实现给定的测试目标	第 2～10 章
	提供模型覆盖、数据相关、基于模式和场景以及基于项目的测试选择标准的示例	第 14～19 章
	解释 MBT 测试选择标准与 ISTQB 基础水平测试设计技术间的关系	—
3.2 应用测试选择标准	回顾测试产品的自动化程度	第 1 章
	将给定的测试选择标准应用于给定的 MBT 模型	第 14～19 章
	描述 MBT 测试用例选择标准的良好实践	第 14～19 章
4.1 MBT 测试实施和执行的细节	在 MBT 上下文中，解释抽象和具体测试用例之间的区别	第 1 章
	在 MBT 上下文中，解释不同类型的测试执行	第 10 章
	由于需求的变化，测试对象或测试目标会进行更改，导致 MBT 模型更新和测试生成的执行	—
4.2 MBT 中的测试适应活动	在 MBT 中解释测试执行可能需要哪种测试适应活动	—
5.1 评估 MBT 部署	描述 MBT 中引入的 ROI（投资回报率）因素	第 1 章
	解释项目的目标如何与 MBT 方法的特征相关	—
	回顾选定的指标和关键绩效指标，以衡量 MBT 活动的进展和结果	—
5.2 管理和监控 MBT 方法的部署	回顾部署 MBT 时的测试管理，变更管理和协作工作的最佳实践	—
	回想 MBT 的成本因素	—
	举例说明 MBT 工具与配置管理、需求管理、测试管理和测试自动化工具的集成	—

参考文献

[ISTQB 2015]
International Software Testing Certification Board (ISTQB), *Certified Tester Foundation Level Specialist Syllabus Model-Based Tester*, Available at istqb.org, October 2015.

在组织内实施 MBT

基于模型的测试是一场巨大的变革，如果一个企业能够正确地实施 MBT，那么很可能会带来真正颠覆性的变革。本章的内容基于多年的研究和技术实践。如果想更加深入地理解这部分内容，请参见 [Bouldin 1989]。Barbara Bouldin 是位于新泽西州莫里山 AT&T 贝尔实验室的员工，她正在编写一本书，书中介绍了如何在大型软件开发企业内引入计算机辅助的软件工程（CASE）技术。下面是她书中的目录：

1）获取需求
2）选择备用产品
3）评估备用产品
4）向高层领导展示产品
5）向用户展示产品
6）获取信息
7）先锋队
8）策划简介
9）标准与命名规范
10）实施改变
11）完成实施
12）完成实施——避免灾难
13）完成实施——度量收益
14）完成实施——应对成功

图 2-11 显示了在接受一项新技术时，Gartner 技术的成熟度曲线。本章重用该图，改为图 12-1。本章解释了为何会产生这些峰值和低谷，以及如何管理或避免这些起伏。

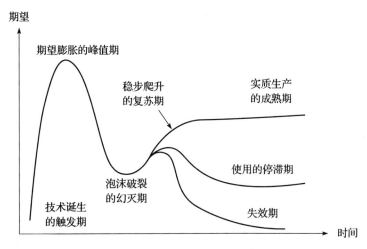

图 12-1　Gartner 技术成熟度曲线

12.1 开始

改变一个企业跟改变一个人差不多。我们都知道控制药物滥用的 12 步程序，也许本章应该叫作企业使用 MBT 的 12 步程序。在控制药物滥用的步骤中，有些步骤显然与高层领导相关，它们不适于此处。我们挑选出与企业改变相关的 3 个步骤并进行了改写（楷体部分的引用来自 [Alcohol 2016]，为了将其适用于 MBT，我们将每个步骤都重写了一遍）。

"1. 我们承认对于酒精，我们是无能为力的，生活因此变得无法管理。"

我们承认我们的测试过程是不充分的，很难管理，也很混乱。这将影响我们的产品、开发过程、声望以及满意度。

"4. 进行一次针对自己的发现之旅和无所畏惧的道德调查。"

我们将诚实地检查我们的测试过程、工具和针对员工的培训，绝不推诿和相互指责。

"10. 持续进行自我检查，如果犯错，就立刻承认。"

在转换到基于模型的测试过程中和转换完成后，我们将持续检查测试过程、工具和员工培训。

12.1.1 识别改变的必要性

任何改变，不论是对滥用药物的控制，还是过程改进，都必须从识别改变的必要性开始。很多软件研发团队会因为进度而压缩软件测试的时间，这是第一个需要改变的地方。另一个需要改变的地方，是现场报告错误的频率和严重程度。从第 1 章所示的 MBT 调查表中我们可以看到企业为何想要引入 MBT，而下面是其他一些原因：

- MBT 看上去是个好主意。
- 先进和积极的公司都在尝试这种技术。
- 对现有测试过程的度量显示出我们的确需要改进。
- 软件质量总有问题。

有些公司具有定义良好的软件过程，对其来说过程改进是比较容易的事情，这些公司一般都拥有 CMMI 3 级或更高的资质。这些公司已经度量过其测试过程，这个度量本身就是改变的最强动力。对于 CMMI 1 和 CMMI 2 级的公司来说，它们当然也意识到了测试过程的缺陷，但可能还没有能力做出改变。

图 12-2 所示为项目管理约束的三角形（铁三角）。在更好、更快、更便宜这 3 个选项中，一旦企业选择了任意两个，那么第三个也就随之确定了。这些约束也适用于过程改进，比如引用 MBT 技术（或者转向MBT 技术）。在第一个 MBT 调查表中（详见第 1 章）[Binder 2012]，参与者报告说这 3 个约束都可以获得，对于限制的其他部分则没有相应的信息。

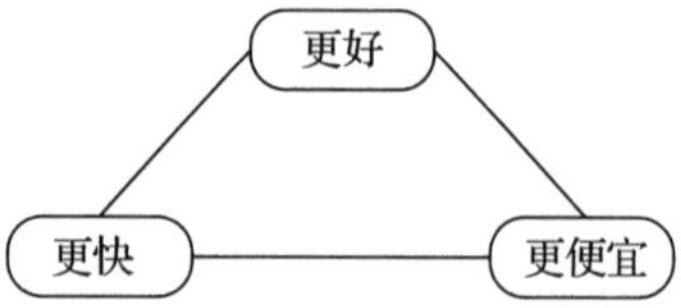

图 12-2 铁三角

更好：平均来说，参与者报告 MBT 可以减少 59% 的逃逸缺陷。

更快：平均来说，参与者报告 MBT 可以减少 25% 的测试周期。

更便宜：平均来说，参与者报告 MBT 可以减少 17% 的测试开销。

最重要的一点是，使用 MBT 技术可以同时获得铁三角的 3 个边。这一点可以在 2014 年的 MBT 调查中得到支持, 详见第 1 章 [Binder 2014]。在 100 个调查对象中, MBT 报告的收益包括: 更好的测试覆盖率, 更好的复杂度控制 (这一点针对更好这个维度), 自动测试用例的生成, 模型和模型元素的重用 (这一点针对更快这个维度)。报告中还提到, 最显著的困难是工具的支持、MBT 技能的获取, 以及对于改变的抗拒心理。这又形成了一个铁三角。

在调查对象中, 对于 MBT 的期待包括: 更高效的测试设计, 更高效的测试用例, 系统测试中能够管理的复杂度, 更有效的沟通, 以及能够更早地启动测试设计。该报告中提到, 这些期待如下所示。

MBT 的整体效率包括以下内容:
- 23.6% 特别有效
- 40.3% 中等有效
- 23.6% 轻微有效
- 5.6% 没有效果
- 1.4% 轻微无效
- 2.8% 中等无效
- 2.8% 特别无效

从上述内容中可以得出结论, 如果企业决定要引入 MBT, 那么首先应该确定其整体目标是哪一个: 更好 (整体改善测试)、更快 (自动测试用例的生成和执行), 或者更便宜 (一开始最好先不要这样设定)。就如同其他技术变革一样 (如图 12-1 所示), 从长远来看, 新技术总能带来整体上的成本降低。

12.1.2　技术捍卫者

在技术变革过程中, 总会有人乐于对新技术充满激情, 这个人 (或角色) 通常被称为"技术捍卫者"。技术捍卫者一般来自企业中的技术层, 也可能来自管理层。大型企业可能有过程改进小组, 这个小组很可能就是技术捍卫者之家。

不管企业最初是做什么的, 技术捍卫者都是技术转换过程中的核心角色。在 Barbara Bouldin 的书籍目录中, 技术捍卫者肯定要参与前两个步骤: 需求评估和识别相关的 MBT 产品。图 12-1 中的"技术诞生的触发期"就是 MBT 捍卫者的起步之处。

MBT 捍卫者的第一个任务就是引起企业管理层和技术层双方面的兴趣和并获得他们的认可。这一步也称为"买入", 这是在管理和开发双方面针对新技术 (MBT) 的早期承诺。

12.2　起步

万事开头难, 我就是把后续几乎所有章节都写完以后, 才动手写第 1 章的。对于引入 MBT 来说, 也是这样。假设 MBT 捍卫者知道企业考虑采用 MBT 的原因: 更好的测试, 更有效的测试, 更廉价的测试等。那么在一个完美的企业中, 接着就是对测试过程的测量。此时, 需求已知, 也有了"买入"的想法。企业位于图 12-1 所示技术曲线的陡峭的上升部分——期望。

12.2.1　候选的 MBT 产品

MBT 捍卫者要做的第一个选择是在商用产品和低价 (免费) 开源 MBT 工具之间做出选择。开源产品几乎没有技术支持, 或者只有极少的技术支持。很多时候它们不通知用户就会停止更新，Microsoft 的 Spec Explorer 产品就是这样。本书的第 14 ～ 19 章内容是由 6 个 MBT 供应商提供的商用 MBT 产品。商用工具供应商很乐意企业采用 MBT 技术（原因显而易见），很多供应商都提供咨询和指导等技术服务。在开源和商用工具之间，我强烈推荐商用工具。

MBT 捍卫者很清楚哪些类型的软件应该使用 MBT 技术，David Harel 指出，通常软件分为两种基本类型——转换型应用和交互型应用 [Harel 1988]。顾名思义，转换型应用是简单地将应用的输入转换成输出。Cobol 程序是转换型应用的典型代表，但不是唯一的代表。这类应用通常就是运行，然后结束。用 Harel 的话讲，交互型应用是长时间运行的程序，一般是由事件驱动的，与运行环境有较长时间的交联关系，一旦有输入事件，就会有所反应。控制系统和航空电子系统是这类应用的代表。保费计算程序是典型的转换型应用，而车库门控系统则是交互型应用。

12.2.2 成功标准

引入任何一种新技术都是昂贵的过程，MBT 捍卫者需要在项目早期与各方确认投资 MBT 的成功准则。这样做可以减少图 12-1 中的"期望膨胀的峰值期"的高度。在 11.3.5 节 ISTQB 的 MBT 课程大纲里面，展示了使用 MBT 技术通用的成功准则和相关考虑因素 [ISTQB 2015]。企业应该考虑新技术启动时和持续运行的开销，包括初始计划、部署开销、产品选择、过程定义和改变，以及员工培训。

通用的成功准则只是起点，企业还需要根据公司特定的优先级、不足之处等其他相关因素，制定出自己的准则。这是与更好 – 更快 – 更便宜铁三角相关的另一个要点。

12.2.3 试点项目

用于试点的 MBT 项目是很关键的一步，如果试点项目太难，结果就可能是未预想到的失败；如果太容易，对于企业内部的管理层和技术层来说，又没有说服力。试点项目应该是企业内部比较典型的软件开发和测试项目。如果有多种类型的软件，那么多做几个试点项目是很有用的。通常来说，试点项目宜典型不宜大型，第 18 章的 sepp. med 就是作为试点项目的有趣尝试。试点项目应该是中等复杂度，能够分配给两个团队并行开展的。一个团队使用现有的测试过程，手工标识测试用例。另一个团队在供应商的帮助下，使用 MBT 技术。每个团队的活动都要仔细追踪，这样就可以呈现出新老两种技术在测试用例的效果、效率两方面的直接对比，从而也能评价测试的整体质量。当然从另一方面来看，因为有供应商的参与，所以对比结果有人为因素。这也是最终成功的一个很好的标识，见图 12-1 中"实质生产的成熟期"。

12.3 培训与教育

很多人总是试图区分培训和教育，尤其是在大学里。培训通常是与产品相关的，而教育则更持久更通用。我比较喜欢的一种方式是参考公立学校里面是如何实施性培训和性教育的。现在我们都知道区别了吧！第 2 ～ 10 章都是以教育为目的的，第 14 ～ 19 章则部分地以培训为导向。所有的商用 MBT 供应商都会提供用户培训，还会提供试点项目的短期产品许可证。每个 MBT 供应商都声称，只有产品像示例工程那样做，才能保证 MBT 的成功。而试点项目最难之处就是，学习如何良好地使用备选产品。这就是 sepp.med 想法的由来。

如果一个企业在评估多个 MBT 产品，那么学习曲线就会快速增加。这也是第 14 ～ 19 章的目的，我们希望提供每个产品的特性以供读者参考。我让供应商提供不同章节内容的原因是，我不希望错误地描述产品的功能。同时我也不想花时间来学习这 6 个产品（实话实说）。

图 12-1 所示幻灭期出现的主要原因是缺乏关于建模技术的教育，也缺乏针对某个 MBT 产品的培训。曲线中的复苏期就是与培训和教育相关的。造成"失败垃圾堆"的现象可能有两个原因：技术团队不理解建模技术，或者他们不知道如何正确使用 MBT 产品，也可能两者都有。只有完成了针对产品的充分培训和教育之后，才能产生"使用的停滞期"，只有其中之一是不够的。本书的书名就反映了这一点——为了让基于模型的测试成为一门手艺，建模技术和产品使用能力缺一不可。持续的教育和培训能将复苏期延长，直到最终达到稳定点。

12.4 经验教训

在我 20 多年的电话交换机系统的工作经历中，见证了很多新技术的引进。我在第 2 章描述了其中的一种：AELFlow 自动流程图生成器。在 Barbara 的书中，关于目标的描写是很正确的，尤其是关于技术层和管理层的"买入"部分。在我工作的研发实验室里，就有一个过度热衷于开发任何一个能想到的新工具的团队。于是企业就发布了一个策略：内部在开发新工具之前，必须要在一个试点项目中使用该项技术。很多时候，试点项目就是一个"快速原型验证"，唯有如此才能实际帮助到预期开发的工具。绝不能低估一个精心挑选的试点项目的价值。试点项目必须足够复杂，能够说服技术层面上的质疑者，但又不能太庞大（太昂贵），否则风险太高。

第二个关于技术引进的经验是 20 世纪 90 年代早期的 CASE 变革。我在来到现在任教的大学之前，曾在西密歇根州刚刚开业的 RTI（研究和技术学院）有份兼职的工作。我的工作职责很简单，将 GrandRapids 置入学院的"技术线路图"。基于行业经验，我建立了 RTICASE 工具实验室，鼎盛时期我们有 26 个主流的 CASE 工具。实验室的目标也很简单：减少或消除 CASE 工具的学习曲线，加速工具的引入过程。客户也可以在员工帮助下使用实验室，他们可以尝试使用若干个 CASE 工具，无须自己学习每一个工具。这一部分工作还挺顺利，但当我回顾 CASE 转换为何失败的时候，毫无疑问失败的原因就是没有针对工具所支持的技术进行充分的培训。有一句早期的 CASE 名言说得好："有了工具的傻子还是个傻子。"这虽有点刻薄，但其中的深意同样适用于 MBT 的引入。第 2 ～ 10 章的主旨就是提供如何进行建模的技术知识。

我选择本书的书名就是想要说明，作为一门手艺的软件建模技术和传统的手艺之间有很多相似之处。我有时间的时候，就会做木匠活。要想成为任何一门手艺的专家，都必须理解三件事情：物料、合适的工具、具有使用该工具的能力。

12.4.1 物料

在做木工活的时候，即将成为木匠的手艺人都需要好好了解所使用的物料——木头的特点。木头是硬木还是软木，是闭合纹路的还是开放纹路的，等等。橡木很硬也很结实，但使用起来就很困难。枫木就更糟糕了。我最喜欢的是樱桃木，它既不像橡木或枫木那么硬，又容易成型，还能很好地抛光。

在 MBT 领域，未来的测试工程师也要了解被测软件的特质，它是转换型应用还是交互型应用，是数据驱动型的还是事件驱动型的，等等。这些区别决定了该如何选择合适的工具以及技术。在 1981 年，James Peterson 描述了系统复杂度的层次图 [Peterson 1981]，如图 12-3 所示。图 12-4 是该书出版后的升级版。

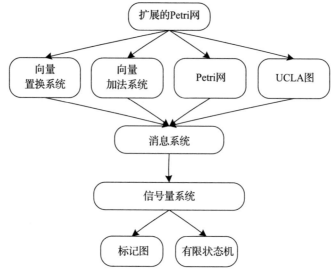

图 12-3　Peterson 的控制模型框架

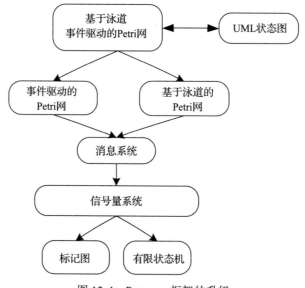

图 12-4　Peterson 框架的升级

就算在学术界，向量置换系统（vector replacement systems）、向量加法系统（vector addition systems）和 UCLA 图都已经是废弃的模型。至于信号量系统（semaphore systems），目前还有几种编程语言支持，而标记图（marked graphs）经常被视为 Yourdon 类型的数据流程图。很多商用工具都基于有限状态机，也有一些声称支持状态图。

本书第一部分中每个建模章节都有一个表格，以显示该章描述的模型的表达能力。理解物料最好的办法就是将 19 个行为因素与需要解决的问题进行对应，利用这个表格来决定该工具是否具有足够的表达能力。如果某个问题需要利用 Petri 网建模的复杂度,那么一个只能支持有限状态机的工具肯定不能完整地描述该问题。

12.4.2　工具

作为一名木匠来说,我拥有的工具数远远多于经常使用的那几种。比如,我有 7 个特殊用途的手工锯。作为一名未来的木匠,我至少知道在某个特定场合使用哪个工具最适合。木匠常说一句话:一个手艺人就算是使用低劣的工具,做出来的活儿也差不到哪儿去。但是好工具可没有办法把一个新手变成手艺人。

工具供应商总是乐于提供其工具的临时许可证,但是要想获得这样的优惠,需要供应商提供工具的培训。第 14 ~ 19 章给出了 6 个商用 MBT 产品供应商的信息。毫无疑问这是熟悉现有 MBT 工具的很好的开始。

12.4.3　使用工具的能力

作为一个木匠,我通常会先在废木材上使用新工具,然后再用于真正的项目上。良好地使用工具是需要练习的。传统的成长之路是从新手到出徒,再到大师,这是需要长时间练习的,也是必经之路。

使用 MBT 工具不仅需要有针对性的培训,还需要有针对建模技术的教育。很多 MBT 供应商提供培训和实际项目的指导。有公司估算出,一个设计师需要 80 个小时才能熟练掌握 MBT 技术。想要成功转型到基于模型的测试,企业必须实施工具培训和建模教育的双重计划。CASE 技术的失败就是很好的反面教材。

参考文献

[Alcohol 2016]
Alcoholics Anonymous World Services, *Alcoholics Anonymous*, 4th ed., ISBN 1-893007-16-2, in PDF format, (free download) 2016.

[Binder 2012]
Binder, Robert V., Real Users of Model-Based Testing, blog, http://robertvbinder.com/real-users-of-model-based-testing/, January 16, 2012.

[Binder 2014]
Binder, Robert V., Anne Kramer, and Bruno Legeard, *2014 Model-based Testing User Survey: Results*, 2014.

[Bouldin 1989]
Bouldin, Barbara M., *Agents of Change: Managing the Introduction of Automated Tools.* Yourdon Press, Upper Saddle River, NJ, 1989.

[Harel 1988]
Harel, David, On visual formalisms. *Communications of the ACM* 1988;31(5):514–530.

[ISTQB 2015]
International Software Testing Certification Board (ISTQB), *Certified Tester Foundation Level Specialist Syllabus Model-Based Tester*, available at istqb.org, October 2015.

[Peterson1981]
Peterson, James L., *Petri Net Theory and the Modeling of Systems.* Prentice Hall, Englewood Cliffs, NJ, 1981.

MBT 测试工具供应商的信息

本书第二部分各章的目的是逐项对比商用工具和开源 MBT 工具的特性。我们将两个问题（保费计算问题和车库门控系统问题）还有第一部分中与这两个问题相关的模型提供给商用工具供应商。第 20 章关于开源 MBT 工具的评论来自密歇根州的大峡谷州立大学的研究生项目。第 14 ～ 19 章都使用下面的模板。

13.1 模板

供应商提供的信息将尽可能按照下面的模板来展示，目的是帮助读者了解供应商之间的对比。

章 xx（供应商名字）

xx.1　　　　简介

xx.1.1　　　供应商介绍

xx.1.2　　　供应商产品介绍

xx.1.3　　　客户支持

xx.2　　　　保费计算问题结果

xx.2.1　　　问题输入

xx.2.2　　　生成的测试用例

xx.2.2.1　　按照《工具名和使用的模型》生成的抽象测试用例

xx.2.2.2　　按照《工具名和使用的模型》生成的具体测试用例

xx.2.3　　　供应商提供的其他分析

xx.3　　　　车库门控系统结果

xx.3.1　　　问题输入

xx.3.2　　　生成的测试用例

xx.3.2.1　　按照《工具名和使用的模型》生成的抽象测试用例

xx.3.2.2　　按照《工具名和使用的模型》生成的具体测试用例

xx.3.3　　　供应商提供的其他分析

xx.4　　　　供应商建议

本章我们请 MBT 工具供应商提供一些关于培训、推广和转换到 MBT 技术的策略，客户的经验之谈及其他相关的信息。这里不会涉及价格信息，我们的目的是进行对比而非广告宣传。

13.2 单元级问题：保费计算问题

13.2.1 问题描述

政策规定的汽车保费是根据一个已考虑成本的基本利率计算而成的。该计算的输入如下所示。

1）基本费用是 600 美元。

2）保险持有者的年龄（16 ≤ 年龄 < 25；25 ≤ 年龄 < 65；65 ≤ 年龄 <90）。

3）小于 16 岁或者大于 90 岁的，不予保险。

4）过去五年中出险次数（0，1 ～ 3 和 3 ～ 10）。

5）过去五年出险次数超过 10 次的，不予保险。

6）好学生减免 50 美元。

7）不喝酒司机减免 75 美元。

具体数值计算见表 1-1 ～表 1-3。

13.2.2 问题模型

13.2.2.1 流程图

图 2-7 是 1.8.1 节中保费计算问题的流程图模型，图 13-1 与图 2-7 所示内容相同。

表 13-1 不同年龄范围对应的年龄系数

年龄范围	年龄系数
16 ≤ 年龄 <25	$x = 1.5$
25 ≤ 年龄 <65	$x = 1.0$
65 ≤ 年龄 <90	$x = 1.2$

表 13-2 出险次数对应的保费罚款金额

过去 5 年的出险次数	罚款金额
0	0 美元
1 ～ 3	100 美元
4 ～ 10	300 美元

表 13-3 好学生和非饮酒者的减免决策表

c1：好学生	T	T	F	F
c2：非饮酒者	T	F	T	F
a1：适用减免 50 美元	X	X	—	—
a2：适用减免 75 美元	X	—	X	—
a3：无任何优惠	—	—	—	—

13.2.2.2 决策表

第 1 章提到的保费计算问题，几乎可以直接开发成一个混合入口决策表（MEDT）。其中年龄和出险次数两个变量都有定义好的范围，可以直接用在表 13-4 的扩展入口条件 c1 和 c2 中；保费减免都是布尔量，因此条件 c3 和 c4 就是有限的入口条件。为节省空间，表 13-4 分成四部分。此处没有"不可能的规则"，也没有 Do Nothing——啥也不做的行为。

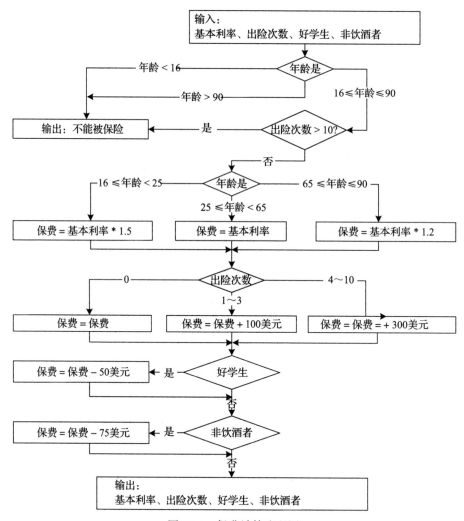

图 13-1 保费计算流程图

表 13-4 保费计算问题决策表（第一部分）

c1：年龄	16 ≤ 年龄 <25											
c2：出险次数	0				1 ~ 3				4 ~ 10			
c3：好学生	T	T	F	F	T	T	F	F	T	T	F	F
c4：非饮酒者	T	F	T	F	T	F	T	F	T	F	T	F
a1：基本利率 ×1.5	X	X	X	X	X	X	X	X	X	X	X	X
a2：基本利率 ×1												
a3：基本利率 ×1.2												
a4：基本费用增加 0 美元	X	X	X	X								
a5：基本费用增加 100 美元					X	X	X	X				
a6：基本费用增加 300 美元									X	X	X	X
a7：基本费用减免 50 美元	X	X			X	X			X	X		
a8：基本费用减免 75 美元	X		X		X		X		X		X	
规则	1	2	3	4	5	6	7	8	9	10	11	12

表 13-4　保费计算问题决策表（第二部分）

c1：年龄	25 ≤ 年龄 <65											
c2：出险次数	0				1 ～ 3				4 ～ 10			
c3：好学生	T	T	F	F	T	T	F	F	T	T	F	F
c4：非饮酒者	T	F	T	F	T	F	T	F	T	F	T	F
a1：基本利率 ×1.5												
a2：基本利率 ×1	X	X	X	X	X	X	X	X	X	X	X	X
a3：基本利率 ×1.2												
a4：基本费用增加 0 美元	X	X	X	X								
a5：基本费用增加 100 美元					X	X	X	X				
a6：基本费用增加 300 美元									X	X	X	X
a7：基本费用减少 50 美元	X	X			X	X			X	X		
a8：基本费用减少 75 美元	X		X		X		X		X		X	
规则	13	14	15	16	17	18	19	20	21	22	23	24

表 13-4　保费计算问题决策表（第三部分）

c1：年龄	65 ≤ 年龄 ≤ 90											
c2：出险次数	0				1 ～ 3				4 ～ 10			
c3：好学生	T	T	F	F	T	T	F	F	T	T	F	F
c4：非饮酒者	T	F	T	F	T	F	T	F	T	F	T	F
a1：基本利率 ×1.5												
a2：基本利率 ×1												
a3：基本利率 ×1.2	X	X	X	X	X	X	X	X	X	X	X	X
a4：基本费用增加 0 美元	X	X	X	X								
a5：基本费用增加 100 美元					X	X	X	X				
a6：基本费用增加 300 美元									X	X	X	X
a7：基本费用减少 50 美元	X	X			X	X			X	X		
a8：基本费用减少 75 美元	X		X		X		X		X		X	
规则	25	26	27	28	29	30	31	32	33	34	35	36

表 13-4　保费计算问题决策表（第四部分）

c1：年龄	<16	>90	—
c2：出险次数	—	—	>10
c3：好学生	—	—	—
c4：非饮酒者	—	—	—
a9：拒保	X	X	X
规则	37	38	39

13.2.2.3　有限状态机

输入	输出（动作）	状态
e1：基本利率	a1：基本利率 ×1.5	s1：开始
e2：16 ≤ 年龄 < 25	a2：基本利率 ×1.0	s2：适用年龄系数
e3：25 ≤ 年龄 < 65	a3：基本利率 ×1.2	s3：适用出险罚款

（续）

输入	输出（动作）	状态
e4：年龄 ≥ 65	a4：增加 0 美元	s4：适用好学生减免
e5：出险次数 =0	a5：增加 100 美元	s5：适用非饮酒者减免
e6：1 ≤ 出险次数 ≤ 3	a6：增加 300 美元	s6：完成
e7：4 ≤ 出险次数 ≤ 10	a7：减免 0 美元	
e8：好学生 = T	a8：减免 50 美元	
e9：好学生 = F	a9：减免 75 美元	
e10：非饮酒者 = T		
e11：非饮酒者 = F		

图 13-2 所示的有限状态机对于派生测试用例毫无用处。虽然从技术上各版本都是对的，但流程图版本肯定更有用。该有限状态机共有 36 个独立路径，它们与图 13-1 所示流程图中的 36 条路径一一对应，也对应 13.2.2.2 节中混合入口决策表的 36 条规则。FSM 技术没有给简单的模型增加任何价值。

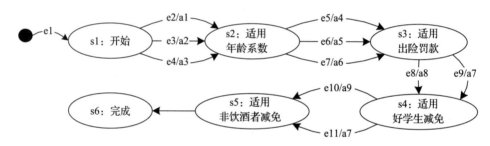

图 13-2　保费计算问题的有限状态机

13.2.3　保费计算问题的程序代码（VB 语言）

```
Insurance Premium Program (Visual Basic for Applications, VBA)
'
Const basePrice As Currency = 600
Dim age As Integer, atFaultClaims As Integer
Dim goodStudent As Boolean, nonDrinker As Boolean
Dim premium As Currency
Input(age, atFaultClaims, goodStudent, nonDrinker)
'
'       Data validity check (Input and Output statements are not in VBA syntax)
'
If ((Age < 16) OR (age > 90))
        Then Output('Not Insured')
EndIf
If ((atFaultClaims< 0) OR (atFaultClaims> 10))
        Then Output('Not Insured')
EndIf
'       Premium calculation
premium = basePrice
Select Case age
Case 16 <= age < 25
        premium = premium * 1.5
Case 25 <= age < 65
        premium = premium
Case 65 <= age <= 90
        premium = premium * 1.2
```

```
End Select
Select Case atFaultClaims
Case 0
        premium = premium
Case 1 <= atFaultClaims <=3
        premium = premium + 100
Case 4 <= atFaultClaims <=10
        premium = premium + 300
End Select

If goodStudent Then premium = premium - 50
EndIf

If nonDrinker Then premium = premium - 75
EndIf

Output (age, atFaultClaims, goodStudent, nonDrinker, Premium)
End
```

13.3　系统级问题：车库门控系统

13.3.1　问题描述

车库门控系统包括驱动电机、能够感知开 / 关状态的车库门传感器以及控制设备。另外，还有地板附近的光束传感器和障碍物传感器两个安全设备。只有车库门在关闭的过程中，这两个安全设备才会运行。正在关门的时候，如果光束被打断（可能是家中的宠物穿过）或者门碰到了一个障碍，那么门会立即停止动作，然后向反方向运行。一旦门处于运行状态，即要么正在打开或正在关闭，控制设备一旦发出控制信号，门就会停止运行。后续的控制信号会根据门停下来时的运动方向，起动门的运行。最后，有些传感器会检测到门已经运行到某个极限位置，要么是全开，要么是全关。一旦发生这种情况，门会停止动作。图 13-3 所示为车库门控系统的 SysML 上下文图。

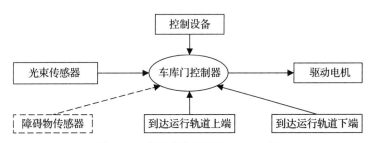

图 13-3　车库门控系统的 SysML 图

在绝大多数的车库门控系统中，有如下几个控制设备：安装在门外的数字键盘，车库内独立供电的按钮，若干个车内的信号设备。为简单起见，我们将这些冗余的信号源合并为一个设备。同样，既然两个安全设备产生同样的响应，那么我们只考虑光束设备，忽略掉障碍物传感器。

13.3.2　问题模型

13.3.2.1　流程图

图 13-4 所示为第 2 章关于该问题流程图模型的副本。

13.3.2.2　决策表

表 13-5 的 3 个部分是表 3-16 的副本。符号 F！可解释为"肯定是错的"。

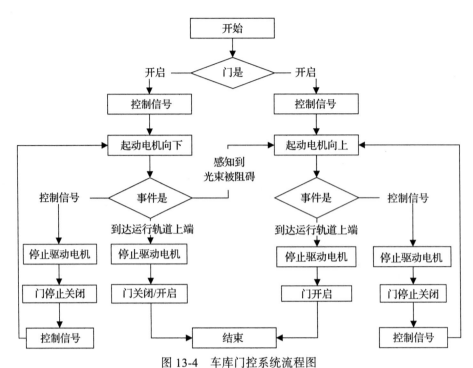

图 13-4　车库门控系统流程图

表 13-5　车库门控系统决策表（第一部分）

规则	1	2	3	4	5	6	7	8	9	10	11	12
c1：门是	开启				正在关闭				停止关闭			
c2：设备控制信号	T	F!	F!	F!	T	F!	F!	F!	T	F!	F!	F!
c3：到达运行轨道下端	F!	T	F!	F!	F!	T	F!	F!	F!	T	F!	F!
c4：到达运行轨道上端	F!	F!	T	F!	F!	F!	T	F!	F!	F!	T	F!
c5：激光束受到阻碍	F!	F!	F!	T	F!	F!	F!	T	F!	F!	F!	T
a1：开始驱动电机向下	X								X			
a2：开始驱动电机向上												
a3：停止驱动电机					X	X						
a4：由下往上反转电机								X				
a5：什么也不做				X								X
a6：不可能		X	X					X		X	X	
a7：循环表格	X				X	X	X		X	X		X

注：符号 F! 含义是"肯定是错的"。

表 13-5　车库门控系统决策表（第二部分）

规则	13	14	15	16	17	18	19	20	21	22	23	24
c1：门是	关闭				正在开启				停止开启			
c2：设备控制信号	T	F!	F!	F!	T	F!	F!	F!	T	F!	F!	F!
c3：到达运行轨道末端	F!	T	F!	F!	F!	T	F!	F!	F!	T	F!	F!
c4：到达运行轨道上端	F!	F!	T	F!	F!	F!	T	F!	F!	F!	T	F!
c5：激光束受到阻碍	F!	F!	F!	T	F!	F!	F!	T	F!	F!	F!	T
a1：开始驱动电机向下												
a2：开始驱动电机向上	X								X			

（续）

规则	13	14	15	16	17	18	19	20	21	22	23	24
a3：停止驱动电机					X		X					
a4：由下往上反转电机												
a5：什么也不做				X				X				X
a6：不可能		X	X			X				X	X	
a7：循环表格	X			X	X		X	X	X			X

注：符号 F！含义是"肯定是错的"。

13.3.2.3　有限状态机

图 13-5 所示的有限状态机是图 4-13 的副本。

输入事件	输出事件（动作）	状态
e1：发出控制信号	a1：起动电机向下	s1：门开启
e2：到达轨道下端	a2：起动电机向上	s2：门关闭
e3：到达轨道上端	a3：停止运转电机	s3：门停止关闭
e4：激光束受到阻碍	a4：停止向下并反转电机向上	s4：门停止开启
		s5：门正在关闭
		s6：门正在开启

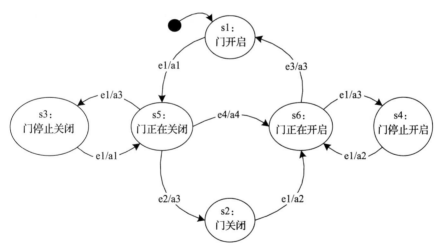

图 13-5　车库门控系统有限状态机

13.3.3　车库门控系统的程序代码（VB 语言）

```
' This is a simulator, not an actual software-controller hardware device.
' These constant variables correspond to the finite state machine model
Const e1 As String = ' control signal '
Const e2 As String = ' end of down track hit '
Const e3 As String = ' end of up track hit '
Const e4 As String = ' laser beam crossed '
Const a1 As String = ' start drive motor down '
Const a2 As String = ' start drive motor up '
Const a3 As String = ' stop drive motor'
Const a4 As String = ' reverse motor down to up '
Const s1 As String = ' Door Up '
Const s2 As String = ' Door Down '
```

```
Const s3 As String = ' Door stopped going down '
Const s4 As String = ' Door stopped going up '
Const s5 As String = ' Door closing '
Const s6 As String = ' Door opening
'
Dim inputEvent As String, outputAction As String, initialState, inState As String
Dim wantToContinue As Boolean
'
Output('Do you want to continue? Answer T or F)
Input(wantToContinue)
If (wantToContinue ) Then
        Output('enter initial state name e.g., s1')
        Input (initialState)
        inState = initialState
EndIf

While wantToContinue
        Select Case inState
                Case inState = s1  ' Door Up
                        Output('enter event name e.g., e1')
                        Input (inputEvent)
                        If e1
                                Then  Output('In state ', s1, 'Event ' ,e1, ' causes output ',a1, '.
                                        Next state is ', s5)
                                        inState = s5
                                Else  Output(inputEvent, ' cannot occur in state ', inState)
                        EndIf

                Case inState = s2  " Door Down
                        Output('enter event name e.g., e1')
                        Input (inputEvent)
                        If e1
                                Then  Output('In state ', s2 'Event ' ,e1 '
                                        causes output ',a2 '. Next state is ', s6)
                                        inState = s6
                                Else  Output(inputEvent, ' cannot occur in state ', inState)
                        EndIf

                Case inState = s3  ' Door stopped going down
                        Output('enter event name e.g., e1')
                        Input (inputEvent)
                                        Input (inputEvent)
                                If e1
                Then  Output('In state ', s3 'Event ' ,e1 ' causes output ',a1 '. Next
                        state is ', s5)
                                inState = s5
                Else  Output(inputEvent, ' cannot occur in state ', inState)
        EndIf

Case inState = s4  ' Door stopped going up
        Output('enter event name e.g., e1')
        Input (inputEvent)
        If e1
                Then  Output('In state ', s4 'Event ' ,e1 ' causes output ',a2 '. next
                        state is ', s6)
                        inState = s6
                Else  Output(inputEvent, ' cannot occur in state ', inState)
        EndIf

Case inState = s5  ' Door closing
        Output('enter event name e.g., e1')
        Input (inputEvent)
        Select Case inputEvent
                Case e1
                        Output('In state ', s5, 'Event ' ,e1, ' causes output ',a3, 'next state
```

```
                    is ', s3)
                          inState = s3
              Case e2
                          Output('In state ', s5, 'Event ',e2, ' causes output ',a3,'next
                          state is ', s2) inState = s2
              Case e4
                          Output('In state ', s5, 'Event ',e4, ' causes output ',a4,'next state is
                          ', s6)
                          inState = s6

              Else Output(inputEvent,' cannot occur in state ', inState)
        End Select

Case inState = s6  ' Door opening
        Output('enter event name e.g., e1')
        Input (inputEvent)

        Select Case inputEvent
              Case e1
                          Output('In state ', s6, 'Event ',e1 ' causes output ',a3 '. next state is
                          ', s4
                          inState = s4
                                Case e3
                                        Output('In state ', s6, 'Event ',e3 ' causes output ',a3 '. next
                                        state is ', s1
                                        inState = s1
                                Else Output('inputEvent cannot occur in state ', inState)
                    End Select
              End Select

Output('Do you want to continue? Answer T or F')
Input(wantToContinue)
End While

End
```

第 14 章

The Craft of Model-Based Testing

Smartesting 公司的 Yest 和 CertifyIt 工具

14.1 简介

本章绝大部分内容由 Smartesting 公司提供，或经允许后从该公司网站（www.smartesting. com）上获得的。Smartesting 公司总部位于法国的贝桑松，公司在巴黎也有办公室（hello@ smartesting.com）。Smartesting 公司是一个软件产品供应商，也是 MBT 领域重要的参与者，旗下有两款 MBT 产品。

- Yest：支持基于业务流程和业务规则的进行图形建模的测试分析、测试设计和测试实现。Yest 专注于 IT 系统公司的工作流测试，在测试用例和业务需求之间能够建立平滑的对应关系。
- CertifyIt：一个通用的 MBT 工具，能够优化测试过程中的测试覆盖率，支持企业定制过程（从需求到手工或自动的测试脚本）。CertifyIt 还具有覆盖功能性安全需求的测试能力。

除了两个基于模型的测试产品之外，该公司还提供咨询和培训服务，包括 ISTQB 的 MBT 测试员认证。Bruno Legeard 是该公司的领导之一，也是《实用 MBT》一书的共同作者，[Utting 2007]，也是《基于模型的测试精华——ISTQB 认证 MBT 测试员：基础级指南》的共同作者 [Kramer 2016]。

14.1.1 产品架构

Smartesting 有两款主要产品，Yest 针对业务型应用，CertifyIt 针对更加复杂或者事件驱动的系统。CertifyIt 是 Smartesting 公司的测试用例生成工具产品套件的一部分。

14.1.1.1 Yest

Yest 产品旨在针对企业级 IT 客户，包括所有业务领域和大型 IT 信息系统。该产品提供包括测试分析、测试设计和测试执行的综合解决方案。它使用基于工作流的分析技术和轻量级的业务流程建模技术，或利用正规的业务流程模型（例如业务流程建模和表达式 BPMN），或是捕获业务规则的基于规则的建模技术。以下信息可以支持测试用例的生成。

- 测试级别：企业级 IT 系统的验收和系统级测试。
- 测试类型：高级功能测试和点对点的测试。
- 典型用户：测试员、测试分析师、功能测试员、业务分析师。

使用 Yest，用户可以定义业务流程或测试用例。业务流程可以表达任务或任务的替代者，也可以描述应用的动态特性。在 Yest 中使用决策表和决策树描述的业务规则，可以与过程中涉及的任务相关联。Yest 可以基于相关的规则生成测试用例，使用者也可以手工编写测试用例，并与基于规则自动生成的用例进行对比。如果用户接受这些测试用例，就可以把这些测试用例发布到测试仓库。如果模型升级（过程或规则升级），那么已有的测试用例可能会失效，也可能需要升级。测试仓库也会随之升级，这种策略可以提高设计人员的生产力。

Yest 是独立工具，但多用户也可以在 Yest 的工程里共享并合作。想要了解更多信息，请参见产品网站：http://yest.smartesting.com。

14.1.1.2　CertifyIt

CertifyIt 产品是一款通用的 MBT 工具，它基于行为建模技术，自动生成测试用例并执行，可以定制从测试目标到测试脚本的全测试过程。该产品针对嵌入式系统、复杂系统、安全关键系统，以及基于 API 或 Web 服务的中间件应用，例如电子支付、智能卡、IOT 平台和光纤物理系统等。

CertifyIt 支持集成测试和系统测试，用户可以选择功能测试或健壮性测试，其中包括测试功能的安全需求。典型用户包括测试设计人员、测试分析员、测试架构师和技术测试分析员。

CertifyIt 管理两种被测系统的视图。

- 系统静态视图：使用 UML 类图进行建模，是简单的数据结构表达。
- 系统的动态视图（行为视图）：使用行为语言［是 OCL（Object Constraint Language）的子部分］编写脚本并进行建模。

更详细的信息，请访问产品网站：http://certifyit.smartesting.com。

CertifyIt 使用者可以针对系统行为，生成功能测试用例和健壮性测试用例。CertifyIt 使用操作中的 OCL 表达，基于控制流分析，自动创建测试目标，然后生成功能测试用例。CertifyIt 可以自动生成至少覆盖一次测试目标的测试用例。

CertifyIt 也可以使用加权的探索型测试方法来解决健壮性测试问题，或者生成测试用例以覆盖系统中与安全功能相关的需求。这些安全功能需求需要由测试工程师使用专门的用户友好的语言来表述，它可以轻松表达专家知识，然后生成高质量的专门覆盖安全需求的测试用例。

在后续章节，我们将针对保费计算问题使用 Yest 工具，针对车库门控系统问题使用 CertifyIt，并分别考察其结果。

14.1.2　用户支持

Smartesting 咨询团队可以提供客户咨询服务，这使其产品的投资回报率达到最大化，并且在企业中推动使用 MBT 技术。Smartesting 咨询团队都是受过训练的、有经验的解决方案提供者。他们不仅可以提供有效的指导，还可以帮助企业成功实现基于模型的测试。他们的技术支持包括以下几个方面。

- 培训建模技术及 CertifyIt 的模型架构
- 将 MBT 集成到客户的测试过程中
- 讲解基于模型测试的方法论
- 在资源模型中，增加 Smartesting 资源
- 对带有 Impulse 解决方案的测试仓库进行优化
- 辅助仓库和自动化工具的发布
- 与需求管理工具和业务流程管理工具无缝链接

14.2　使用 Yest 测试保费计算问题

Yest 使用图形化方式表达业务流程，描述业务流。Yest 不仅可以利用过程生成测试用例，

也可以允许用户在编写测试用例后，对照模型化的过程检查测试用例。Yest 还可以使用决策表或决策树技术，将过程中的任务与业务规则相关联。

Smartesting 创建了一个保费计算问题的模型，如图 14-1 所示，它包含 3 个任务的业务流程。在第一个任务中，用户输入客户的年龄，然后在客户任务中输入出险次数，以判断客户的合法性。在保费计算问题中规定，低于 16 岁或高于 90 岁的人都不属于合法投保者；同样，超过 10 次出险次数的人也不是合法的投保者。在第二个任务中（注册客户的附加数据），要求提供学生信息和饮酒习惯信息，以计算可能的减免（好学生或非饮酒者可以减免）。第三个任务（保费计算）中计算最终的保费数额。

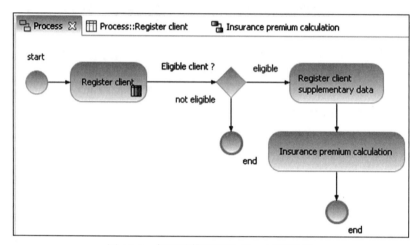

图 14-1　保费计算问题的 Yest 过程视图

客户注册任务使用了图 14-2 所示的决策表，以便确定覆盖率的合法性。该表格应从上往下阅读。对于大于 90 岁的人，第二行的"出险次数"就不用考虑了，因此该客户不是合法投保者。

图 14-3 表示了保费计算过程的决策树模型。该模型包括了所有需要的计算数据，以便正确使用业务规则。图 14-3 所示的决策树补充描述了过程视图，并且与业务流程中的"保费计算"任务相关联。

	Age ?	At_fault ?	Outcome
1	< 16		not eligible
2	> 90		not eligible
3		> 10	not eligible
4			eligible

图 14-2　Yest：保费计算问题的资格决策表

Yest 可以基于不同的测试用例选取规则（决策树或表格覆盖率）来生成测试用例，或者手工添加测试场景。本例中，我们生成测试用例以覆盖计算数值中定义的业务规则，这些业务规则是业务流程和决策表或决策树的一部分。基于决策树给出的计算数值，Yest 会自动计算最终的保费数额。如果客户是符合要求的，那么工具会生成包含两个步骤的测试，一个步骤是为了完成保费计算而补充数据的过程，另一个步骤是完成保费计算。

测试用例会自动发布到测试仓库，或 Excel 表格中。最终的测试用例请见表 14-1。

请注意，这里是"具体"的测试用例，其中带有客户年龄、出险次数、学生、非饮酒者状态等实际数值。表 14-1 中的测试用例，与使用等价类测试方法的用例等效。

总结如下：用户想要多少用例，Yest 就可以生成多少用例。此处举例的目的，是覆盖决策表的每一行，以及决策树的每一个数据。测试用例集是可以扩展的，这依赖于用户想要覆盖的测试目标，是覆盖模型中的这个方面，还是另一个方面。通常来说，这要看开销和风险转移策略。

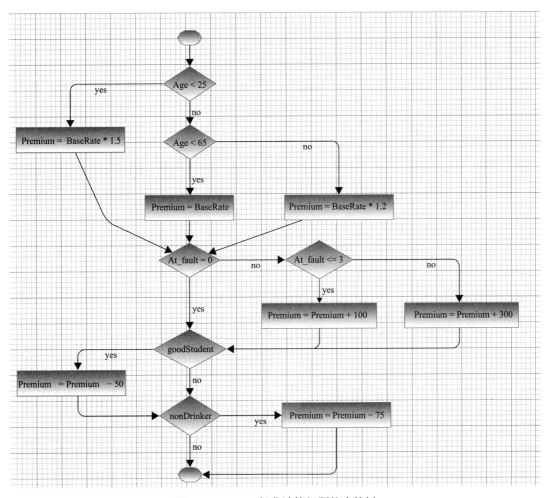

图 14-3　Yest：保费计算问题的决策树

表 14-1　Yest 发布的具体测试用例

测试用例	年龄	出险次数	好学生	非饮酒者	预期保费
	<16	任何一个	—	—	不符合资格
	动作		**预期结果**		
1	输入客户年龄：14				
	输入客户出险次数：1				
	验证条目		客户不符合条件		
	>90	任何一个	—	—	不符合资格
	动作		**预期结果**		
2	输入客户年龄：98				
	输入客户出险次数：5				
	验证条目		客户不符合条件		
3	16 ≤ 年龄 < 90	>10	—	—	不符合资格

（续）

测试用例	年龄	出险次数	好学生	非饮酒者	预期保费
3	动作			预期结果	
	输入客户年龄：37				
	输入客户出险次数：18				
	验证条目		客户不符合条件		
4	16≤年龄<25	0	是	是	保费为 775 美元
	动作			预期结果	
	输入客户年龄：19				
	输入客户出险次数：0				
	验证条目		客户符合条件		
	输入客户是好学生				
	输入客户是非饮酒者				
	保费计算		保费计算为 775 美元，该优惠已在数据库中记载		
5	16≤年龄<25	0	不是	是	保费为 850 美元
	动作			预期结果	
	输入客户年龄：21				
	输入客户出险次数：0				
	验证条目		客户符合条件		
	输入客户不是好学生				
	输入客户是非饮酒者				
	保费计算		保费计算为 850 美元，该优惠已在数据库中记载		
6	25≤年龄<65	1～3	不是	不是	保费为 625 美元
	动作			预期结果	
	输入客户年龄：43				
	输入客户出险次数：2				
	验证条目		客户符合条件		
	输入客户不是好学生				
	输入客户非饮酒者				
	保费计算		保费计算为 625 美元，该优惠已在数据库中记载		
7	65≤年龄<90	4～10	不是	是	保费为 945 美元
	动作			预期结果	
	输入客户年龄：74				
	输入客户出险次数：6				
	验证条目		客户符合条件		
	输入客户不是好学生				
	输入客户是非饮酒者				
	保费计算		保费计算为 945 美元，该优惠已在数据库中记载		

14.3 使用 CertifyIt 测试车库门控系统

CertifyIt 工具将 MBT 模型作为输入。该模型由一个类图来表达，能够针对被测系统的结构进行建模，使用 MBT 行为建模语言。例如，使用类操作的前置 / 后置条件的简单 OCL 表达式来对系统行为建模。在建模工作开始之前，需要先给出一系列合适的测试目标和测试用例的选择准则。CertifyIt 生成的测试用例的质量在很大程度上取决于这些早期的选择是否合理。

在这里提供一个在 CertifyIt 的使用过程中比较好的实用技术：针对已经识别出来的测试目标，专门使用一节来表示测试目标宪章（Test Objectives Charter，TOC）。TOC 使用两个标签来代表测试目标：REQ 为表示目标的高级需求；AIM 为精炼的需求（见表 14-3）。车库门控系统的 TOC 基于表 14-2 中的事件和状态以及第 13 章里面的说明描述。

更细致一些的车库门控系统的 TOC，如表 14-3 所示，其中包括表 14-2 中表达的 4 个高级的输入事件。作为需求，REQ 是基于事件分析的，事件包括控制信号、到达上行和下行轨道末端检测的终点、激光束被阻碍等。控制信号事件可以发生在 6 个不同的上下文中，此处将这些上下文建模为状态。在其他地方，这可以称为上下文敏感的输入事件，因为有相同的物理事件，所以在不同的上下文中，会触发不同的反应。表 14-2 中的前三个动作就是需要的动作，它们分别是起动电机往下，起动电机往上，停止电机。AIM 可以用于定义上下文。

表 14-2 车库门控系统的事件和状态

输入事件	输出事件（动作）	状态
e1：发出控制信号	a1：起动电机向下	s1：门开启
e2：到达轨道下端	a2：起动电机向上	s2：门关闭
e3：到达轨道上端	a3：停止运转电机	s3：门停止关闭
e4：激光束受到阻碍	a4：停止向下并反转电机向上	s4：门停止开启
		s5：门正在关闭
		s6：门正在开启

表 14-3 测试目标宪章

REQ（高级需求）		AIM（精炼的需求）	
控制信号	向下	当门全开时（状态 s1）（开始驱动电机向下）	继续向下转（开始驱动电机向下）
	停止	当门正在关闭时（状态 s5）（停止驱动电机）	停止向下转（停止驱动电机）
	向下	当门停止向下时（状态 s3）（停止驱动电机向下）	继续向下转（开始驱动电机向下）
	向上	当门全关时（状态 s2）（开始驱动电机向上）	继续向上转（开始驱动电机向上）
	停止	当门正在开启时（状态 s6）（停止驱动电机）	停止向上（停止驱动电机）
	向上	当门停止开启时（状态 s4）（开始驱动电机向上）	继续向上转（开始驱动电机向上）
到达运行轨道上端		到达运行轨道上端（停止驱动电机）	除了门正在开启的状态，没有状态能够对到达运行轨道末端的事件许可
到达运行轨道下端		到达运行轨道下端（停止驱动电机）	除了门正在关闭的状态，没有状态能够对到达运行轨道末端的事件许可
激光束受到阻碍		反转电机（由下往上转）	除了门正在关闭的状态，没有状态能够对到达运行轨道末端的事件许可

如图 14-4 所示，系统结构可以建模为 3 个类：GarageDoorController——驱动电机，从而控制门的状态；ControlDevice——发送控制信号；Sensor——发出中断事件信号，控制门的运动。门的状态建模为枚举状态，按照输入事件的不同而改变。输入事件通过类操作来建模。

如果轨道向下到达终点，那么门就是关闭状态；如果轨道往上到达终点，那么门就是打开的状态；这两种状态由控制器操作 Detect_End_of_up_track 和 Detect_End_of_down_track

来表达，控制器起动电机往上或者往下（操作 StartDriveMotorUp 和 StartDriveMotorDown）运动，或者停止电机（操作 StopMotorDrive）动作。这取决于控制设备使用操作 SendControl-Signal 发送的不同的控制信号。如果光束被阻碍，则反向操作电机是由操作 ReverseMotion 来建模的。

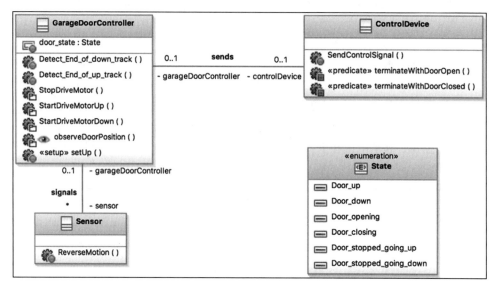

图 14-4　车库门控系统类图

除此之外，在给定门状态下，某个事件的相应动作是由操作 OCL 中的前置 / 后置条件来表示的，这可以解释为动作语言。前置条件定义的是在何种情况下，动作都可以被激活；而后置条件是一系列的动作，例如输出事件和门状态的改变。如何针对某个事件的行为建模呢？读者可以想象一个发送开门控制信号的事件 DoorUp，这就是操作 SendControlSignal 的一部分。如果门是关闭的，则控制信号事件（State::Door_Down）可以打开门；如果门的动作被控制信号（State::Door_stopped_going_up）打断，则控制信号事件也会开门，如图 14-5 所示。结果就是，电机开始往上运行，门的状态发生改变。

```
---@REQ:control signal
if(self.garageDoorController.door_state = State::Door_down) then
    ---@AIM:when door is down
    ---@AIM:recover going up
    ---@AIM:start drive motor up
    self.garageDoorController.StartDriveMotorUp() and
    self.garageDoorController.door_state = State::Door_opening
else if (self.garageDoorController.door_state = State::Door_stopped_going_up) then
    ---@AIM:when door is stopped going up
    ---@AIM:recover going up
    ---@AIM:start drive motor up
    self.garageDoorController.StartDriveMotorUp() and
    self.garageDoorController.door_state = State::Door_opening
else
    . . .
endif
endif and
self.garageDoorController.observeDoorPosition(self.garageDoorController.door_state)
```

图 14-5　车库门控系统——控制信号事件（门全开）

为保证双向可追踪，可将 TOC 导入标签浏览器，如图 14-6 所示。为避免任何人为的错误改写，在工具中可以很容易地将标签从浏览器拖曳到 OCL 后置条件中。

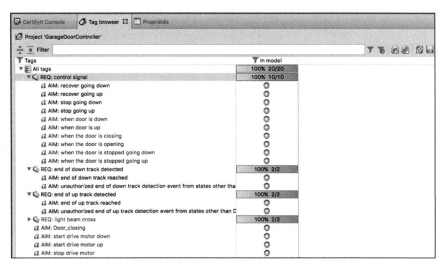

图 14-6　CertifyIt 标签浏览器

为创建功能测试用例，应分析表达式的控制流，测试生成器为 OCL 表达中的每一条路径都定义了测试目标。在控制信号事件中，可以区分两个可能的测试目标：在门关闭的时候开门（---@AIM:{when door is down, recover going up}）以及当电机停下来的时候，恢复开门的动作（--@AIM:{when door is stopped going up, recover going up}）。这样，用例生成器就可以生成测试用例并覆盖每个测试目标至少一次。整体来说，针对每个车库门的初始状态，CertifyIt 工具可以创建 12 个测试目标，每个测试目标都可以至少被一个生成的测试用例所覆盖，见图 14-7。

Model element	Aims	Requirements
ControlDevice::SendControlSignal()	control signal/when door is down, control signal/recover going up	control signal
ControlDevice::SendControlSignal()	control signal/when the door is stopped going up, control signal/recover going up	control signal
ControlDevice::SendControlSignal()	control signal/when door is up, control signal/recover going down	control signal
ControlDevice::SendControlSignal()	control signal/when the door is stopped going down, control signal/recover goin...	control signal
ControlDevice::SendControlSignal()	control signal/when the door is opening, control signal/stop going up	control signal
ControlDevice::SendControlSignal()	control signal/when the door is closing, control signal/stop going down	control signal
GarageDoorController::Detect_End_...	end of down track detected/end of down track reached	end of down track detected
GarageDoorController::Detect_End_...	end of down track detected/unauthorized end of down track detection event fro...	end of down track detected
GarageDoorController::Detect_End_...	end of up track detected/end of up track reached	end of up track detected
GarageDoorController::Detect_End_...	end of up track detected/unauthorized end of up track detection event from sta...	end of up track detected
Sensor::ReverseMotion()	light beam cross/reverse motor down to up	light beam cross
Sensor::ReverseMotion()	light beam cross/unauthorized light beam crossed event from states other than...	light beam cross

图 14-7　车库门控系统在 CertifyIt 中的测试目标

我们将这两个初始状态（门关、门开）以及用于测试生成的测试数据，使用对象图来表达，如图 14-8 所示。

如果想在 MBT 模型中自动产生测试用例的预期结果，则需要增加一个观察操作 observe-DoorPosition，该操作可以在每个测试步骤中加入预期结果，以验证当前门的状态。如果返回的系统状态与预期状态不符，则测试就会失败。最终，为了将系统状态恢复到初始状态，需要使用两个断言函数（terminateWithDoorClosed 和 terminateWithDoorOpen），这两个断言函数只用于测试生成，如图 14-4 所示，它们分别对应系统的两个初始状态（门关、门开）。

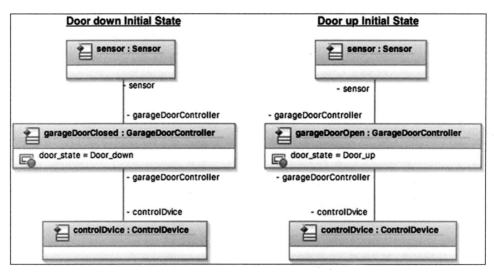

图 14-8　车库门控系统的测试数据

　　因为要针对每个初始状态生成测试用例，所以此处我们创建了两个独立的测试套件。

　　测试生成器将会基于可用的测试数据和已经识别的测试目标，自动生成测试用例，并且至少覆盖每个目标一次，以对应 TOC 中定义的测试目的。

　　例如，考虑到门关闭的初始状态和控制信号事件——DoorUp，如图 14-5 所示。测试生成器将会创建两个测试目标，其中至少被一个测试用例（测试用例 1）所覆盖，如表 14-4 所示。另外，如表 14-4 所示，CertifyIt 一共生成了 7 个测试用例，它们覆盖初始状态（门是往下运动）的 12 个测试目标。

表 14-4　利用 Certify MBT 模型生成的测试用例，初始状态为门全关

生成的测试用例				
测试用例	位于状态	输入事件	输出事件（动作）	接下来的状态
# 测试步骤				
1 步骤 1	s2：门关闭	e1：发出控制信号	a1：起动电机向下	s6：门正在开启
步骤 2	s6：门正在开启	e1：发出控制信号	a3：停止运转电机	s4：门停止开启
步骤 3	s4：门停止开启	e1：发出控制信号	a1：起动电机向下	s6：门正在开启
2 步骤 1	s2：门关闭	e1：发出控制信号	a1：起动电机向下	s6：门正在开启
步骤 2	s6：门正在开启	e3：到达轨道上端	a3：停止运转电机	s1：门开启
步骤 3	s1：门开启	e1：发出控制信号	a1：起动电机向下	s5：门正在关闭
步骤 4	s5：门正在关闭	e2：到达轨道下端	a3：停止运转电机	s2：门关闭
3 步骤 1	s2：门关闭	e1：发出控制信号	a1：起动电机向下	s6：门正在开启
步骤 2	s6：门正在开启	e3：到达轨道上端	a3：停止运转电机	s1：门开启
步骤 3	s1：门开启	e1：发出控制信号	a1：起动电机向下	s5：门正在关闭
步骤 4	s5：门正在关闭	e1：发出控制信号	a3：停止运转电机	s3：门停止关闭
步骤 5	s3：门停止关闭	e1：发出控制信号	a1：起动电机向下	s5：门正在关闭
4 步骤 1	s2：门关闭	e1：发出控制信号	a1：起动电机向下	s6：门正在开启
步骤 2	s6：门正在开启	e3：到达轨道上端	a3：停止运转电机	s1：门开启
步骤 3	s1：门开启	e1：发出控制信号	a1：起动电机向下	s5：门正在关闭

（续）

生成的测试用例				
测试用例	位于状态	输入事件	输出事件（动作）	接下来的状态
# 测试步骤				
步骤 4	s5：门正在关闭	e4：激光束受到阻碍	a4：停止向下并反转电机向上	s6：门正在开启
5 步骤 1	s5：门正在关闭	e2：到达轨道下端	未许可	s2：门关闭
6 步骤 1	s6：门正在开启	e3：到达轨道上端	未许可	s1：门开启
7 步骤 1	s5：门正在关闭	e4：激光束受到阻碍	未许可	s6：门正在开启

图 14-9 所示为在 CertifyIt 测试用例生成器的两个测试套件中的抽象测试用例。可以看到测试用例 1 为图 14-9 右侧 *Test Detail* 面板中的最后观察到的级别。

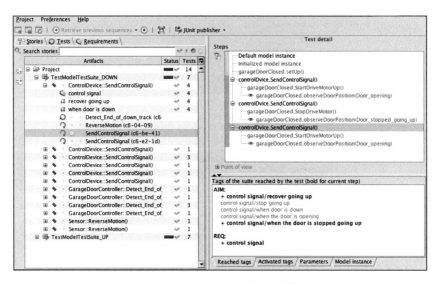

图 14-9　CertifyIt 生成测试用例

这些抽象测试用例可以直接发布到 JUnit 测试用例中，为了归档方便，也可发布到网页或其他格式的文档中，或者直接就发布到测试管理工具里。这里，我们将其导出到 TestLink，以便后续测试管理所用。图 14-10 说明测试用例 1 是如何导出到 JUnit 的，这是一个在具体层实现的可执行的车库门 Java 程序。

具体层能够将抽象测试用例映射为具体测试用例。图 14-11 所示为控制信号事件（DoorUp）的适配器。例如，若某个步骤调用了抽象函数 SendControlSignal，那么该函数通过 getConcrete-ControlSignalValue 函数激活实际的控制信号事件，并发送给车库门控系统。此过程见图 14-11 中的右半部分。

总结一下，在车库门控系统的 Java 实现方式里，一共执行了 14 个功能测试用例，全部成功通过。

此外，CertifyIt 提供另外两种方式，它们可以基于时间属性和测试目标生成功能安全测试用例。时间特性针对系统中的继承、优先级和事件的封装；而测试目的则针对系统中的一些与领域知识相关的特殊事件。这些扩展实现了更多功能测试，能够覆盖更多测试目标。

```
/*
REQUIREMENTS:
  control signal
*/
public class SendControlSignal_c6_be_41_ extends TestCase {

  private AdapterImplementation adapter;

  public void setUp() throws Exception {
    adapter = new Adapter();
    adapter.setUp(garageDoorClosed);
  }

  public void testSendControlSignal__c6_be_41_() throws Exception {
    adapter.SendControlSignal(controlDevice);
    adapter.checkState(garageDoorClosed, Door_opening);
    adapter.SendControlSignal(controlDevice);
    adapter.checkState(garageDoorClosed, Door_stopped_going_up);
    adapter.SendControlSignal(controlDevice);
    adapter.observeDoorPosition(garageDoorClosed, Door_opening);
  }

  public void tearDown() throws Exception {
    adapter.closeAdapter();
  }

}
```

图 14-10   车库门控系统——JUnit 输出测试用例 1

```
@Override
public void SendControlSignal(ControlDevice device){
  currentState = getConcreteControlSignalValue(device);
}
```

```
EventWatcher.setCurrentEvent(ControlSignal.e1_control_signal)
GarageDoor.simulate();
return GarageDoor.getDoorState();
```

```
@Override
public void observeDoorPosition(GarageDoorController controller,
              State expected_State) {
  Assert.assertTrue(currentState ==
          getConcreteStateValue(expected_State));
}
```

```
case Door_closing:
    return GarageDoorState.Door_closing;
case Door_down:
    return GarageDoorState.Door_down;
case Door_opening:
    return GarageDoorState.Door_opening;
case Door_stopped_going_down:
    return GarageDoorState.Door_stopped_going_down;
case Door_stopped_going_up:
    return GarageDoorState.Door_stopped_going_up;
case Door_up:
    return GarageDoorState.Door_up;
```

图 14-11   车库门控系统的适配层

14.4   供应商的建议

本节内容是由 Smartesting 提供的，是关于 Yest 和 CertifyIt 的一些总结性建议。这两款工具支持不同的测试群体，解决不同的测试目标，因此需要不同的技能。

Yest 主要用在测试分析、测试设计和测试实现等阶段，专注于功能测试。Yest 使用简单的图形标识符（例如业务流程建模、决策表、决策树等），针对业务流程和规则进行轻量级建模。Yest 可以使用迭代方式。用户可以从初始状态开始建模，或者从测试用例开始，然后将测试目标、业务流程、业务规则、测试用例等产品对应起来。这种迭代的方式能最大化地在

Yest 中进行测试分析，测试设计和测试实现的效率。

　　CertifyIt 则需要一些专业技能，因此最好是一些专门的用户使用这个工具。与测试自动化的要求一样，如果将 CertifyIt 引入测试过程，这意味着在现有的工具链中加入了该工具。为了能够平滑集成，CertifyIt 必须定制化，定制化通常是发布者完成的。建议在集成过程中让 Smartesting 公司参与进来，以便能够快速且有效地实现投资回报率最大化。

参考文献

[Jorgensen 2014]
Jorgensen, Paul, *Software Testing: A Craftsman's Approach, fourth edition*. CRC Press, Taylor and Francis Group, Boca Raton, Florida, 2014. ISBN 978-1-4665-6068-0.

[Kramer 2016]
Kramer, Anne and Legeard, *Bruno, Model-Based Testing Essentials-Guide to the ISTQB® Certified Model-Based Tester Foundation Level*, John Wiley and Sons, Hoboken, New Jersey, 2016. ISBN 9781119130017.

[Utting 2007]
Utting, Mark and Legeard, Bruno, *Practical Model-Based Testing: A tools Approach*, Morgan Kaufmann, San Francisco, 2007. ISBN-10: 0-12-372501-1.

TestOptimal 公司产品

15.1 简介

本章大部分内容来自 TestOptimal 公司的员工，或经允许后，来自其公司网站。Test-OptimalLLC 位于美国明尼苏达州的罗彻斯特。其产品非常丰富，公司网站（http://testoptimal.com/）罗列了其产品的特性。

- MBT 建模——可以使用扩展的有限状态机（EFSM）、状态图（UML）和控制流程图（CFG）、活动图（UML）等建模技术；
- 超级状态和子模型——将大型模型分解成小的可重用的库组件；
- 图——模型图、顺序图、覆盖率图以及消息序列表（MSC）；
- 模型导入 / 合并——可以导入或者合并 UML、XMI 模型以及其他基于 XML 的图形模型格式（GraphXML 和 GraphML）；
- 测试用例生成——随机浏览测试用例、优化用例顺序、变异测试用例路径、优先级路径和 mCASE（定制测试用例）顺序的测试用例；
- 脚本——基于 XML 的脚本；
- 数据驱动测试（DDT）——在模型中嵌入数据驱动测试，使用外部数据源生成测试用例；
- 行为驱动测试（BDT）——带有能够升级到 MBT 版本的 BDT 类型的测试设计和测试自动化；
- JDBC/ODBC 支持——提供关系型数据库的访问，可以读、写、存储和验证测试结果；
- WebSvc/REDTful——测试 RESTful 网络服务；
- 集成——可以集成 ALM、Java IDE（Eclipse 和 NetBeans）、JUnit、batch/cron、REST websvc、远程中继等，可以与其他测试自动化工具集成，例如 QTP；
- 交叉浏览器——可以在 IE、Firefox、Chrome、Opera、Safari 等浏览器内测试网络应用；
- 扩展性——可以定制插件，测试不同类型的应用；
- 调试——可以设置断点，单步执行模型，在调试过程中高亮显示，自动记录失效发生时的测试步骤；
- 负载测试——产品负载的虚拟用户和实际模拟；
- 面板 /KPI——详细显示并总结测试 / 需求覆盖率、失效数和性能统计，提供表格、报告，可以配置 KPI 显示；
- IDE 网络应用——基于浏览器的应用和移动客户端的应用；
- 安全性——Ldap 和基于文件的 HTTP 鉴定，防止未授权的访问；
- 需求追踪——给需求打标签，显示追踪状态、变迁或 mSript；
- 测试数据生成——使用不同的方式生成测试数据，可以用于两对偶测试、合成算法、基于模式的数据生成；

- 模型动画——可视化模型中的变迁；
- 同步测试多种类型的应用——同步测试网络应用、Windows 应用和后台进程。

15.1.1　产品架构

TestOptimal 的各项特性如图 15-1 所示，它们很小心地集成在一个体系结构中。

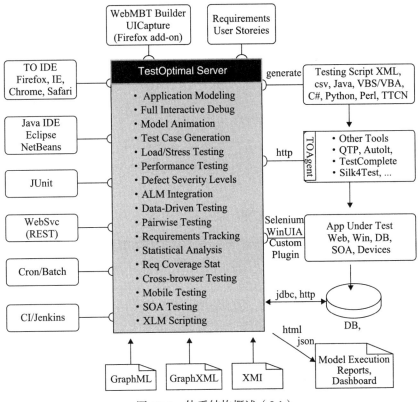

图 15-1　体系结构概述（5.1）

15.1.2　TestOptimal 产品套件

TestOptimal 套件是一个 MBT 工具包，它既可以用于基于规范的功能测试，也可以用于性能和负载测试。工具包中包括以下产品。

- BasicMBT——支持建模和测试用例的生成。它既可以用于手工测试，也可以用于离线测试（offline test，即导入其他工具产生的模型来生成测试用例）。生成的测试用例可以是文本文件，也可以是 Excel 表格文件。
- ProMBT——支持基于 Web 和用户界面应用的建模和测试自动化。可以支持带有后台数据库的数据驱动测试和组合测试。还可以支持基于规则的测试的设计，以提高测试效率。
- EnterpriseMBT——支持并发系统建模和自动化的负载测试和性能测试。
- DataDesigner——使用广为人知的正交矩阵算法，进行基于规则的组合测试数据的设计，支持两对偶、三对偶、N 对偶测试用例的生成。

- 行为驱动测试/行为驱动开发（BDT/BDD）——利用 BDT 或 BDD 方式中的 GIVEN/WHEN/THEN 构建系统特性和测试场景。它与 MBT 结合，可以设计出有效的测试自动化套件，以对网络应用、Windows 系统的 UI 应用和非 UI 应用或接口进行测试。
- 设计测试数据——在面板图表和报告中，总结测试执行的结果，测试覆盖率和需求的追踪关系。可以在单个测试工程师的 IDE 中描述可配置的 KPI（Key Performance Indicator）。
- 运行时 MBT（RuntimeMBT）——将运行时服务器作为专门的 QA 服务器运行测试模型，可以用于大型负载和性能的测试。
- SvrMgr——可以用来管理运行时服务器，它可以作为模型和测试执行结果的中央仓库。SvrMgr 负责对所有的运行服务器发布模型升级，并且将模型发布到合适的运行服务器中执行。

15.1.3 用户支持

TestOptimal 网站提供 5 种指南和 3 种辅助演示。除此之外，还提供在线表格，使用者可以直接向 TestOptimal 员工或用户讨论组提交问题，TestOptimal 用户可以提问或者分享他们使用 TestOptimal 的经验和最佳实践。

15.2 保费计算问题的测试结果

DataDesigner 是一个基于规则的测试用例设计工具，使用 6 种不同的正交矩阵算法，针对给定的测试变量生成最小数目的测试用例。对于保费计算问题，我们生成了两对偶、三对偶和四对偶的测试用例，因为测试用例的数目太大，表 15-1 只显示了两对偶测试用例的结果。三对偶算法生成了 18 个测试用例，四对偶算法生成 36 个测试用例。保费计算问题中有 4 个独立的变量，所以 36 个四对偶测试用例正好对应决策表中的 36 条规则。在所有三组结果中，N 对偶的域值如下所示。

年龄：16 ~ 24，25 ~ 64，65 ~ 89	好学生：真，假
出险次数：0，1 ~ 3，4 ~ 10	非饮酒者：真，假

表 15-1　两对偶抽象测试用例（全集）

测试用例	年龄	出险次数	好学生	非饮酒者	预期保费（美元）
1	16 ~ 24	0	假	假	775
2	16 ~ 24	1 ~ 3	真	假	1000
3	16 ~ 24	4 ~ 10	假	真	1150
4	25 ~ 64	0	真	假	525
5	25 ~ 64	1 ~ 3	假	真	575
6	25 ~ 64	4 ~ 10	真	假	900
7	65 ~ 89	0	假	真	770
8	65 ~ 89	1 ~ 3	真	假	1125
9	65 ~ 89	4 ~ 10	假	假	970

图 15-2 所示为 TestDesigner 中的 DataSet 定义。Field Definition 部分展示了 4 个测试变量及其域，如前文所示。DataTable 展示了被选中的由两对偶算法生成的抽象测试用例。具

体测试用例请见图 15-3。

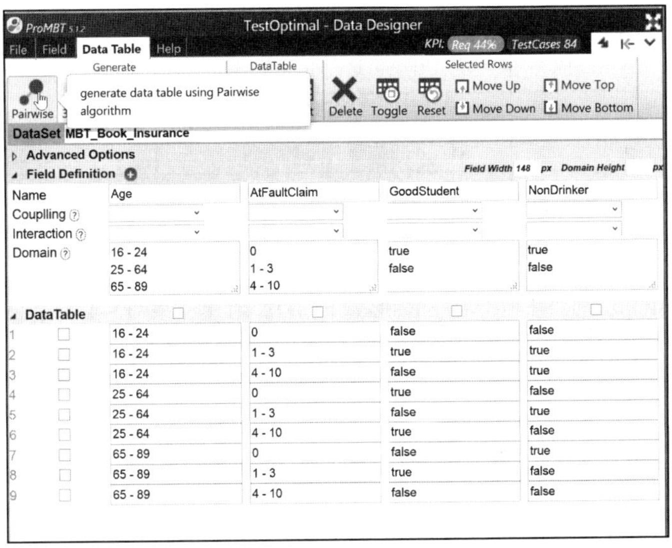

图 15-2　DataSet 定义：两对偶抽象测试用例

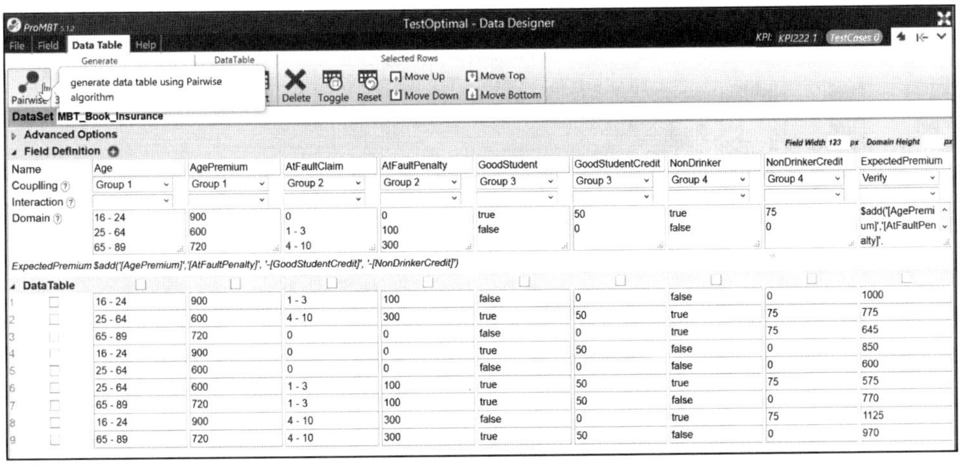

图 15-3　DataSet 定义：两对偶实际测试用例

TestOptimal 的 DataDesigner 也可以使用用户指定的规则，过滤掉特定的组合方式，以此产生针对某个域带有不同覆盖率子集的测试用例。对于复杂的测试变量来说，这是非常强大的测试用例生成功能，因为有些变量会在内部产生大量的交互（不同的交互长度）。如果在较高的变量交互层级使用 DataDesigner，那么很自然就会产生更多的测试用例。9 个两对偶测试用例可以扩展成 18 个三对偶测试用例，继而扩展成 36 个四对偶测试用例。

15.3　车库门控系统的测试结果

既然车库门控系统是一个事件驱动的系统，没有数字运算，那么一个工具能做的也就是生成路径，然后转换成测试用例。有限状态机是事件驱动系统最常使用的技术，几乎每个供应商都支持这种类型的模型，其中包括状态和事件，如表 15-2 所示。

表 15-2 车库门控系统的事件和状态

输入事件	输出事件（动作）	状态
e1：发出控制信号	a1：起动电机向下	s1：门开启
e2：到达轨道下端	a2：起动电机向上	s2：门关闭
e3：到达轨道上端	a3：停止运转电机	s3：门停止关闭
e4：激光束受到阻碍	a4：停止向下并反转电机向上	s4：门停止开启
		s5：门正在关闭
		s6：门正在开启

我们使用 TestOptimal 的 ProMBT 图形建模 IDE 创建了图 15-4 所示的车库门控系统的 FSM 模型。其中节点代表车库门的状态，其初始状态为 DoorUp。从这个模型开始，测试用例由工具提供的顺序生成器（Sequencer）生成。

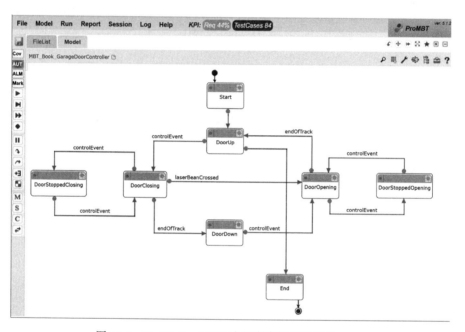

图 15-4 TestOptimal IDE 中的车库门控系统的 FSM

工具提供了 7 种顺序生成器，每种都可以从模型中生成测试用例或者测试的顺序。Optimal 工具提供的顺序生成器可以生成最短的测试序列（测试步骤），并且能够 100% 覆盖模型中的变迁。每个顺序生成器都生成一组测试用例，能够实现不同的测试目标和测试覆盖率。

针对车库门控系统，TestOptimal 中的 ProMBT 工具可以生成很多有用的输出形式，包括一个 UML 风格的顺序表（见图 15-5），一个在有限状态机模型中能够表示状态测试序列覆盖情况的有向图（见图 15-6），以及由可允许的事件序列驱动的测试用例集（见表 15-3）。

TestOptimal 的 ProMBT 还可以提供可扩展的测试覆盖信息，图 15-6 所示为生成的测试序列的有向图。在测试序列图中，节点表示在车库门有限状态机中给定的状态，而边则对应控制事件。TestOptimal 还能够提供必要的测试覆盖率报告。表 15-4 就是表 15-3 测试用例的覆盖率报告。

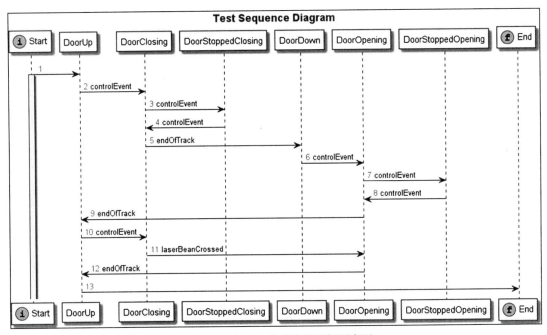

图 15-5　车库门控系统的示例顺序图

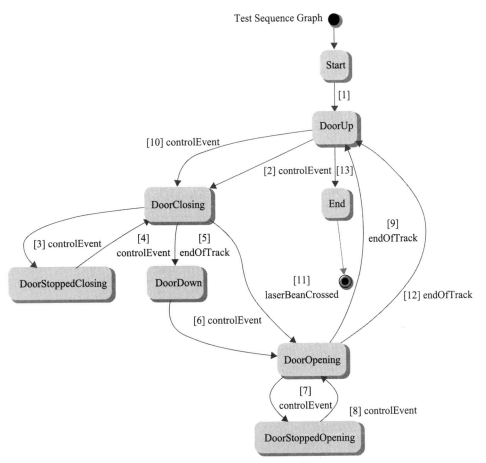

图 15-6　测试用例的状态覆盖

表 15-3   测试用例

测试用例 ID	步骤	行为	预期结果	实际结果
0001		（量级：55，长度：11）		
	1	起始：门开启 行为：控制事件 输入：控制事件	实际：门正在关闭 预期车库门状态：门停止关闭	
	2	起始：门正在关闭 行为：控制事件 输入：控制事件	实际：门停止关闭 预期车库门状态：门停止关闭	
	3	起始：门停止关闭 行为：控制事件 输入：控制事件	实际：门正在关闭 预期车库门状态：门停止关闭	
	4	起始：门正在关闭 行为：到达轨道末端 输入：到达轨道末端	实际：门关闭 预期车库门状态：门关闭	
	5	起始：门关闭 行为：控制事件 输入：控制事件	实际：门正在开启 预期车库门状态：门正在开启	
	6	起始：门正在开启 行为：控制事件 输入：控制事件	实际：门停止开启 预期车库门状态：门停止开启	
	7	起始：门停止开启 行为：控制事件 输入：控制事件	实际：门正在开启 预期车库门状态：门正在开启	
	8	起始：门正在开启 行为：到达轨道末端 输入：到达轨道末端	实际：门开启 预期车库门状态：门开启	
	9	起始：门开启 行为：控制事件 输入：控制事件	实际：门正在关闭 预期车库门状态：门正在关闭	
	10	起始：门正在关闭 行为：laserBeanCrossed 输入：laserBeanCrossed	实际：门正在开启 预期车库门状态：门正在开启	
	11	起始：门正在开启 行为：到达轨道末端 输入：到达轨道末端	实际：门开启 预期车库门状态：门开启	

表 15-4   测试覆盖率报告

模型名称	MBT_Book_GarageDoorController
模型版本	1.0
模型描述	
顺序生成器	最优序列（OptimalSequence）
生成时间	2016-02-28
覆盖类型	Alltrans
变迁覆盖	100
测试用例的数目	1
AUT 版本	

（续）

模型名称	MBT_Book_GarageDoorController
TO 版本	5.1.2
需求版本	
停止条件	
删除冗余的测试用例	0

TestOptimal 可以通过运行不同的顺序生成器产生不同的模型，继而生成达到不同覆盖率要求的测试用例。TestOptimal 的顺序生成器可以设计出有最小数目测试步骤的序列（最短测试步骤），同时还能达到对模型的 100% 覆盖（覆盖所有变迁）。而工具提供的 PathFinder顺序生成器可以利用不同的参数，生成带有不同组合条件和路径变化的不同测试覆盖率。我们在这里显示了不同 Excel 表格中的测试用例，同时也显示了遍历路径和测试用例的 MSC表，以便可视化测试用例。TestOptimal 还有若干其他的顺序生成器，也可以支持需求追踪以及需求覆盖，而这两点可以作为测试停止的准则。

15.4　供应商的建议

我们已经给大家展示了 TestOptimal 如何针对离线的 MBT 模型生成测试用例，TestOptimal也支持在线的 MBT。对于 Web 或 UI 应用，在测试网络服务和业务工作流时，需要功能测试和负载 / 性能测试，支持在线 MBT 的能力非常适用。

如果企业考虑将 TestOptimal 或任何一款 MBT 工具引入现有的测试 /QA 过程，那么都应该首先考虑在小型或试点项目中尝试一下。通过试点项目，企业能够学习和调整 MBT 的测试过程及测试实践，以便更好地使用该工具。企业需要考虑的事项包括：如何将工具集成到现有的软件开发过程和目前正在管理测试过程的系统中。企业也需要问一下，产品是否能够为测试人员和不同的管理层提供测试报告，以及产品是否具有开发环境，以便能够帮助使用者调试模型和自动化测试套件。

Conformiq 公司产品

16.1　简介

本章大部分内容由 Conformiq 公司的员工提供，或者经允许后来自 Conformiq 公司网站。Conformiq 公司总部位于加利福尼亚州的圣何塞，研发中心位于芬兰的赫尔辛基，在瑞典的斯德哥尔摩、印度的班佳罗、德国的慕尼黑均有分支机构。该公司产品线 Conformiq 360° 测试自动化，是非常综合的产品线，不仅涉及测试生成，还能够与现有的软件生命周期（SDLC）的工具进行集成，提供从需求管理、应用的生命周期管理（ALM）到测试管理和测试文档管理，自动测试执行工具。访问该公司网站可获取更多产品和服务的信息：（https://www.conformiq.com/）。

16.1.1　产品特性

Conformiq 产品线非常丰富，可以支持测试用例生成、两种建模语言、用户接口，以及与其他工具的灵活接口。

16.1.1.1　测试生成

- 自动生成测试输入，包括基本类型数据和结构化类型的数据；
- 自动生成预期输出，包括基本类型数据和结构化类型的数据；
- 自动生成测试时钟；
- 自动支持需求驱动的测试用例生成和需求追踪；
- 自动支持边界值分析、多条件/多判定覆盖率、二值转换测试、全路径测试、组合数据测试，以及其他多种黑盒测试设计策略；
- 自动支持基于风险的测试用例生成；
- 使用多种目标语言自动生成人工可读的 HTML 或 Excel 格式的测试文档；
- 自动生成可执行的测试套件；
- 在自动生成的测试用例之间建立依赖关系；
- 自动识别测试的前置条件，测试用例的主体以及测试的后置条件；
- 对已生成的测试套件进行数学优化，提高效率，以最小化测试步骤；
- 自动生成追踪信息；
- 自动生成测试用例之间的依赖信息；
- 自动生成测试用例名称和测试用例总结；
- 基于约束求解和符号状态空间探索，确认测试用例；
- 增量式的测试用例生成和自动测试资产分析；
- 在多核系统或者云系统中，分布执行测试用例或者剪裁测试用例。

16.1.1.2　建模语言（Conformiq Designer）

- 支持层次化的 UML2 状态机图；

- 支持从第三方 UML 工具或测试生成工具直接导入的状态机图，或者其他图，例如类图；
- 使用兼容 Java 的文本表达式作为 UML 行为语言；
- 全方位支持面向对象的技术，包括类、继承、多线程，以及模型线程之间的异步通信；
- 支持针对多个测试接口的建模；
- 支持时钟；
- 在模型层实现任意精度的算法。

16.1.1.3　建模语言（Conformiq Creator）

- 全图形化建模表达式，允许测试人员不具备编程背景；
- 在结构图中，带有接口的域特定格式可以直接支持用户接口建模，以及带有结构化数据的基于消息的接口建模，允许通过用户行为进行扩展；
- 从结构图中自动生成活动的关键字库和数据对；
- 支持用户定义的结构图库；
- 对需求的注释或描述中可能影响测试的名称进行特殊处理；
- 支持活动图的层次化说明，包括控制流和数据流，以及复杂和复合的条件；
- 对于"无所谓"的测试数据给出特殊定义，可以直接支持多种类型的测试数据对象，包括变量、数值、可变数值、数值表；
- 在表格中支持对测试数据建模；
- 在线检查图表的句法正确性，编辑过程中可以快速修复，能够进行变更影响分析。

16.1.1.4　用户接口

- 提供建模的全交互式环境，在 Eclipse 顶部可以浏览已生成的测试部件；
- 支持每个项目的多测试目标的设置；
- 可以在消息序列表中，基于交互式图形浏览已生成的带有层次表的数据和模拟图的测试用例；
- 提供带有测试追踪信息的交互式测试目标视图；
- 提供交互式的测试用例依赖矩阵视图；
- 能够一键生成测试用例；
- 支持在任意格式下一键导出测试用例；
- 内建的 Conformiq 建模编辑器可用于测试建模；

16.1.1.5　与其他工具的集成

- 基于开源或 Java 的脚本式插件架构，用户可以自定义输出数据的格式；
- 从 IBM Rhapsody、Sparx Enterprise Architect、IBM RSD-RT 等导入 UML 模型；
- 使用 Excel、Gherkin 文件中定义的手工测试创建 Creator 模型，或从 MS Visio 或 BPMN 工具（例如 Software AG Aris、IBM RSA、Mega 等）导入流程图；
- 从 HP QTP/UFT 或 Selenium 测试自动化套件中创建结构图；
- 从需求管理工具（例如 HP Quality Center、HP ALM、IBM DOORS、IBM RequisitePro、Rally、MS Excel）或公司自有工具的模型注释中自动下载需求；
- 将测试用例自动发布到测试管理工具中，例如 HP Quality Center、HP ALM、Rally，或公司自有工具；

- 可以通过 Conformiq Transformer 将测试用例自动发布到测试执行工具，或者直接发布到 HP QTP/UFT、Selenium、Parasoft SOATest、Tricentis Tosca、Odintech Axe、Testplant Eggplant、Experitest SeeTest、Robot Testing Framework 等中，也可以基于测试框架，发布到任何 JUnit/Java、Python、TCL、XML、Perl、TTCN-3 等工具中；
- 能够在 Eclipse 工作台中，作为 Eclipse 插件，安装 Conformiq；
- 能够与 GIT 版本控制工具进行图形化的比较与合并，也可以与其他版本的管理工具和 SCM 工具兼容。

16.1.1.6　其他特性

- 支持 Windows 和 Linux 安装环境，提供交叉平台解决方案；
- 部署本地或者远程的测试用例生成；
- 提供用户手册和案例模型；
- 快速启动程序；
- 浮动许可证或用户名许可证。

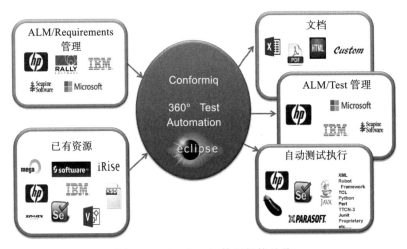

图 16-1　Conformiq 体系架构总览

16.1.2　Conformiq 360°自动化测试套件

Conformiq 360°测试自动化产品套件包括 5 个工具，本章将对其进行简要描述。保费计算问题使用 Conformiq Creator 来完成，车库门控系统使用 Conformiq Designer 来完成。

Conformiq Creator 对企业级 IT 应用、网络应用以及网络服务进行自动化测试。Creator 可以支持自动的功能测试、程序测试、系统测试和点对点测试。该产品不需要编程经验，可以支持全图形化建模。

Conformiq Designer 使用 Java 技术，结合 UML 2 技术可以对复杂系统（例如嵌入式软件和网络设备），进行简单的自动化测试。高度智能化的算法可以自动生成所需的测试用例，能够辅助提高软件质量。

Conformiq Transformer 自动执行用户指定的和自动生成的测试用例，支持广泛的企业标准级 SDLC 工具，能够提高整个质量保证部门的生产效率。如果它与 Conformiq Creator 结合，则 Conformiq Transformer 还能够扩展 Conformiq 360°测试自动化解决方案。

Conformiq 360° Integrations 与 Conformiq Designer 和 Conformiq Creator 一起，可以

在软件开发生命周期工具中，提供与 SDLC 工具的轻松集成。

Conformiq Grid 工具与 Conformiq Designer 和 Conformiq Creator 工具一起使用。该工具是测试生成工具的可剪裁的云端解决方案，企业可以使用该工具以便更加有效地使用 Conformiq 产品，增加更多能力。

16.1.3　用户支持

对于新用户来讲，Conformiq 的产品套件部署是个很有意思的过程。更多细节请参见 https://www.conformiq.com/deployment/。此处，简要介绍部署过程。

1）开始是学习过程，帮助客户做出成功的计划；

2）按照客户需要，定制可选的概念计划；

3）与客户一起完成试点项目，使用户能够体会使用 Conformiq 技术如何实现快速 ROI；

4）对如何将 Conformiq 产品与用户定义的软件过程集成，提供建议；

5）使用 Conformiq360° Integrations，将 Conformiq 产品平滑过渡到综合的 ALM 系统中；

6）培训课程；

7）利用基于模型测试过程的内部捍卫者，组成部署卓越的小组；

8）对工作组、技能评估和持续的技术开发提供支持；

9）经常性对模型进行评审和对已生成测试的评审。

在这些起始步骤之后，还有定制的培训、支持和后续其他技术支持。

16.2　保费计算问题的测试结果

Conformiq 使用 Conformiq Creator 来开发活动图，以此作为测试过程的开始，如图 16-2 所示。Creator 建模语言有着严格的限制，判定结果只能是二向的，这也是有意为之，目的是简化模型的建模和评审过程。这个模型与提供给所有 MBT 供应商的模型是等效的，我们只是重写了一遍。

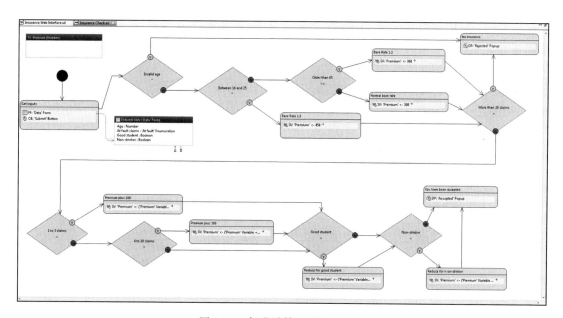

图 16-2　保费计算问题的活动图

16.2.1 Conformiq Creator 的输入

决策框中的文本，从左至右，自上而下，其含义如下所示。

1）年龄不合法？

2）年龄在 16 ～ 25 岁之间？

3）超过 65 岁？

4）超过 10 次出险次数？（如果是，则位于下部。）

5）1 ～ 3 次出险次数？

6）4 ～ 10 次出险次数？

7）是好学生么？

8）是非饮酒者么？

动作显示为活动，也就是圆角矩形。我们使用它们来对保费计算问题中所需的各种接口交互行为来建模，这些接口包括系统接口、与被测应用的接口、以及通信接口。图 16-3 所示的结构图定义的是测试可用的接口，这些接口是自动生成接口动作的基础。本例对网络的人机接口建模，用户可以通过屏幕上的表格输入数据，点击提交键之后，会有一个窗口弹出，弹窗的标号显示要么可以投保，要么是拒绝。该图也说明了模型中可选的不同数据的类型。本例中，年龄域被建模为一个数字，而"出险次数"则被建模为一个枚举，而"好学生"和"非饮酒者"被建模为布尔量的勾选框。

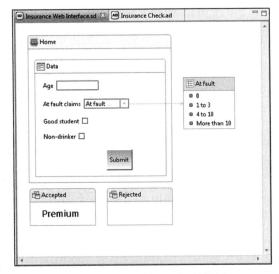

图 16-3 保费计算问题的结构图

自动生成的测试用例可以导出为不同的文档格式和测试脚本格式。表 16-1 所示的例子就是使用 Excel 导出的、默认的测试用例输出格式。图 16-1 所示为编写测试用例时，系统支持的工具列表。对于每个测试用例来说，使用 Excel 输出器生成的信息包括：测试用例名和总结，以及每个测试步骤的描述、预期输出等。

表 16-1 针对保费计算问题所生成的测试用例文档（前两个）

测试用例 1	Decision/'Insurance Check'|Decision 'Invalid age' / Condition ((Age in 'Entered Data' Variable < 16) or (Age in 'Entered Data' Variable > 90)) is true	
步骤	动作	验证点
1	在 Home 页面填写数据，在 Age 文本框中输入 0	SUT 中未见错误
2	在主屏幕的 data 表格中点击 Submit 提交键	显示拒绝弹窗 文本显示：抱歉，您不是合法的投保客户
测试用例 2	Decision/'Insurance Check'|Decision 'Between 16 and 25' / Condition ((Age in 'Entered Data' Variable < 25) and (Age in 'Entered Data' Variable >= 16)) is true	

（续）

步骤	动作	验证点
1	在主屏幕中填写数据表单，在 Age 文本框中输入 20，从出险次数下拉菜单中选择"多于 10 个"	SUT 中未见错误
2	在主屏幕的 data 表格中点击 Submit 提交键	显示拒绝弹窗 文本显示：抱歉，您不是合法的投保客户

16.2.2 生成的测试用例

表 16-2 所示为一个完整的、重新调整过格式的测试用例 1。Conformiq Creator 使用 4 个规则对活动图进行覆盖率分析：活动图的节点、活动的调用、控制流以及判定条件和数据。这些结果都将由 Excel 输入器导出至一个独立的追踪矩阵工作表格，见表 16-3 ～表 16-6，这些表格都被重新调整了格式，以提高可读性。请注意，此时 Conformiq Creator 没有实现 Conformiq 测试生成器引擎所支持的全覆盖率分析。其他选项还包括边界值分析、多条件/多判定、二值转换和全路径覆盖。Conformiq Creator 同样可以依据派生的测试用例的原始模型，生成非常详细的覆盖率和追踪信息。表 16-3 ～表 16-6 可以报告以下覆盖率信息。

- 活动调用，见表 16-3；
- 控制流，见表 16-4；
- 流程图中的节点，见表 16-4；
- 判定，见表 16-3。

表 16-2　测试用例 1 的完整版本

测试用例 1	Decision/'Insurance Check'|Decision 'Invali-dage'/Condition((Agein 'Entered Data' Variable<16)or (Agein 'Entered Data' Variable>90)) is true			
概要	待填写			
总体结论	公开	对 SUT 发布执行	待填写	
执行	待填写	测试执行的日期和时间：	待填写	
步骤	动作	验证点	结论	过程观察数据
1	在主屏幕的 data 表格中点击 Submit 提交键	SUT 中未见错误	公开	待填写
2	在主屏幕的 data 表格中点击 Submit 提交键	显示拒绝弹窗 文本显示：抱歉，您不是合法的投保客户	公开	待填写

表 16-3　（调整格式后的）活动追踪矩阵

活动追踪	A	B	C	D	E	F	G
'Insurance Check'/Activity 'Base Rate 1.2'/Action #1: SV: 'Premium' <- 360				X	X	X	X
'Insurance Check'/Activity 'Base Rate 1.5'/Action #1: SV: 'Premium' <- 450		X					
'Insurance Check'/Activity 'Get inputs'/Action #1: FF: 'Data' Form	X	X	X	X	X	X	X
'Insurance Check'/Activity 'Get inputs'/Action #2: CB: 'Submit' Button	X	X	X	X	X	X	X
'Insurance Check'/Activity 'No insurance'/Action #1: DP: 'Rejected' Popup	X	X	X				
'Insurance Check'/Activity 'Normal base rate'/Action #1: SV: 'Premium' <- 300			X				
'Insurance Check'/Activity 'Premium plus 100'/Action #1: SV: 'Premium' <- ('Premium' Variable + 100)				X	X		

（续）

活动追踪	A	B	C	D	E	F	G
'Insurance Check'/Activity 'Premium plus 300'/Action #1: SV: 'Premium' <- ('Premium' Variable + 300)							X
'Insurance Check'/Activity 'Reduce for goodStudent'/Action #1: SV: 'Premium' <- ('Premium' Variable – 50)					X	X	X
'Insurance Check'/Activity 'Reduce for non-drinker'/Action #1: SV: 'Premium' <- ('Premium' Variable – 75)				X		X	X
'Insurance Check'/Activity 'You have been accepted to our insurance program and your premium will be $'/Action #1: DP: 'Accepted' Popup				X	X	X	X

表 16-4　（调整格式后的）控制流追踪矩阵

控制流	A	B	C	D	E	F	G
'Insurance Check'/Activity 'Base Rate 1.2' -> Decision 'More than 10 claims'				X	X	X	X
'Insurance Check'/Activity 'Base Rate 1.5' -> Decision 'More than 10 claims'		X					
'Insurance Check'/Activity 'Get inputs' -> Decision 'Invalid age'	X	X	X	X	X	X	X
'Insurance Check'/Activity 'Normal base rate' -> Decision 'More than 10 claims'			X				
'Insurance Check'/Activity 'Premium plus 100' -> Decision 'Good student'				X	X		
'Insurance Check'/Activity 'Premium plus 300' -> Decision 'Good student'							X
'Insurance Check'/Activity 'Reduce for good student' -> Decision 'Non-drinker'					X	X	X
'Insurance Check'/Activity 'Reduce for non-drinker' -> Activity 'You have been accepted to our insurance program and your premium will be $'				X		X	X
'Insurance Check'/Decision '1 to 3 claims' -> Activity 'Premium plus 100' (YES)				X	X		
'Insurance Check'/Decision '1 to 3 claims' -> Decision '4 to 10 claims' (NO)						X	X
'Insurance Check'/Decision '4 to 10 claims' -> Activity 'Premium plus 300' (YES)							X
'Insurance Check'/Decision '4 to 10 claims' -> Decision 'Good student' (NO)						X	
'Insurance Check'/Decision 'Between 16 and 25' -> Activity 'Base Rate 1.5' (YES)		X					
'Insurance Check'/Decision 'Between 16 and 25' -> Decision 'Older than 65' (NO)			X	X	X	X	X
'Insurance Check'/Decision 'Good student' -> Activity 'Reduce for good student' (YES)					X	X	X
'Insurance Check'/Decision 'Good student' -> Decision 'Non-drinker' (NO)				X			
'Insurance Check'/Decision 'Invalid age' -> Activity 'No insurance' (YES)	X						
'Insurance Check'/Decision 'Invalid age' -> Decision 'Between 16 and 25' (NO)		X	X	X	X	X	X
'Insurance Check'/Decision 'More than 10 claims' -> Activity 'No insurance' (YES)		X	X				
'Insurance Check'/Decision 'More than 10 claims' -> Decision '1 to 3 claims' (NO)				X	X	X	X
'Insurance Check'/Decision 'Non-drinker' -> Activity 'Reduce for non-drinker' (YES)				X		X	X
'Insurance Check'/Decision 'Non-drinker' -> Activity 'You have been accepted to our insurance program and your premium will be $' (NO)					X		
'Insurance Check'/Decision 'Older than 65' -> Activity 'Base Rate 1.2' (YES)				X	X	X	X
'Insurance Check'/Decision 'Older than 65' -> Activity 'Normal base rate' (NO)			X				
'Insurance Check'/Initial -> Activity 'Get inputs'	X	X	X	X	X	X	X

表 16-5　（调整格式后的）活动图节点追踪矩阵

活动图节点	A	B	C	D	E	F	G
'Insurance Check'/Activity 'Base Rate 1.2'				X	X	X	X
'Insurance Check'/Activity 'Base Rate 1.5'		X					

（续）

活动图节点	A	B	C	D	E	F	G
'Insurance Check' /Activity 'Get inputs'	X	X	X	X	X	X	X
'Insurance Check' /Activity 'No insurance'	X	X	X				
'Insurance Check' /Activity 'Normal base rate'			X				
'Insurance Check' /Activity 'Premium plus 100'				X	X		
'Insurance Check' /Activity 'Premium plus 300'							X
'Insurance Check' /Activity 'Reduce for good student'					X	X	X
'Insurance Check' /Activity 'Reduce for non-drinker'				X		X	X
'Insurance Check' /Activity 'You have been accepted to our insurance program and your premium will be $'				X	X	X	X
'Insurance Check' /Decision '1 to 3 claims'				X	X	X	X
'Insurance Check' /Decision '4 to 10 claims'						X	X
'Insurance Check' /Decision 'Between 16 and 25'		X	X	X	X	X	X
'Insurance Check' /Decision 'Good student'				X	X	X	X
'Insurance Check' /Decision 'Invalid age'	X	X	X	X	X	X	X
'Insurance Check' /Decision 'More than 10 claims'		X	X	X	X	X	X
'Insurance Check' /Decision 'Non-drinker'				X	X	X	X
'Insurance Check' /Decision 'Older than 65'			X	X	X	X	X
'Insurance Check' /Initial	X	X	X	X	X	X	X

表 16-6　（调整格式后的）判定条件追踪矩阵

判定条件	A	B	C	D	E	F	G
Decision/ 'Insurance Check' | Decision '1 to 3 claims' /Condition (At fault claims in 'Entered Data' Variable = 1 to 3) is false						X	X
Decision/ 'Insurance Check' | Decision '1 to 3 claims' /Condition (At fault claims in 'Entered Data' Variable = 1 to 3) is true				X	X		
Decision/ 'Insurance Check' | Decision '4 to 10 claims' /Condition (At fault claims in 'Entered Data' Variable = 4 to 10) is false						X	
Decision/ 'Insurance Check' | Decision '4 to 10 claims' /Condition (At fault claims in 'Entered Data' Variable = 4 to 10) is true							X
Decision/ 'Insurance Check' | Decision 'Between 16 and 25' / Condition ((Age in 'Entered Data' Variable < 25) and (Age in 'Entered Data' Variable >= 16)) is false			X	X	X	X	X
Decision/ 'Insurance Check' | Decision 'Between 16 and 25' / Condition ((Age in 'Entered Data' Variable < 25) and (Age in 'Entered Data' Variable >= 16)) is true		X					
Decision/ 'Insurance Check' | Decision 'Good student' /Condition (Good student in 'Entered Data' Variable = true) is false				X			
Decision/ 'Insurance Check' | Decision 'Good student' /Condition (Good student in 'Entered Data' Variable = true) is true					X	X	X
Decision/ 'Insurance Check' | Decision 'Invalid age' /Condition ((Age in 'Entered Data' Variable < 16) or (Age in 'Entered Data' Variable > 90)) is false		X	X	X	X	X	X
Decision/ 'Insurance Check' | Decision 'Invalid age' /Condition ((Age in 'Entered Data' Variable < 16) or (Age in 'Entered Data' Variable > 90)) is true	X						
Decision/ 'Insurance Check' | Decision 'More than 10 claims' /Condition (At fault claims in 'Entered Data' Variable = More than 10) is false				X	X	X	X
Decision/ 'Insurance Check' | Decision 'More than 10 claims' /Condition (At fault claims in 'Entered Data' Variable = More than 10) is true		X	X				

（续）

判定条件	A	B	C	D	E	F	G
Decision/'Insurance Check' | Decision 'Non-drinker'/Condition (Non-drinker in 'Entered Data' Variable = true) is false					X		
Decision/'Insurance Check' | Decision 'Non-drinker'/Condition (Non-drinker in 'Entered Data' Variable = true) is true					X	X	X
Decision/'Insurance Check' | Decision 'Older than 65'/Condition (Age in 'Entered Data' Variable >= 65) is false			X				
Decision/'Insurance Check' | Decision 'Older than 65'/Condition (Age in 'Entered Data' Variable >= 65) is true					X	X	X	X

16.2.3　测试覆盖率分析

表格 16-3 ～表 16-6 的标题如下所示，这里使用首字母缩写以节省空间。

A. 判定 /'Insurance Check' | 判定 'Invalid age' / 条件 ((Age in 'EnteredData' Variable < 16) 或 (Age in 'Entered Data' Variable > 90)) 是否为真。

B. 判定 /'Insurance Check' | 判定 'Between 16 and 25' / 条件 ((Age in 'Entered Data' Variable < 25) 和 (Age in 'Entered Data' Variable >= 16)) 为真。

C. 判定 /'Insurance Check' | 判定 'Older than 65'/Condition (Age in 'Entered Data' Variable >= 65) 为假。

D. 判定 /'Insurance Check' | 判定 'goodStudent' / 条件 (goodStudent in 'Entered Data' Variable = true) 为真。

E. 判定 /'Insurance Check' | 判定 'Non-drinker' / 条件 (Non-drinker in 'Entered Data' Variable = true) 为假。

F. 判定 /'Insurance Check' | 判定 '4 to 10 claims' / 条件 (At faultclaims in 'Entered Data' Variable = 4 to 10) 为假。

G. 判定 /'Insurance Check' | 判定 '4 to 10 claims' / 条件 (At fault claims in 'Entered Data' Variable = 4 to 10) 为真。

追踪矩阵的完整报告位于测试套件报告中，请见表 16-7。

表 16-7　测试套件总结

Conformiq 测试说明	
工程	保费计算
生成时间	7.3.2016 8:26
输出的测试数目	7
Conformiq 选项	
自动命名测试用例	真
前视深度	1
OSI 方法论支持	假
仅最后一次运行	不能
覆盖率汇总	
活动图	100%（55/55）
判定	100%（16/16）
整体覆盖率	100%（71/71）

　　Conformiq 提供自动生成的不同配置的测试用例，表 16-7 和表 16-8 是总结。这里给出两套测试用例，一套用例是最紧凑的格式，是带有最小测试集和测试步骤的测试套件；另一套用例是符合 ISO-9646[ISO 1991] 测试标准的测试套件。从中可以看出两者之间的差别，也可以看出工具在测试用例生成方面的灵活性。表 16-9 显示的是符合 ISO-9646 标准的 10 个测试用例。表 16-10 所示为表 16-9 中某一个测试用例的详细视图。在提供的第三个测试套件中，所有的输入数据进行组合可以生成 64 个测试用例。

表 16-8　表 16-1 中压缩的 7 个测试用例

测试用例	年龄	出险次数	好学生	非饮酒者	结果
1	0	—	—	—	拒保
2	20	>10	—	—	拒保
3	44	>10	—	—	拒保
4	77	1～3	假	真	保费是 385 美元
5	77	1～3	真	假	保费是 410 美元
6	77	0	真	真	保费是 235 美元
7	77	4～10	真	假	保费是 535 美元

表 16-9　压缩版本的已提交的 10 个测试用例

测试用例	年龄	出险次数	好学生	非饮酒者	结果
1	0	—	—	—	拒保
2	0	—	—	—	拒保
3	20	>10	—	—	拒保
4	77	>10	—	—	拒保
5	44	>10	—	—	拒保
6	77	1～3	真	假	保费是 410 美元
7	77	1～3	真	真	保费是 335 美元
8	77	1～3	假	真	保费是 385 美元
9	77	0	真	真	保费是 235 美元
10	77	4～10	真	真	保费是 535 美元

表 16-10　保费计算问题的测试文档中的测试用例

测试用例 4	Decision/ ' Insurance Check ' | Decision ' Good student ' / Condition (goodStudent in ' Entered Data ')	
概要	待填写	
总体结论	公开	对 SUT 发布执行：
执行	待填写	测试执行的日期和时间：
步骤	动作	验证点
1	在主屏幕 data 表格的年龄文本框中输入 77，在出险次数的下拉菜单中选择"1 到 3"，取消选中好学生栏，选中非饮酒者栏	SUT 中未见错误
2	在主屏幕的 data 表格中点击 Submit 提交键	应用程序显示接受的弹出窗口，窗口文本为"客户可以投保"，保费标签为"您的保费为 385 美元

表 16-11 和表 16-12 都包含了 64 个调整格式之后的测试用例，这些测试用例来自所有输

入数据的组合。表 16-12 所示为重新整理之后的测试用例的顺序，这样可以提高可读性。这64 个测试用例组成了最坏情况下的正常等价类测试 [Jorgensen 2014]。

表 16-11 保费计算问题的 64 个测试用例

测试用例	年龄	出险次数	好学生	非饮酒者	是否批准	保费
1	77	1～3	F	T		385 美元
2	77	1～3	T	F		410 美元
3	77	0	T	T		235 美元
4	77	4～10	T	T		535 美元
5	0	0	F	F	否	
6	0	1～3	F	F	否	
7	0	4～10	F	F	否	
8	0	4～10	F	T	否	
9	0	4～10	T	F	否	
10	0	>10	F	F	否	
11	0	>10	F	T	否	
12	0	>10	T	F	否	
13	77	>10	T	T	否	
14	20	0	T	T		325 美元
15	77	0	F	T		285 美元
16	77	0	T	F		310 美元
17	44	0	T	T		175 美元
18	77	1～3	T	T		335 美元
19	0	0	F	T	否	
20	0	0	T	F	否	
21	0	0	T	T	否	
22	0	1～3	F	T	否	
23	0	1～3	T	F	否	
24	0	1～3	T	T	否	
25	0	4～10	T	T	否	
26	0	>10	T	T	否	
27	20	>10	F	F	否	
28	20	>10	F	T	否	
29	20	>10	T	F	否	
30	20	>10	T	T	否	
31	44	>10	F	F	否	
32	44	>10	F	T	否	
33	44	>10	T	F	否	
34	44	>10	T	T	否	
35	77	>10	F	F	否	
36	77	>10	F	T	否	
37	77	>10	T	T	否	
38	20	0	F	F		450 美元
39	20	1～3	F	F		550 美元
40	20	0	F	T		375 美元

（续）

测试用例	年龄	出险次数	好学生	非饮酒者	是否批准	保费
41	20	0	T	F		400 美元
42	20	1 ～ 3	F	T		475 美元
43	20	1 ～ 3	T	F		500 美元
44	20	4 ～ 10	F	F		750 美元
45	44	0	F	F		300 美元
46	44	1 ～ 3	F	F		400 美元
47	77	0	F	F		360 美元
48	77	1 ～ 3	F	F		460 美元
49	20	1 ～ 3	T	T		425 美元
50	20	4 ～ 10	F	T		675 美元
51	20	4 ～ 10	T	F		700 美元
52	44	0	F	T		225 美元
53	44	0	T	F		250 美元
54	44	1 ～ 3	F	T		325 美元
55	44	1 ～ 3	T	F		350 美元
56	44	4 ～ 10	F	F		600 美元
57	77	4 ～ 10	F	F		660 美元
58	20	4 ～ 10	T	T		625 美元
59	44	1 ～ 3	T	T		275 美元
60	44	4 ～ 10	F	T		525 美元
61	44	4 ～ 10	T	F		550 美元
62	77	4 ～ 10	F	T		585 美元
63	77	4 ～ 10	T	F		610 美元
64	44	4 ～ 10	T	T		475 美元

表 16-12　重新组织的 64 个保费计算问题测试用例

测试用例	年龄	出险次数	好学生	非饮酒者	是否批准	保费
5	0	0	F	F	否	
19	0	0	F	T	否	
20	0	0	T	F	否	
21	0	0	T	T	否	
10	0	>10	F	F	否	
11	0	>10	F	T	否	
12	0	>10	T	F	否	
26	0	>10	T	T	否	
6	0	1 ～ 3	F	F	否	
22	0	1 ～ 3	F	T	否	
23	0	1 ～ 3	T	F	否	
24	0	1 ～ 3	T	T	否	
7	0	4 ～ 10	F	F	否	
8	0	4 ～ 10	F	T	否	
9	0	4 ～ 10	T	F	否	

（续）

测试用例	年龄	出险次数	好学生	非饮酒者	是否批准	保费
25	0	4～10	T	T	否	
27	20	>10	F	F	否	
28	20	>10	F	T	否	
29	20	>10	T	F	否	
30	20	>10	T	T	否	
31	44	>10	F	F	否	
32	44	>10	F	T	否	
33	44	>10	T	F	否	
34	44	>10	T	T	否	
13	77	>10	T	T	否	
35	77	>10	F	F	否	
36	77	>10	F	T	否	
37	77	>10	T	T	否	
14	20	0	T	T		325 美元
38	20	0	F	F		450 美元
40	20	0	F	T		375 美元
41	20	0	T	F		400 美元
39	20	1～3	F	F		550 美元
42	20	1～3	F	T		475 美元
43	20	1～3	T	F		500 美元
49	20	1～3	T	T		425 美元
44	20	4～10	F	F		750 美元
50	20	4～10	F	T		675 美元
51	20	4～10	T	F		700 美元
58	20	4～10	T	T		625 美元
17	44	0	T	T		175 美元
45	44	0	F	F		300 美元
52	44	0	F	T		225 美元
53	44	0	T	F		250 美元
46	44	1～3	F	F		400 美元
54	44	1～3	F	T		325 美元
55	44	1～3	T	F		350 美元
59	44	1～3	T	T		275 美元
56	44	4～10	F	F		600 美元
60	44	4～10	F	T		525 美元
61	44	4～10	T	F		550 美元
64	44	4～10	T	T		475 美元
3	77	0	T	T		235 美元
15	77	0	F	T		285 美元
16	77	0	T	F		310 美元

（续）

测试用例	年龄	出险次数	好学生	非饮酒者	是否批准	保费
47	77	0	F	F		360 美元
1	77	1～3	F	T		385 美元
2	77	1～3	T	F		410 美元
18	77	1～3	T	T		335 美元
48	77	1～3	F	F		460 美元
4	77	4～10	T	T		535 美元
57	77	4～10	F	F		660 美元
62	77	4～10	F	T		585 美元
63	77	4～10	T	F		610 美元

16.3 车库门控系统的测试结果

我们使用 Conformiq Designer 工具进行车库门控系统的测试。前两步是创建 UML 状态机模型，如图 16-4 所示，并且完成 CQA 文件（Conformiq 公司的基于 Java 的 UML 活动语言）。该文件定义了可用于测试的接口（system.cqa）、状态图调用的方法（GarageDoor-Controller.cqa）、以及模型部件（Main.cqa）的实例。如图 16-4 所示。

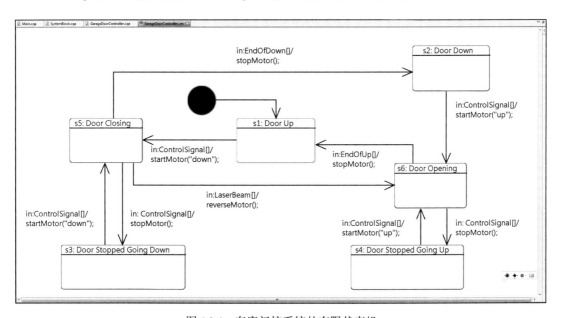

图 16-4 车库门控系统的有限状态机

16.3.1 输入图和 QML 文本文件

图 16-4 所示的 Conformiq 状态机是一个扩展的有限状态机，与第 13 章中的图在拓扑上是等价的。与 Conformiq Creator 相比，Conformiq Designer 使用程序化的描述来定义接口，表达活动和条件。同在保费计算问题中一样，Conformiq Designer 可以从状态机中自动生成测试用例。程序执行一次就可以生成 17 个测试用例，如表 16-13 和表 16-14 所示。与模型

表达式不同，生成的测试用例可以输出到同样基于 Excel 格式的测试文档中。本章的前面部分，只展示了最相关的数据子集。

CQA 文件

以下内容补充并定义了与图 16-4 所示的状态机相关的方法。

```
/** Main.cqa: entry point to the modeled behavior – here a single model
component. */
void main()
{
    // Instantiate and start execution of 'GarageDoorController' model component.
    GarageDoorController mc = new GarageDoorController();
    mc.start("GarageDoorController");
}
/** System.cqa: Declaration of the external interface of the system being modeled.
*/
system
{
    Inbound in : ControlSignal, EndOfDown, EndOfUp, LaserBeam;
    Outbound out : MotorStart, MotorStop, MotorReverse;
}

record ControlSignal { }
record EndOfDown { }
record EndOfUp { }
record LaserBeam { }
record MotorStart { String direction; }
record MotorStop { }
record MotorReverse { }

/** GarageDoorController.cqa: Declaration of 'GarageDoorController' state
machine instance. */
class GarageDoorController extends StateMachine
{
    /** The default constructor. */
    public GarageDoorController() { }

    public void startMotor( String direction ) {
        MotorStart start;
        start.direction = direction;
        out.send( start );
    }

    public void stopMotor( ) {
        MotorStop stop;
        out.send( stop );
    }

    public void reverseMotor( ) {
        MotorReverse reverse;
        out.send( reverse );
    }
}
```

这 17 个测试用例中的状态序列使用下面的缩写（来自第 13 章）：s1 的含义是门开启、s2 的含义是门关闭、s3 的含义是门停止向下、s4 的含义是门停止向上、s5 的含义是门正在关闭，s6 的含义是门正在开启。

16.3.2 生成的测试用例

表 16-13 所示为车库门控系统生成的 17 个测试用例（表 16-14 是测试用例的原始格式）。

表 16-13 所示为扩展的测试用例，从图中可以看到每个测试用例覆盖的状态序列。

表 16-13 车库门控系统状态机图生成的 17 个测试用例

步骤	动作	验证点
测试用例 1	s1，s5	
1	输入 e1：控制信号	系统执行动作 a1：起动驱动电机 "往下"
测试用例 2	s1，s5，s3	
1	输入 e1：控制信号	系统执行动作 a1：起动驱动电机 "往下"
2	输入 e1：控制信号	系统执行动作 a3：停止驱动电机
测试用例 3	s1，s5，s2	
1	输入 e1：控制信号	系统执行动作 a1：起动驱动电机 "往下"
2	输入 e2：往下运行到终点	系统执行动作 a3：停止驱动电机
测试用例 4	s1，s5，s3，s5	
1	输入 e1：控制信号	系统执行动作 a1：起动驱动电机 "往下"
2	输入 e1：控制信号	系统执行动作 a3：停止驱动电机
3	输入 e1：控制信号	系统执行动作 a1：起动驱动电机 "往下"
测试用例 5	s1，s5，s6	
1	输入 e1：控制信号	系统执行动作 a3：停止驱动电机
2	输入 e4：激光束被打断	系统执行动作 a4：从下往上反转电机
测试用例 6	s1，s5，s2，s6	
1	输入 e1：控制信号	系统执行动作 a1：起动驱动电机 "往下"
2	输入 e2：往下运行到终点	系统执行动作 a3：停止驱动电机
3	输入 e1：控制信号	系统执行动作 a2：起动驱动电机 "往上"
测试用例 7	s1，s5，s6，s1	
1	输入 e1：控制信号	系统执行动作 a1：起动驱动电机 "往下"
2	输入 e4：激光束被打断	系统执行动作 a4：从下往上反转电机
3	输入 e3：往下运行至轨道末端	系统执行动作 a3：停止驱动电机
测试用例 8	s1，s5，s3，s5，s3	
1	输入 e1：控制信号	系统执行动作 a1：起动驱动电机 "往下"
2	输入 e1：控制信号	系统执行动作 a3：停止驱动电机
3	输入 e1：控制信号	系统执行动作 a1：起动驱动电机 "往下"
4	输入 e1：控制信号	系统执行动作 a3：停止驱动电机
测试用例 9	s1，s5，s3，s5，s2	
1	输入 e1：控制信号	系统执行动作 a1：起动驱动电机 "往下"
2	输入 e1：控制信号	系统执行动作 a3：停止驱动电机
3	输入 e1：控制信号	系统执行动作 a1：起动驱动电机 "往下"
4	输入 e2：往下运行到终点	系统执行动作 a3：停止驱动电机
测试用例 10	s1，s5，s3，s5，s6	
1	输入 e1：控制信号	系统执行动作 a1：起动驱动电机 "往下"
2	输入 e1：控制信号	系统执行动作 a3：停止驱动电机
3	输入 e1：控制信号	系统执行动作 a1：起动驱动电机 "往下"
4	输入 e4：激光束被打断	系统执行动作 a4：从下往上反转电机
测试用例 11	s1，s5，s2，s6，s1	
1	输入 e1：控制信号	系统执行动作 a1：起动驱动电机 "往下"
2	输入 e2：往下运行到终点	系统执行动作 a3：停止驱动电机

（续）

步骤	动作	验证点
3	输入e1：控制信号	系统执行动作a2：起动驱动电机"往上"
4	输入e3：往下运行至轨道末端	系统执行动作a3：停止驱动电机
测试用例12	s1，s5，s6，s1，s5	
1	输入e1：控制信号	系统执行动作a1：起动驱动电机"往下"
2	输入e4：激光束被打断	系统执行动作a4：从下往上反转电机
3	输入e3：往下运行至轨道末端	系统执行动作a3：停止驱动电机
4	输入e1：控制信号	系统执行动作a1：起动驱动电机"往下"
测试用例13	s1，s5，s6，s4	
1	输入e1：控制信号	系统执行动作a1：起动驱动电机"往下"
2	输入e4：激光束被打断	系统执行动作a4：从下往上反转电机
3	输入e1：控制信号	系统执行动作a3：停止驱动电机
测试用例14	s1，s5，s2，s6，s4	
1	输入e1：控制信号	系统执行动作a1：起动驱动电机"往下"
2	输入e2：往下运行到终点	系统执行动作a3：停止驱动电机
3	输入e1：控制信号	系统执行动作a2：起动驱动电机"往上"
4	输入e1：控制信号	系统执行动作a3：停止驱动电机
测试用例15	s1，s5，s6，s4，s6	
1	输入e1：控制信号	系统执行动作a1：起动驱动电机"往下"
2	输入e4：激光束被打断	系统执行动作a4：从下往上反转电机
3	输入e1：控制信号	系统执行动作a3：停止驱动电机
4	输入e1：控制信号	系统执行动作a2：起动驱动电机"往上"
测试用例16	s1，s5，s6，s4，s6，s4	
1	输入e1：控制信号	系统执行动作a1：起动驱动电机"往下"
2	输入e4：激光束被打断	系统执行动作a4：从下往上反转电机
3	输入e1：控制信号	系统执行动作a3：停止驱动电机
4	输入e1：控制信号	系统执行动作a2：起动驱动电机"往上"
5	输入e1：控制信号	
测试用例17	s1，s5，s6，s4，s6，s1	
1	输入e1：控制信号	系统执行动作a1：起动驱动电机"往下"
2	输入e4：激光束被打断	系统执行动作a4：从下往上反转电机
3	输入e1：控制信号	系统执行动作a3：停止驱动电机
4	输入e1：控制信号	系统执行动作a2：起动驱动电机"往上"
5	输入e3：往下运行至轨道末端	系统执行动作a3：停止驱动电机

表16-14 原始格式的测试用例

测试用例5	门开启，门正在关闭，门正在开启	
步骤	动作	验证点
1	系统通过in输入控制信号	系统通过out给出"起动电机"的响应，方向往下
2	系统通过in输入激光束	系统通过out给出"反转电机"的响应

16.3.3 追踪矩阵

表16-16～表16-20提供的数据显示了状态机的覆盖率信息，包括状态、变迁、二值转换、方法和语句。由于本例中不包括任何数据逻辑，因此没有判定覆盖、组合条件覆盖、MC/DC覆盖或边界值覆盖方面的信息。本例中的测试配置可以生成符合ISO-9646标准中规

定的测试框架。表 16-15 中所示的 17 个测试用例，对应表 16-16 ～表 16-20 所示内容。

表 16-15　测试用例编号

测试用例	状态序列	测试用例	状态序列
1	s1, s5	10	s1, s5, s3, s5, s6
2	s1, s5, s3	11	s1, s5, s2, s6, s1
3	s1, s5, s2	12	s1, s5, s6, s1, s5
4	s1, s5, s3, s5	13	s1, s5, s6, s4
5	s1, s5, s6	14	s1, s5, s2, s6, s4
6	s1, s5, s2, s6	15	s1, s5, s6, s4, s6
7	s1, s5, s6, s1	16	s1, s5, s6, s4, s6, s4
8	s1, s5, s3, s5, s3	17	s1, s5, s6, s4, s6, s1
9	s1, s5, s3, s5, s2		

表 16-16　状态的追踪矩阵

测试用例编号 / 状态	1	2	3	4	5	6	7	8	9	10	11	12	13	14	15	16	17
初始状态	X	X	X	X	X	X	X	X	X	X	X	X	X	X	X	X	X
s1: 门开启	X	X	X	X	X	X	X	X	X	X	X	X	X	X	X	X	X
s2: 门关闭			X			X			X		X			X			
s3: 门停止向下		X		X				X	X	X							
s4: 门停止向上													X	X	X	X	X
s5: 门正在关闭	X	X	X	X	X	X	X	X	X	X	X	X					
s6: 门正在开启						X	X	X		X	X	X	X	X	X	X	X

表 16-17　变迁的追踪矩阵

测试用例编号 / 变迁	1	2	3	4	5	6	7	8	9	10	11	12	13	14	15	16	17
初始状态 -> s1: 门开启 [0]	X	X	X	X	X	X	X	X	X	X	X	X	X	X	X	X	X
s1: 门开启 -> s5: 门正在关闭 [1]	X	X	X	X	X	X	X	X	X	X	X	X	X	X	X	X	X
s2: 门关闭 -> s6: 门正在开启 [5]							X				X			X			
s3: 门停止向下 -> s5: 门正在关闭 [3]				X				X	X	X							
s4: 门停止向上 -> s6: 门正在开启 [8]															X	X	X
s5: 门正在关闭 -> s2: 门关闭 [4]			X				X			X		X			X		
s5: 门正在关闭 -> s3: 门停止向下 [2]		X		X				X	X	X							
s5: 门正在关闭 -> s6: 门正在开启 [6]						X		X				X	X		X	X	X
s6: 门正在开启 -> s1: 门开启 [9]								X			X	X					X
s6: 门正在开启 -> s4: 门停止向上 [7]													X	X	X	X	X

表 16-18　二值转换变迁追踪矩阵（仅列出前 5 个转换对）

测试用例编号 / 二值转换	1	2	3	4	5	6	7	8	9	10	11	12	13	14	15	16	17
初始状态 -> s1: 门开启 -> s5: 门长在关闭 [0:1]	X	X	X	X	X	X	X	X	X	X	X	X	X	X	X	X	X

（续）

测试用例编号	1	2	3	4	5	6	7	8	9	10	11	12	13	14	15	16	17
s1：门开启 -> s5：门长在关闭 -> s2：门关闭 [1:4]			X			X					X			X			
s1：门开启 -> s5：门长在关闭 -> s3：门停止向下 [1:2]		X		X				X	X	X							
s1：门开启 -> s5：门长在关闭 -> s6：门正在开启 [1:6]					X		X					X	X		X	X	X
s2：门关闭 -> s6：门正在开启 -> s1：门开启 [5:9]											X						

表 16-19 方法的追踪矩阵

测试用例编号	1	2	3	4	5	6	7	8	9	10	11	12	13	14	15	16	17
方法																	
车库门控系统()	X	X	X	X	X	X	X	X	X	X	X	X	X	X	X	X	X
反转电机()					X		X			X		X	X		X	X	X
起动电机（字符串）	X	X	X	X	X	X	X	X	X	X	X	X	X	X	X	X	X
停止电机()		X	X	X		X	X		X	X		X	X		X	X	X
主循环()	X	X	X	X	X	X	X	X	X	X	X	X	X	X	X	X	X

表 16-20 语句的追踪矩阵（仅列出前 9 条语句）

测试用例编号	1	2	3	4	5	6	7	8	9	10	11	12	13	14	15	16	17
语句																	
在 QML/model/GarageDoorController.cqa 文件中：第 12 行语句 'MotorStart start;' [5]	X	X	X	X	X	X	X	X	X	X	X	X	X	X	X	X	X
在 QML/model/GarageDoorController.cqa 文件中：第 13 行语句 'start. direction = direction;' [6]	X	X	X	X	X	X	X	X	X	X	X	X	X	X	X	X	X
在 QML/model/GarageDoorController.cqa 文件中：第 14 行语句 'out. send (start);' [7]	X	X	X	X	X	X	X	X	X	X	X	X	X	X	X	X	X
在 QML/model/GarageDoorController.cqa 文件中：第 18 行语句 'MotorStop stop;' [8]		X	X	X		X	X		X	X		X	X		X	X	X
在 QML/model/GarageDoorController.cqa 文件中：第 19 行语句 'out. send (stop);' [9]		X	X	X		X	X		X	X		X	X		X	X	X
在 QML/model/GarageDoorController.cqa 文件中：第 23 行语句 'MotorReverse reverse;' [3]					X		X			X		X	X		X	X	X
在 QML/model/GarageDoorController.cqa 文件中：第 24 行语句 'out. send (reverse);' [4]					X		X			X		X	X		X	X	X
在 QML/model/GarageDoorController.cqa 文件中：第 9 行语句 'super ();' [2]	X	X	X	X	X	X	X	X	X	X	X	X	X	X	X	X	X
在 QML/model/Main.cqa 文件中：第 6 行语句 'GarageDoorController mc = new GarageDoorController ();' [0]	X	X	X	X	X	X	X	X	X	X	X	X	X	X	X	X	X

16.4 供应商的建议

基于模型的测试是一种会对当前测试习惯产生影响的方法，因此需要仔细管理。它会改变现有的测试方法，使其转换到使用新测试方法的过程中。引入 MBT 最大的挑战之处，就如同其他让人困扰的新技术一样，是摒弃已有的实践方式。比方说，我们要从原来的测试思维，转变到先要对系统操作进行建模这种思路上。另一个例子是从当前使用的测试用例数目作为测试过程并测量矩阵的方法，转变到使用测试覆盖率进行测试过程并测量矩阵的方法。其他的挑战还有，我们现在不仅知道覆盖了哪些内容，还能够知道没有覆盖哪些内容。这些信息会改变我们的工作方式和思维方式。

不管对测试生成的结果多么兴奋，一定要记住 MBT 仍然属于黑盒的功能测试技术。它不会取代测试人员，它只是给测试人员提供了一个新武器，能够探索被测系统中更宽广的空间和可能性。就好像一个火焰喷射器能够一次性消灭漆黑的盒子里面的所有虫子。不管怎么说，我们还要承认：测试仍然是一个无限的命题——就算是一个很小的功能点（比如车库门控系统），假如不断循环，则可能的测试用例数目仍然是无限的。这里面的窍门就是如何使用最小的测试集和测试步骤来测试被测系统。对于这一点，好的工具是能够提供一些帮助的。另外，测试用例的好坏取决于建模的好坏。如果你没有针对某些功能点建模，就不能获取针对这些功能点的测试用例。因此，负责对被测系统建模的人，必须非常了解系统和应用的操作过程，以及其中的小难点。这就是测试人员仍然非常重要的原因。最后，每一个生成的测试用例都需要确认，事实上，对于模型来说所有自动生成的测试用例都是正确的，但对于被测系统来说，不一定就是合理的。除非我们能够确定模型与实现之间是完全一致的。因此，MBT 工具必须能够轻松浏览自动生成的测试用例，例如，使用前述章节中的追踪矩阵。MBT 的好处之一就是能够让所有利益相关者在实现任何一个原型之前，浏览模型和所有生成的用例，我们的工具能够自动将模型和用例转换成有益于利益相关者理解的格式。

一个企业想要成功部署 MBT，一定要了解自动生成用例这件事情。它只是"测试自动化"拼图中的一块而已，还有很多其他内容。在过去几年中，MBT 或者说自动化测试设计，已经从单纯的测试用例生成技术进化成为软件全生命周期中过程自动化的核心集成部件。也就是说，从需求到测试管理，再到测试执行的自动化，都能有机地连接在一起。

参考文献

[ISO 1991]

International Standards Organization (ISO), *Information Technology, Open Systems Interconnection, Conformance Testing Methodology and Framework*. International Standard IS-9646. ISO, Geneve, 1991.

[Jorgensen 2014]

Jorgensen, Paul, *Software Testing: A Craftsman's Approach, fourth edition*. CRC Press, Taylor & Francis Group, Boca Raton, Florida, 2014.

Elvior 公司产品

17.1　简介

本章中的大多数内容都是由 Elvior 的工作人员提供的，或者是从公司网站获得的（经许可）。Elvior 总部位于爱沙尼亚的塔林，与德国的 VerifySoft、法国的 Easy Global Market、芬兰（和美国）的 Conformiq、印度的 Yashaswini Design Solutions 和 TCloud Information Technologies 建立了合作伙伴关系。

该产品线包括 TestCast 系列。

- TestCastT3——全功能 TTCN-3 开发和执行平台；
- TestCast——基于 MBT 的测试工具；
- 公司网站（http://Elvior.com/）列出了 17.1.1 节和 17.1.2 节中给出的主线产品和服务。

17.1.1　Elvior 的 TestCast 工具集

Elvior 是一家全方位的软件开发服务供应商，可以提供基于 TTCN-3 的测试服务。本章重点关注基于模型的测试服务（基于 TestCast MBT）。TTCN-3 是测试和测试控制符号的国际标准，自 1992 年以来，在欧洲一直使用。

TestCast MBT 产品使用 Eclipse 环境在 Windows、Mac 或 Linux 平台上运行。对被测系统（SUT）使用的编程语言没有限制，见图 17-1。

	Runtime	Professional	MBT
Test suite viewer	√	√	√
Run pre-compiled TTCN-3	√	√	√
MSC logs	√	√	√
TTCN-3 editor		√	√
TTCN-3 compiler		√	√
TTCN-3 debugger		√	√
TTCN-3 tests generation			√
Test run analysis on model			√

图 17-1　TestCase 版本

TestCast MBT 的组成包括以下内容。

- TestCastMBT 客户端——基于建模前端的 Eclipse，包括：
  - 支持外部数据定义的状态机编辑器（例如，TTCN-3）；
  - 用于创建结构测试覆盖标准的测试目标编辑器；
  - TestCase 查看器；
  - 执行平台测试套件的实现（例如，TTCN-3）。
- TestCastMBT 服务器（通过 Internet 远程访问）。

- 运行在 Elvior 服务器上，为多个 TestCast MBT 客户端提供服务；
- 根据 TestCast MBT 客户端提供的测试覆盖标准设计并自动生成测试用例。
- TestCastT3——自动测试执行 TTCN-3 脚本。它是一个功能齐全的 TTCN-3 工具，用于创建测试数据和自动测试执行。

对于 TestCast MBT 工具，用户首先要使用 UML 的状态图、TTCN-3 的数据定义和测试配置信息对 SUT 进行建模。(使用内置的系统模型编辑器创建状态图，详见图 17-3 中的示例。) 接下来，定义所需的测试覆盖标准，然后 TestCast MBT 会自动生成抽象测试用例。工具将测试序列呈现为 TTCN-3 测试脚本，这时用户可以直观地检查抽象测试序列，然后在 TTCN-3 工具上执行这些用例。测试执行结果随后可用于进一步的分析。

17.1.2 相关的测试服务

TTCN-3 测试服务包括以下内容。
- 建立测试环境；
- 开发系统适配器和编解码器；
- 开发测试套件 (TTCN-3 测试脚本)；
- 线上或线下的 TTCN-3 培训；
- 将 TTCN-2 测试套件变迁到 TTCN-3 基于模型的测试服务中。

基于模型的测试服务包括以下内容。
- 配置测试环境；
- 基于模型的测试；
- 针对基于模型测试的培训课程。

17.2 保费计算问题的测试结果

TestCast MBT 工具可以模拟被测系统的行为并生成相应的测试用例。

17.2.1 被测系统建模

采用分层模型对被测系统的行为建模。将 EFSM 用于状态图建模 (见图 17-3)，将数据定义放在外部的 TTCN-3 模板中 (见图 17-2)。

```
External data – TTCN-3 templates
//TTCN-3 structure for calculating insurance Premium
type record Rule {
        integer age,
        integer atFaultClaims,
        boolean goodStudent,
        boolean nonDrinker
    }
//TTCN-3 template for single rule
//all together there are 39 rule templates to cover Premium calculation logic
//these template are used on SUT model
const Rule rule1 := {
        age := 16,
        atFaultClaims := 0,
        goodStudent := true,
        nonDrinker := true
    }
```

图 17-2 TTCN-3 保费计算问题的 TTCN-3 模板

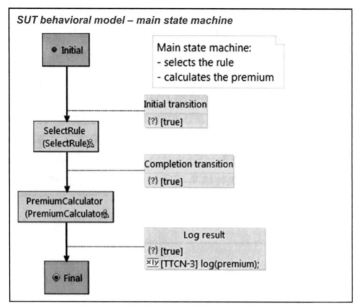

图 17-3 保费计算问题的高级工作流程

17.2.2 测试覆盖与测试生成

在 TestCast MBT 中，我们使用术语"测试目标"定义测试的覆盖标准。测试目标是指模型上的结构测试覆盖标准（例如，要访问的列表或变迁的集合）。我们同时预定义若干个测试覆盖标准，如"所有变迁""所有变迁对""所有变迁三元组"等。在保费计算问题中，测试目标就是创建涵盖所有 39 条规则的测试用例（见图 17-4 和图 17-5）。测试目标的设置

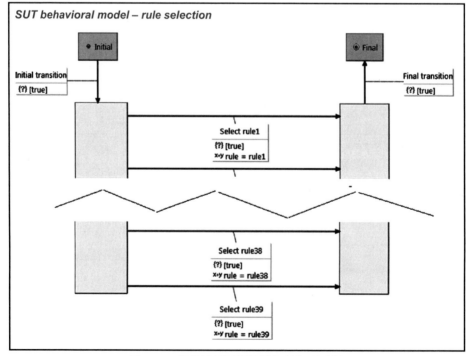

图 17-4 保费计算问题的详细的规则选择

方式是：测试生成器首先遍历变迁，选择规则，然后遍历 SUT 最终转换的"记录结果"。这一步是通过创建生成器必须遵循指定顺序的变迁列表来实现的。根据"保费计算问题"中子状态机自动计算出的两个变迁之间的剩余变迁路径，可以在 39 个抽象测试用例中生成这样的变迁列表并为测试目标生成测试结果，这些测试用例可以呈现为可执行的 TTCN-3 测试脚本（见图 17-6 ～图 17-8）。

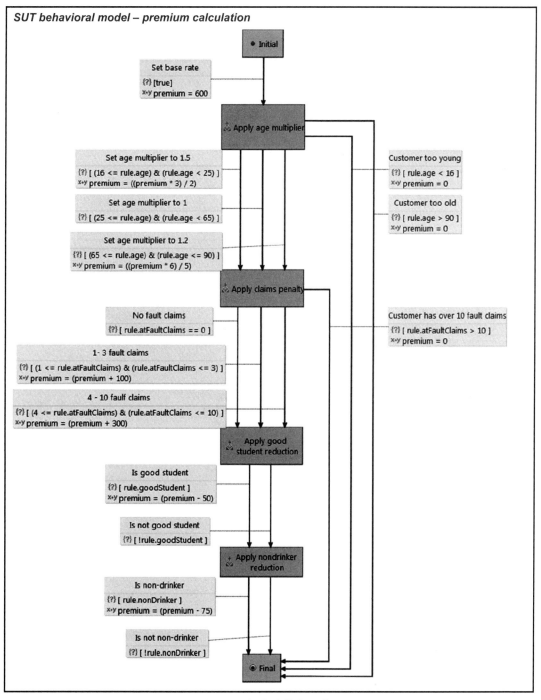

图 17-5 保费计算中的路径

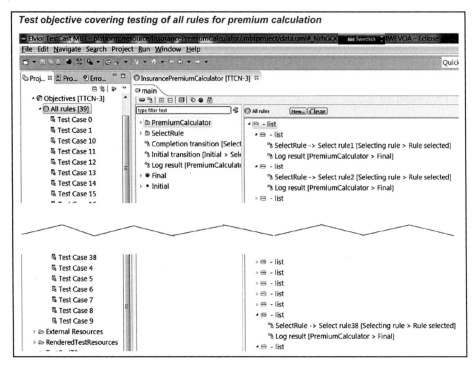

图 17-6　测试目标中覆盖所有规则的测试用例

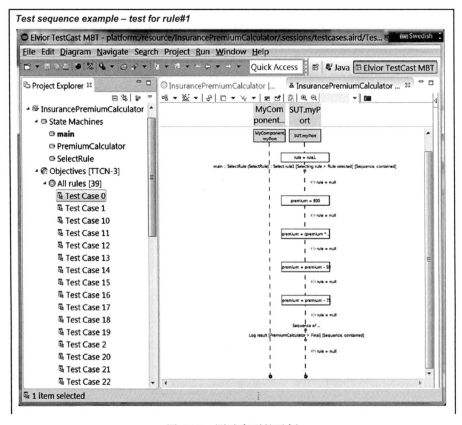

图 17-7　测试序列的示例

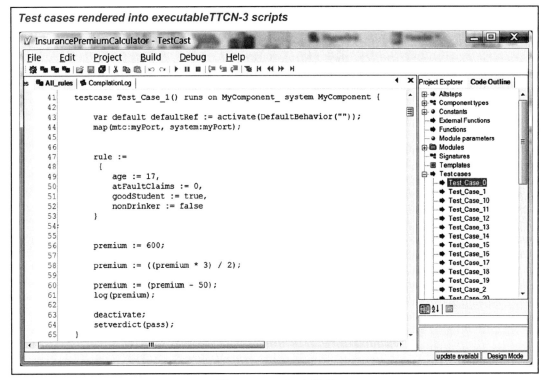

图 17-8　TTCN-3 格式

17.3　车库门控系统的测试结果

TestCast MBT 工具可以用来模拟被测系统（SUT）的行为并生成测试用例。

17.3.1　被测系统建模

我们使用平面模型对 SUT 的行为进行建模。使用 EFSM 对状态图建模，将数据定义放在外部的 TTCN-3 模板中（见图 17-9）。

17.3.2　测试覆盖与测试生成

我们使用默认的覆盖标准"所有变迁"，确保每次变迁至少被访问一次。这将生成一个测试用例，从测试生成器的角度来看，使用所有变迁作为覆盖标准是个好主意。我们可能不关心车库门的测试顺序（通过模型中的变迁），只想知道所有功能都能够以预期的方式进行工作。通过定义测试目标为"所有变迁"，测试生成器可以选择变迁路径，并且以期望的方式测试所有功能。

由于变迁路径是随机选择的，因此有时我们可能会发现 SUT 中有一些有趣的行为。作为示例，假设车库门控系统有故障。当门向下移动时，用户通过控制设备的信号将其停止。然后，假设用户提供了另一个控制信号，并且门再次开始向下移动，但是现在激光束安全装置没有发挥作用，门继续关闭直到其到达下轨道的末端。在手动编写程序测试车库门控系统时，我们可以进行以下测试。

1）关门

2）激光束被阻碍

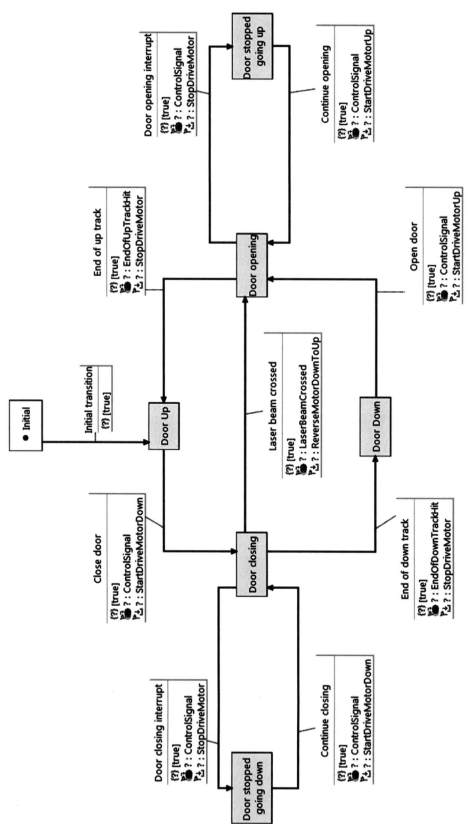

图 17-9   车库门控系统的 EFSM

3）上行结束

4）关门

5）关门中断

6）继续关闭

7）下行结束

8）其余的变迁与开门有关

这个错误尚未被发现。如果测试发生器随机选择变迁路径，以便覆盖所有变迁，那么测试发生器可能会产生以下这样一个测试用例。首先经过"关门中断""继续关闭""激光束被打断"这 3 个过程，然后覆盖"所有变迁对"或覆盖"变迁三元组"而生成的测试用例，这可以极大地提高发现错误的概率。覆盖"所有变迁对"意味着生成的测试用例将具有这样的变迁序列，见图 17-10 ～图 17-13）。

1）关门→激光束被阻碍

2）关门→关门中断

3）继续关闭→运行至轨道下端

4）继续关闭→激光束被阻碍

5）其余可能的变迁对

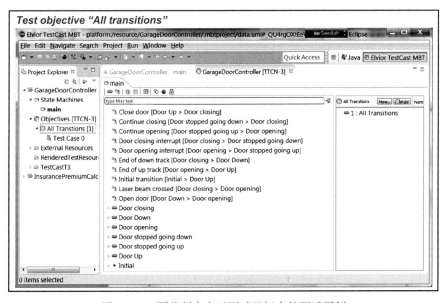

图 17-10　覆盖所有变迁测试目标中的测试用例

External data – TTCN-3 types used for modeling of garage door controller

```
type record ControlSignal{}
type record EndOfDownTrackHit{}
type record EndOfUpTrackHit{}
type record LaserBeamCrossed{}
type record StartDriveMotorDown{}
type record StartDriveMotorUp{}
type record StopDriveMotor{}
type record ReverseMotorDownToUp{}
```

图 17-11　TTCN-3 数据类型

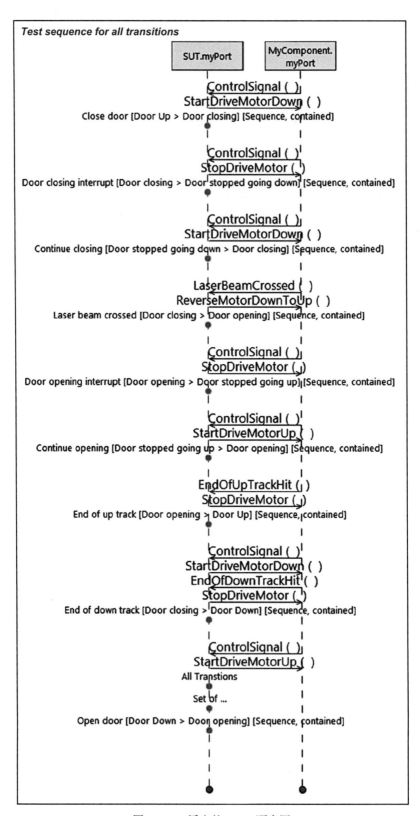

图 17-12 派生的 UML 顺序图

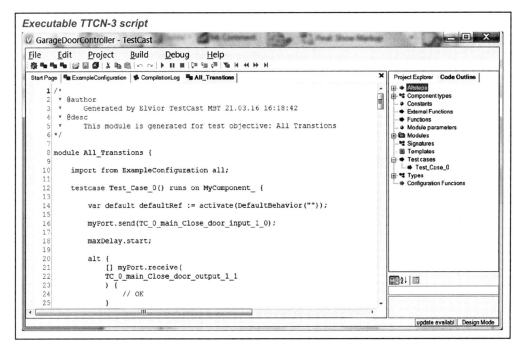

图 17-13　部分可执行的 TTCN-3 测试脚本

17.4　供应商的建议

使用 TestCast MBT 产品需要以下技能：

- Eclipse 的基本知识——TestCast MBT 的前端是一个 Eclipse 插件；
- TTCN-3 的基本知识——外部使用的数据是定义在 TTCN-3 的模型中的；
- UML 的基本知识——需要采用 UML 的状态图对 SUT 的行为进行建模。

该工具包括全面的示例（包括 SUT），它可以培训用户学习如下内容：

- 创建系统行为模型
- 在模型上设置测试覆盖标准
- 生成测试用例
- 执行测试用例

总而言之，该工具可帮助用户启动并运行基于模型的端到端的测试环境。

使用 TestCast MBT 进行测试的工作流程如下所示。

- 使用 UML 中的状态图对 SUT 的行为进行建模（工具内置有模型编辑器）：
  - 在 TTCN-3 中定义外部数据；
  - 使用 EFSM 建模；
  - 模型必须是确定性模型。如果行为不确定，则工具会提供帮助，以显示如何创建确定性模型。
- 根据模型元素设置结构测试覆盖标准。
  - 要访问的变迁列表；
  - 预定义覆盖范围：例如在分层状态机的情况下，"所有变迁""所有变迁对"和"所有包含的变迁"。

- 自动设计和生成抽象测试用例序列。
  - 可以通过 Internet 访问测试生成服务器；
  - 自动设计测试用例可以以最短路径涵盖所需的覆盖标准；
  - 生成抽象测试用例，以覆盖测试标准。
- 以可执行的 TTCN-3 脚本形式提供抽象测试用例。
  - 测试用例为可执行的脚本；
  - TestCast MBT 中已包含执行 TTCN-3 脚本的 TTCN-3 工具（TestCast T3）。

Elvior 提供了 TestCast 预估认证和用于学术研究的免费认证。

sepp.med 公司产品

18.1 简介

18.1.1 sepp.med 概述

本章中的大多数内容由 sepp.med 公司的工作人员提供，或者经许可后从公司网站（www.mbtsuite.com）获得。sepp.med 是一家中型公司，专门提供 IT 解决方案以及在复杂的安全关键领域提供综合的质量保证方案。sepp.med 的总部位于纽伦堡（德国）附近，其他办事处位于柏林、沃尔夫斯堡和因戈尔施塔特。

作为服务的供应商，sepp.med 能够提供需求工程、技术开发、技术咨询、质量保证和测试等技术方面的服务，还可以提供项目管理、流程管理和质量管理等流程方面的完整服务。除此之外，sepp.med 是一家知名的、经过认证的培训供应商。更多信息请参阅公司网站 www.seppmed.de（德文）。在过去的几十年中，sepp.med 使用基于模型的测试完成了许多质量保证项目，并与合作伙伴 AFRA 公司共同开发了自动测试用例生成工具 MBTsuite。有关 MBTsuite（英文）的信息请访问 www.mbtsuite.com，其中有联系方式。sepp.med 积极参与 ISTQB 中基于模型的测试人员认证的培训计划的制定，该公司高级顾问 Anne Kramer 博士是相关培训手册《基于模型的测试精华——ISTQB 基于模型的测试人员认证指南：基础水平》的合著者 [Kramer 和 Legeard 2016]。

18.1.2 MBTsuite 概述

MBTsuite 从图形化的模型中自动生成可执行的测试用例和测试数据，该工具旨在与各种现有测试流程无缝集成。MBTsuite 不仅提供一个类似 UML 的模型编辑器，而且还能够与各种现有的建模工具进行交互。为了简化建模工具的处理过程并支持 MBT 中特定类型的建模需求，sepp.med 开发了一个名为"MBTassist"的插件工具，它提供了用户界面，可以输入 MBTsuite 所需的任何参数。这个插件适用于 Sparx Systems、Enterprise Architect 和 IBM Rational Rhapsody。

MBTsuite 将图形化的模型作为输入，并根据所选的测试用例选择标准以生成可执行的测试用例。生成的测试用例或测试脚本可以导出到现有的测试管理工具中。因此，MBTsuite 填补了建模、测试管理和自动测试工具之间的空白，并重点关注了 MBT 的基本部分：从模型中生成测试用例（见图 18-1）。

图 18-1　MBTsuite 与现有工具的集成

为了驱动测试用例的生成，MBTsuite 实现了多种测试选择标准。通过结合测试生成参数和后续的选择机制，MBTsuite 用户能够以复杂的方式选择测试用例，从而获得最适合测试目标的最小的测试用例集，甚至可以单独为子图定义选择策略。可选的测试用例选择策略包括以下内容。

- 全路径覆盖。
- 选择任意 / 随机测试用例。
- 基于场景的选择，这称为指定路径（一个测试用例）和指导路径（可能有几个测试用例）。
- 最短路径，基于给定权重类型（成本、持续时间或测试步数）的项目驱动的测试选择标准。

MBTsuite 实现了两类选择器：基于覆盖的选择器和范围选择器。基于覆盖的选择器包括以下内容。

- 需求覆盖
- 节点覆盖
- 边覆盖
- 测试步骤 / 验证点覆盖范围（基于节点或边的特定标记）

范围选择器对应于项目驱动的测试选择标准。选择范围包括成本、持续时间和权重。显然，只有在 MBT 模型中包含了相应的信息，才能选择相应的范围选择器。除了测试覆盖率统计之外，MBTsuite 还提供各种附加功能来支持测试管理，例如需求可跟踪性、优先级划分以及模型中特定测试用例的可视化。

18.1.3 用户支持

MBTsuite 工具提供了非常全面的文档，包括用户指南、特定建模指南和一些建模工具的专用配置文件。此外，初学者可以免费参加网络研讨会。MBTsuite 提供技术支持服务，对于 MBT 新人，sepp.med 推荐参加 ISTQB 认证的基于模型测试的人员培训，该培训对各种 MBT 方法提供了概述。对于 MBTsuite 用户，sepp.med 公司可以提供标准和定制的培训课程以及咨询服务。

18.2 保费计算问题的测试结果

本章使用 Sparx Systems Enterprise Architect 作为建模工具，MBTsuite 作为测试用例生成器，MS Word 作为输出格式。其他可能的建模工具包括 MID Innovator、IBM Rational Rhapsody、Artisan Studio 和 Microsoft Visio。对于输出格式，则几乎没有限制，包括应用软件全生命周期管理工具（HP ALM、MS Team Foundation Server、Polarion 等），测试管理工具和自动测试框架（NI TestStand、Ranorex、Selenium、Vector Cast、Parasoft 等）以及脚本语言（Java、.NET、Python 等）。我们将保费计算问题建模为 UML 活动图。

18.2.1 问题输入

要编写测试规范，必须首先分析软件需求，基于模型的测试也不例外。出于可追溯性的要求，我们应尽量规范化地表述需求，如表 18-1 所示。第一列是需求标识，我们稍后将在模型中引用这个唯一的标识符。

表 18-1 保费计算问题的需求（标识符和说明）

需求关键字	描述	
req_base_rate	基础利率是 600 美元	
req_age_limits	低于 16 岁或高于 90 岁的人，不能投保	
req_age_ranges	针对年龄的保费系数	
	年龄范围	年龄系数
	16 ≤ 年龄 < 25	$x = 1.5$
	25 ≤ 年龄 < 65	$x = 1.0$
	65 ≤ 年龄 < 90	$x = 1.2$
req_fault_claims	针对出险次数的保费惩罚金额	
	过去 5 年的出险次数	惩罚金额
	0	0 美元
	1 ～ 3	100 美元
	4 ～ 10	300 美元
req_fault_claim_limit	过去 5 年出险次数大于 10，不予投保	
req_non_drinker_reduction	非饮酒者减免 75 美元	
req_student_reduction	好学生减免 50 美元	

在这个简单的示例中，在建模工具中手动创建了需求标识。对于更复杂的软件需求规格说明，可以通过 CSV 文件自动导入它们。

测试用例设计工作的开展是基于某保险公司员工使用待测软件工作时的工作流程的。本例中，需要先进行一些假设。实际上，建模阶段早期的主要目的之一，就是与利益相关者充分讨论，以便澄清隐藏或不明确的要求。

图 18-2 所示为生成的主图，其中说明了最重要的一些建模元素，我们特地区分了测试步骤和验证点（缩写为 VP）。测试步骤是由测试者执行以激励被测系统的动作，验证点描述了为观察和评估被测系统的反应或输出而执行的操作。图 18-2 提供了工作流的高层视图。通常，我们在开发过程的早期阶段绘制此图。此时还不必知道具体实施的细节。在自上而下的建模方法中，我们会在后期细化子图中的活动（由图 18-2 所示的无穷大符号表示）。

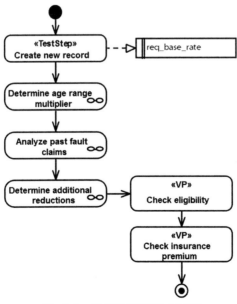

图 18-2 保费计算问题（主图）

图 18-3 显示了第一个子图"确定年龄范围系数",其中针对需求中定义的等价类进行了建模。在图中引用了相应的需求标识符,以便模型审查并实现自动化的需求追踪。

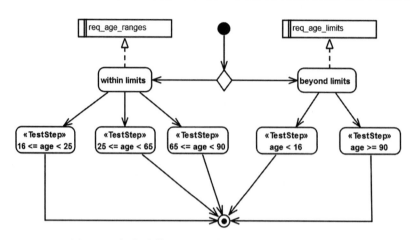

图 18-3 保费计算问题——确定年龄范围系数(子图)

图 18-3 仅将模型中包含的部分信息进行了可视化。图 18-4 所示为 MBTassist 的输入对话框。请注意,我们需要计算测试用例的预期结果,本例中是以美元为单位计算保费的(请参见右上角的编辑字段中的"脚本")。"描述"字段包含手动测试执行的指令;"代码"字段包含用于自动测试执行的关键字或代码片段。请注意"描述"和"代码"字段之间的细微差别:与代码字段不同,描述字段不包含年龄的具体值。此处的抽象测试用例和具体测试用例仅用于教学目的。

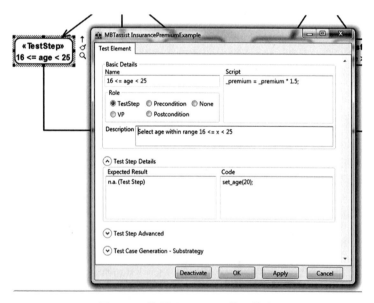

图 18-4 使用 MBTassist 输入信息

图 18-5 和图 18-6 显示剩余的两个图表"分析过去的出险记录"和"确定额外减免"。我们使用保护条件,避免对"没有投保资格人的出险次数"这种情况创建测试用例。变量"_eligible"的值在图 18-3 的"在限制范围内"和"超出限制"的两个节点中进行设置,以

及在图 18-5 的"下限"和"上限"中进行设置。

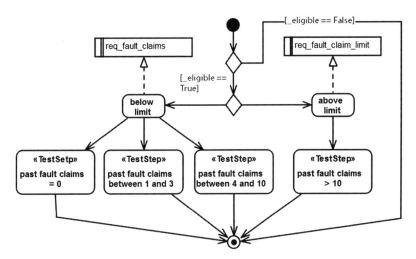

图 18-5　保费计算——分析过去的出险记录（子图）

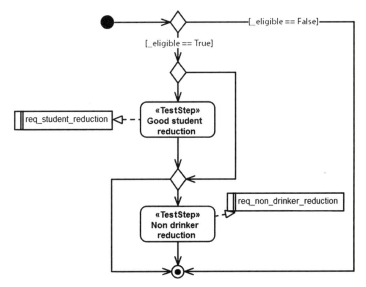

图 18-6　保费计算——确定额外减免（子图）

　　两个变量"_eligible"和"_premium"是测试用例的预期输出，在图 18-2 所示的验证点中会再次使用它们。图 18-7 显示了验证点"检查保费"的 MBTassist 输入对话框。在测试用例步骤中，MBTsuite 计算该值并最终用它替换变量 $ \{_ premium\}$。MBTsuite 集成了 Python 脚本解释器，以允许用户执行比较复杂的操作，例如在测试用例生成期间从外部源读取数据。

18.2.2　生成的测试用例

　　为了要生成测试用例，我们需要从建模工具中导出模型并将其导入 MBTsuite。具体的导出 / 导入机制取决于建模工具，在 Sparx Systems Enterprise Architect 中，我们使用内置的 XMI 进行导出。

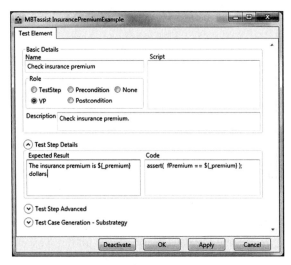

图 18-7   在 MBTassist 中使用变量

导入模型后，通过应用"全路径覆盖"策略生成测试用例。一共生成 41 个测试用例，它们在"Log"控制台中以及图 18-8 所示的"Statistics"字段中可见。这些测试用例对应于 13.2.2.2 节的决策表中的 39 条规则，只有规则 39 例外，它生成了 3 个测试用例，分别对应于年龄范围的 3 个有效等价类。

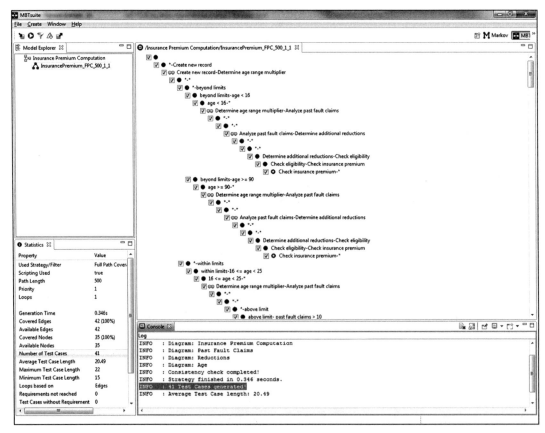

图 18-8   MBTsuite 生成的测试用例

通常来说，穷尽测试是不可行的。因此，我们必须将测试用例的数量减少到合理的范围内，同时保证测试用例的质量。在 MBTsuite 中对这 41 个测试用例应用附加的选择条件。在 18.2.2.1 节中，我们将介绍通过应用"边覆盖选择器"获得的 6 个测试用例。

18.2.2.1 MBTsuite 生成的抽象测试用例为活动图"保费计算问题"

测试用例 1　保费计算问题中的成人问题

描述：年龄在限制范围内，过去的出险次数低于限制范围

需求：

- req_age_ranges
- req_base_rate
- req_fault_claims

仅针对测试用例 1 的详细信息

步骤	类型	步骤名称	步骤描述	预期结果	通过/失败
1	测试步骤	创建一个新记录	创建一个基本费用为 600 美元的保费记录	不适用于测试步骤	□/□
2	测试步骤	25 ≤年龄 < 65	选择年龄在范围 25 ≤ x < 65	不适用于测试步骤	□/□
3	验证点	检查是否符合条件	检查是否可以投保	是	□/□
4	验证点	检查保费	检查保费	保费是 600 美元	□/□

测试用例 2　保费计算问题中的儿童问题

描述：超出年龄限制

需求：

- req_age_limits
- req_base_rate

测试用例 3　保费计算问题中的老年人问题

描述：超出年龄限制

需求：

- req_age_limits
- req_base_rate

测试用例 4　保费计算问题中的低出险次数

描述：年龄在限制范围内，过去的出险次数低于限制范围，非饮酒者

需求：

- req_age_ranges
- req_base_rate
- req_fault_claims
- req_non_drinker_reduction

测试用例 5　保费计算问题中的低出险次数 0002

描述：年龄在限制范围内，过去的出险次数低于限制范围，好学生且为非饮酒者

需求：

- req_age_ranges
- req_base_rate

- req_fault_claims
- req_non_drinker_reduction
- req_student_reduction

测试用例 6 保费计算问题中的高出险次数

描述：年龄在范围之内，出险次数未超过限制

需求：

- req_age_ranges
- req_base_rate
- req_fault_claim_limit

6 个生成的测试用例，见表 18-2。

表 18-2 6 个生成的测试用例

测试用例	年龄	出险次数	好学生	非饮酒者	输出
1	25 ≤年龄 < 65				符合条件
2	年龄 < 16				不符合条件
3	年龄 ≥ 90				不符合条件
4	25 ≤年龄 < 65	4 ≤出险次数≤ 10		T	1 125 美元
5	25 ≤年龄 < 65	1 ≤出险次数≤ 3	T	T	875 美元
6	65 ≤年龄 < 90	出险次数 > 10			不符合条件

18.2.2.2 MBTsuite 生成的具体测试用例为活动图 "保费计算问题"

由于前面介绍的测试用例使用的是抽象测试用例，所以没有包含年龄和出险次数的具体值。此外，我们还举例说明了如何为手动测试执行生成测试规程。在本节中，我们将讨论如何自动测试执行具体测试用例。同样，本书只是为了教学目的才会区分抽象测试用例和具体测试用例。在实际应用中，我们同样可能针对具体测试用例进行建模。

使用不同的导出格式获得了图 18-9 所示的测试脚本。此处使用了代码导出器，所生成的测试用例是具体测试用例，其中包含了人的年龄和出险次数的值。

```
23    void Premium_adult(void)
24    {
25
26        /* Create new insurance record with a base rate of 600 dollars. */
27        create_record();
28        /* Expected Result: n.a. (Test Step) */
29
30        /* Select age within range 25 <= x < 65 */
31        set_age(45);
32        /* Expected Result: n.a. (Test Step) */
33
34        /* Set number of past fault claims to 0 */
35        set_claims(0);
36        /* Expected Result: n.a. (Test Step) */
37
38        /* Check, whether person can be insured. */
39        assert( bEligible == True );
40        /* Expected Result: True */
41
42        /* Check insurance premium. */
43        assert( fPremium == 600.0 );
44        /* Expected Result: The insurance premium is 600.0 dollars. */
45
46    }
```

图 18-9 MBTsuite 生成的测试脚本

在以下情况时，可能将抽象测试用例转换为具体测试用例。

1）在描述中使用具体值，如图 18-4 所示的"代码"字段；

2）对边界值进行建模，如图 18-3 所示的等价类；

3）在测试用例生成期间，使用 Python 解释器从外部源读取具体值；

4）在测试管理工具中管理具体数值。

显然，通常第四种选择是实际情况，但这超出了 MBTsuite 的范围。

18.2.3 其他供应商提供的信息

我们无法在本章介绍所有 MBTsuite 的功能。细心的读者可能已经认识到，测试用例名称和测试用例描述都是基于模型中的高级设置自动生成的。此外，MBTsuite 还提供了许多其他可能的选择器和导出格式，例如，可以生成列出所有需求和相关测试用例的跟踪矩阵。另外，使用者还可以对比模型更改前后生成的测试用例，也就是实现"增量树生成"技术。如此，使用者就可以确定生成的测试用例是新用例，或没有更改的用例，或已更改的用例还是已经过时的用例。

18.3 车库门控系统的测试结果

在保费计算问题的示例中，我们使用的是基于活动图生成测试用例的技术。车库门控系统与之不同，因此我们选择不同的建模技术，即状态图。其他的工具和技术，与保费计算问题中的相同。

18.3.1 问题输入

这一次，依然从详细的需求分析开始，形成表 18-3 所示的格式化的需求列表。

表 18-3 车库门控系统需求（标识符和描述）

需求关键字	描 述
req_close	当门全开时，控制设备发出信号，门开始关闭
req_open	当门全关时，控制设备发出信号，门开始开启
req_stop_manually	当门正在开启或关闭时，控制设备发出信号，门停止运行
req_resume	门停止运行，随后接收到控制信号，门开始沿着相同方向继续运行
req_stop_end_of_up	当门运行到轨道上端（全开），轨道末端传感器发出信号，门停止运行
req_stop_end_of_down	当门运行到轨道下端（全关），轨道末端传感器发出信号，门停止运行
hz_reverse	当门正在关闭时，如果激光束受到阻碍或遇到障碍物，则门立即停止运行并反转向上

假设一个测试框架允许发送 4 种不同的控制信号：

1）控制器设备信号——control_signal

2）上行轨道到达信号——up_track_signal

3）下行轨道到达信号——down_track_signal

4）安全设备信号——safety_device_signal

图 18-10 所示为车库门控系统的状态图。注意有两个新元素：前置条件和后置条件。为避免混淆，我们在前面的示例中没有使用它们。由于 MBTsuite 会收集测试用例路径上模型中定义的所有前置条件和后置条件，因此，我们能够在一个子图上定义逻辑上从属于该子图

的前置条件，并在生成测试用例之前获得所需要的概要信息。

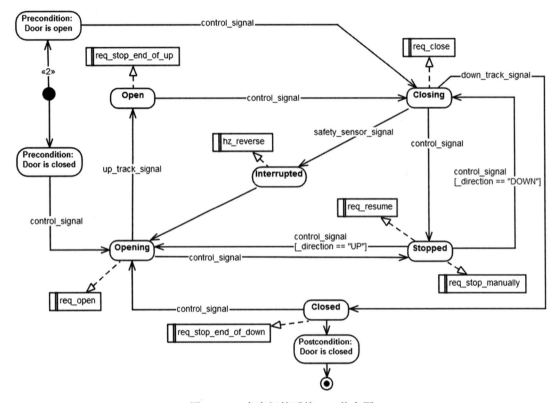

图 18-10   车库门控系统——状态图

图 18-10 所示为测试建模，其中结束状态为门已经关闭。可以随意选择结束状态，也可以将结束状态设定为一扇开启的门停下来，或者像一开始那样做出的两种选择。

从 MBTsuite 的角度来看，状态图和活动图之间的主要区别在于边，即图中的箭头。在活动图中，它们表示流向，可能受到保护条件的限制。我们还可以将边命名，以便在活动图中驱动基于场景的测试选择。相对于所有其他信息，MBTsuite 仅分析操作和活动。

在状态图中，状态变迁更为重要。因此，可以将它们建模为测试步骤或验证点。在图 18-10 中，几乎所有变迁都代表测试步骤，几乎所有状态都是验证点，我们只是隐藏了相应的标签以提高可读性。建模工具只有一个限制：无法将需求与变迁相对应。

我们再次使用了 MBTsuite 的 Python 脚本功能。由于有限状态机没有存储器，除非 MBTsuite 记住门的状态是打开还是关闭的，否则状态"已停止"的结果是不确定的。因此，我们引入一个名为"_direction"的变量，它的值在"打开"状态下设置为 UP（如图 18-11 右上角的"脚本"字段所示），在"关闭"状态下设置为 DOWN。我们在"Stopped""Opening"（_direction == "UP"）和"Closing"（_direction == "DOWN"）之间的转换中使用保护条件中的变量。

18.3.2 生成的测试用例

生成测试用例的基本过程与前一个示例中描述的完全相同。本节介绍的测试选择标准和导出格式也适用于活动图。我们仍然使用全路径覆盖准则生成测试用例。这一步要很小心，因为状态图比活动图更容易发生测试用例爆炸。在保费计算问题中，图表中没有循环。但在车库门控系统的示例中，我们必须限制生成测试用例时的循环次数。默认情况下，MBTsuite会将遍历相同变迁的任何路径视为两次循环，用户也可能会更改此默认配置。

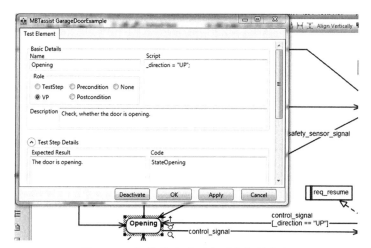

图 18-11　记住状态"正在开启"的方向

在全路径覆盖和循环深度为 1 的情况下，获得了 300 个可能的测试用例。现在，我们基于优先级来减少这个数字。首先，不一定要以关闭和开启的门开始，因此在图 18-10 所示的模型中，我们可以认为从起始状态到前置条件"门打开"之间的路径分配较低的优先级。优先级在图 18-10 中通过两个尖括号"<<2>>"表示，其中 2 是优先级。在生成测试用例时，我们能够将生成的测试用例限制为优先级等于或高于路径上的优先级。（默认情况下，所有变迁的优先级都为 0，这是可用的最高值。）

增加限制条件循环深度为 1，优先级为 1 或更高之后，我们仍然可以获得 81 个测试用例。为进一步减少用例数目，可以使用"权重选择器"。基本思想是给某些节点或边赋予比其他节点或边更高的权重。这使 MBTsuite 能够计算每个生成的测试用例的总权重并根据这个数值进行筛选。

图 18-12 显示了将权重信息添加到模型之后的 MBTassist 用户界面，而图 18-13 显示了在 MBTsuite 用户界面中，基于权重选择器选择的测试用例。用户可以根据总权重（最后一列）或权重等级选择测试用例。如果之前已将信息添加到模型中，则其他选择标准可以是成本或持续时间等（本例中没有这样的信息）。

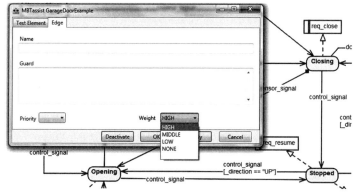

图 18-12　使用 MBTassist 为权重选择器添加数据

通过限制优先级并使用权重选择器，可以用非常复杂的方式设置测试用例的选择准则。当然，我们也可以使用"全边覆盖"，这将生成两个测试用例。

18.3.2.1　基于状态图"车库门控系统问题"MBTsuite 生成的抽象测试用例

依据图 18-10 所示的模型，MBTsuite 生成的抽象测试用例可以是关键字驱动测试的关键字列表，如图 18-14 所示，其底层机制与活动图相同。我们必须在"代码"字段中包含关键字并使用适当的导出格式。图 18-14 所示为更大测试用例列表中的一部分，确切的导出格式是可配置的。

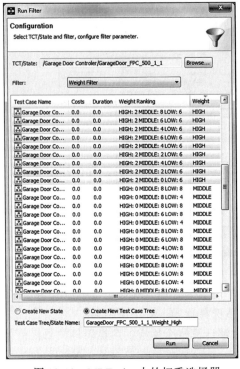

```
SignalControlDevice
StateOpening
SignalControlDevice
StateStopped
SignalControlDevice
StateOpening
SignalControlDevice
StateOpen
SignalControlDevice
StateClosing
SignalControlDevice
StateStopped
SignalControlDevice
StateClosing
StateInterrupted
StateOpening
StateOpen
StateClosing
StateClosed
```

图 18-13　MBTsuite 中的权重选择器　　　图 18-14　MBTsuite 生成的关键字列表（简化示例）

18.3.2.2　基于状态图"车库门控系统问题"MBTsuite 生成的具体测试用例

本节介绍的具体测试用例是用于手动测试执行的。与使用 MS Word 导出格式的保费示例不同，此次使用的是 MS Excel 导出格式。表 18-4 所示为电子表格形式的测试用例。

表 18-4　电子表格中生成的测试用例

测试用例	车库门控系统
需求	req_close
	req_stop_manually
	req_resume
	hz_reverse
	req_open
	req_stop_end_of_up
	req_stop_end_of_down
前置条件	门是开着的
后置条件	门是关着的

（续）

步骤	类型	步骤名称	步骤描述	预期结果	需求
	测试用例		车库门控系统		
1	测试步骤		发出控制信号		
2	验证点	正在关闭	检查门是否正在关闭	门正在关闭	req_close
3	测试步骤		发出控制信号		
4	验证点	停止运行	检查门是否停止运行	门停止运行	req_stop_manually req_resume
5	测试步骤		发出控制信号		
6	验证点	正在关闭	检查门是否正在关闭	门正在关闭	req_close
7	测试步骤		发出控制信号		
8	验证点	停止运行	检查门是否停止运行	门停止运行	req_stop_manually req_resume
9	测试步骤		发出控制信号		
10	验证点	正在关闭	检查门是否正在关闭	门正在关闭	req_close
11	测试步骤		发送传感器无异常信号		
12	验证点	被阻碍	检查门是否正在运行	门停止运行	hz_reverse
13	验证点	正在开启	检查门是否正在开启	门正在开启	req_open
14	测试步骤		发出"到达运行轨道上端"的信号		
15	验证点	开启	检查门是否开启	门开启	req_stop_end_of_up
16	测试步骤		发出控制信号		
17	验证点	正在关闭	检查门是否正在关闭	门正在关闭	req_close
18	测试步骤		发送传感器无异常信号		
19	验证点	被阻碍	检查门是否在运行	门停止运行	hz_reverse
20	验证点	正在开启	检查门是否正在开启	门正在开启	req_open
21	测试步骤		发出控制信号		
22	验证点	停止运行	检查门是否停止运行	门停止运行	req_stop_manually req_resume
23	测试步骤		发出控制信号		
24	验证点	正在开启	检查门是否正在开启	门正在开启	req_open
25	测试步骤		发出控制信号		
26	验证点	停止运行	检查门是否停止运行	门停止运行	req_stop_manually req_resume
27	测试步骤		发出控制信号		
28	验证点	正在开启	检查门是否正在开启	门正在开启	req_open
29	测试步骤		发出"到达运行轨道上端"的信号		
30	验证点	开启	检查门是否正在开启	门开启	req_stop_end_of_up
31	测试步骤		发出控制信号		
32	验证点	正在关闭	检查门是否正在关闭	门正在关闭	req_close
33	测试步骤		发出"到达运行轨道下端"的信号		
34	验证点	关闭	检查门是否关闭	门关闭	req_stop_end_of_down

18.3.3 其他供应商提供的信息

MBT 的一个主要优点是可以进行早期需求验证。在本例中，我们发现了两个缺失的需求（见表 18-5），其中一个非常简单，而另一个仍需要继续分析。

表 18-5 车库门控系统中缺失的需求

hz_no_reverse	门正在开启时，一旦光束被阻碍，或者门遇到障碍物，那么门将继续按照原方向运动
req_reverse_manually	在 TBD 间隔期间，如果两个顺序的控制信号使门停下，那么门将往反方向运动

如果我们考虑增加新的需求，则图 18-10 所示的模型将变得更加复杂。因此，建议将模型分为两部分。在上述的两个需求中，一个用于测试正常功能，另一个则专门用于测试安全设备。拆分模型有助于降低复杂性，因为我们可以忽略正常使用的所有设备，只关注安全设备。请记住：为了简单起见，此处将光束传感器和障碍物传感器合并为一个安全装置。图 18-15 显示了测试两个安全设备的可能模型。

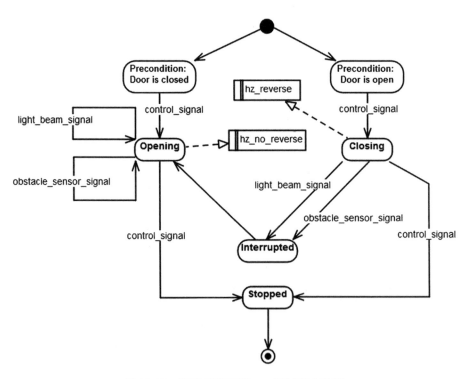

图 18-15 车库门控系统——测试安全装置

18.4 供应商的建议

与任何其他组织的变革一样，引入 MBT 并不容易。MBT 并不仅是使用便捷的工具 MBTsuite，MBT 需要的是建模活动，而建模需要一种新的思维方式，它们是一些培训以及非常重要的经验。希望引入 MBT 的公司应考虑参加 ISTQB 认证的基于模型的测试人员培训，以获得有关 MBT 方法的初步认识。我们的一些客户使用"MBT 样例"来试用 MBT 方法。他们选择中等复杂度的功能并使用两种方法并行开展测试用例设计：一个团队按照传统的基于文档的方法"手动"编写测试，而另一个团队（通常来自 sepp.med）编写模型并使用 MBTsuite 生成测试用例。最后，可以比较两个团队的效率（所需的小时数）、有效性（发现的缺陷数）和质量（达到的覆盖率）。对比结果通常是使用 MBT 的团队结果更好，考虑到 MBT 团队通常不熟悉被测系统的背景，所以这个对比结果更加有说服力。

参考文献

[Kramer and Legeard, 2016]

Kramer, Anne and Bruno Legeard, *Model-Based Testing Essentials—Guide to the ISTQB Certified Model-Based Tester: Foundation Level.* John Wiley & Sons, Hoboken, NJ, 2016.

国际验证系统公司产品

19.1 简介

国际验证系统公司（https://www.verified.de）成立于 1998 年，是德国不来梅大学的衍生公司。该公司专门从事安全关键型或业务关键型嵌入式系统和信息物理融合系统的验证与确认。该公司提供以下业务。

- 服务——代码审查、代码评审、测试活动以及模型和代码的形式化验证；
- 工具——用于测试自动化、代码分析和最坏情况下执行时间的分析；
- 回路中的硬件测试设备——基于硬实时技术的高性能测试引擎，该引擎使用多核集群系统。

公司的主要客户来自航空电子、铁路和汽车领域。

在本章中，我们会利用该公司的主要产品之一——RT-Tester 自动化测试和分析工具箱——来进行保费计算问题和车库门控系统的案例研究。其中重点讨论了基于模型的测试组件 RTT-MBT，然后将其用于利用测试模型自动生成测试用例，几乎不需要手动操作就可以实现高强度的测试。

19.1.1 RT-Tester 工具箱

RT-Tester 自动化测试和分析工具箱有多个工具组件，包括软件的测试和分析工具以及软硬件集成系统的测试和分析工具。图 19-1 对构成 RT-Tester 工具箱的不同组件进行了概述。

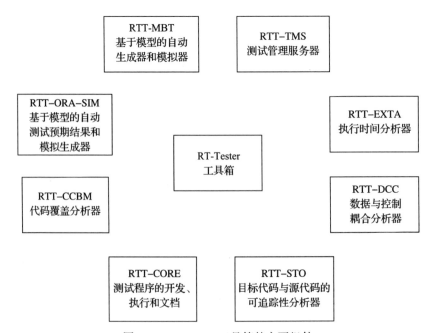

图 19-1　RT-tester 工具箱的主要组件

RT-Tester 的核心系统 RTT-CORE 支持使用 RT-Tester 实时测试语言（RTTL）进行测试程序的开发。RTTL 可以作为宿主语言嵌入到 C/C++ 中，并提供专用命令来设置多线程的硬实时测试环境和一些特定类型的测试。重要的是，RTTL 提供了在仿真组件、测试数据库[⊖]和被测系统（SUT）之间交换数据的通信机制。此外，RTTL 包含了用于同步的命令（例如，暂停线程直到逻辑数据条件变为真）、通过 / 失败标准的评估、测试判断的记录以及 SUT 观察到的反应记录。实时测试语言可用于所有测试级别，涵盖了在主机上设计和执行的单元测试，创建和执行硬件 / 软件集成测试或分布式嵌入式系统的系统集成测试等各个阶段。在设计硬件 / 软件集成测试或系统测试时，通常会用到 RTTL 提供的全部功能，还需要对实际的操作环境进行复杂的模拟，这是在测试过程中触发 SUT 执行的前置条件。

RT-Tester 工具中的测试管理系统（RTT-TMS）用于管理多用户测试过程，这个过程可能会涉及大型测试工程团队所实施的数千个测试用例。RTT-TMS 强调与用户相关的角色和访问权限的设置，同时支持将测试任务分配给测试工程师，并提供广泛的功能来评估产品的成熟度，并对测试过程的状态进行报告。最后，RTT-TMS 能够生成可追踪性数据，将需求与测试用例相关联，显示测试过程中这些测试用例的位置，并将后者与实现的测试结果相关联。RTT-TMS 工具也支持从其他商业需求管理系统（如 IBM Rational DOORS）中导入软件的需求。

由于基于模型的测试组件 RTT-MBT 可以与 RTTCORE 和 RTT-TMS 完全集成，因此在测试活动中可以从 SysML 模型中自动生成需要的部分或全部测试程序——而不是通过手工方式来编写测试程序。我们将在下一节中对这项技术进行更详细的描述。

RTT-ORA-SIM 是基于模型测试的一个轻量级版本，提供了基于模型的代码生成器，用于从 SysML 模型中创建测试的模拟环境和测试的预期结果。但是，测试输入并不是直接从测试模型中导出的。由于 RTT-MBT 可以通过比较的方式自动地生成测试输入和测试预期结果，因此相对来说，它可以被视为是一种更强大的基于模型的测试工具。

RTT-CCBM 是代码覆盖分析器（CCBM 是 *code-coverage branch monitor* 首字母的缩写），可监视软件在目标硬件上执行测试时达到的软件结构覆盖情况。RTT-CCBM 可以对被测系统的源代码进行插装，以确定在目标硬件上执行测试时，软件中执行的语句和分支。在测试结束时，覆盖数据从 SUT 上传输到测试环境，RTT-CCBM 对覆盖数据进行处理并生成覆盖率报告，用户可以在 Web 浏览器中方便地查看。

除了上述工具组件外，RT-Tester 还包括一些专用的静态分析器。

RT-Tester 的执行时间分析器（RTT-EXTA）可以估算嵌入式硬件 / 软件系统在最坏情况下的执行时间，这一要求常见于航空电子和汽车领域中的安全关键型软件。RTT-EXTA 结合了硬件 / 软件集成测试期间获得的静态分析和性能测量结果，使用这些结果估计和分析软件在最坏情况下的执行时间。执行时间分析器还特别关注端到端的执行时间，即系统对某种激励做出反应所需的时间。

RTT-DCC 组件自动进行所谓的数据与控制耦合（DCC）覆盖分析，这是 RTCA DO-178B/C 航空电子系统适航认证所必需的。DCC 分析的目的是检查集成测试是否充分检查了软件设计中所定义的基于数据的依赖性。因此，执行 DCC 分析可以验证测试活动的完整性。特别是，RTT-DCC 能够正确处理指针和别名，在复杂软件中，手动分析这些内容几乎不可行。此外，RTT-DCC 还可以检查是否已经执行了从并发进程到共享数据资源的所有交互访问的情况。虽然手动分析非常耗时，但 RTT-DCC 会自动确定出要执行的所有必要的测试序列，以获得完整的 DCC 覆盖。

　⊖　验证被测系统（SUT）与预期行为之间一致程度的检查器通常被称为测试预期。

　　根据 RTCA DO-178B/C 标准，具有极高安全要求的航空电子系统的设计保证等级为 A，编译器生成的目标代码必须针对生成它的 C 代码的可追踪性进行验证。RTT-STO 自动执行这种源代码到目标代码之间的可追踪性分析（STO 分析），该工具能够检测目标代码中无法追踪到源代码的所有控制流。它能够发现编译器插入的对所有内置库函数的调用，例如，编译器用来执行某些算术运算的库函数。RTT-STO 还可以检查编译器是否给变量分配了合适的内存，同时还能通过抽象表达式技术检查是否所有寄存器中的写操作都使用了正确的地址。

　　在以下部分中，我们将重点介绍 RT-Tester 中基于模型的测试组件 RTT-MBT，并讨论如何将其应用于保费计算问题和车库门控系统案例。

19.1.2　基于模型的测试组件 RTT-MBT

　　RTT-MBT 支持从 UML/SysML 模型中自动生成测试用例、生成具体的测试数据以及测试程序。这些模型也描述了 SUT 的预期行为（即系统与测试环境之间的接口），以及对环境操作的模拟。而针对 SUT 的输入数据，后者保证了软件使用真实过程中的实际数据[⊖]。我们可以使用不同的工具来创建测试模型。目前，RTT-MBT 支持以下 UML/SysML 建模工具。

- Sparx Systems 公司的 EnterpriseArchitect (http://www.sparxsystems.eu/ start/home/)
- IBM 公司的 Rational Rhapsody (http://www-03.ibm.com/software/products/en/ ratirhapfami)
- Astah SysML (http://astah.net/editions/sysml)
- PTC Integrity Modeler (http://www.ptc.com/model-based-systems-engineering/ integrity-modeler)
- Papyrus (https://eclipse.org/papyrus/，这是免费的开源 Eclipse 插件

　　RTT-MBT 工具可以导出 XMI 格式的文件，并与上述这些工具集成。它还支持其他 UML/SysML 的建模作为工具的输入。RTT-MBT 还可以为除 RT-Tester 以外的其他测试自动平台生成测试程序，因此可以将 RTT-MBT 与其他测试工具结合使用（见图 19-2）。

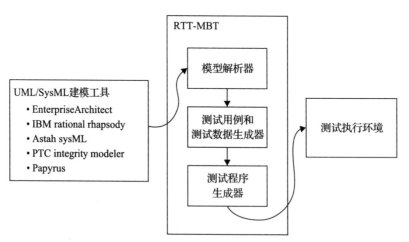

图 19-2　RTT-MBT 体系架构可以支持不同的前端建模工具和测试执行环境

　　创建测试模型。为了便于开发测试模型，上面列出的每种建模工具都提供了相应的模板。这些模板都提供了测试模型的一些典型的基本结构，使用者可以在此基础上针对具体实例进行建模。UML 的结构图和 SysML 的框图都可以对复杂的 SUT 进行功能分解。在本章的案例研究中，每个测试模型都只包含单个组件。SUT 的行为可以采用下面的建模方式：

⊖　在处理这个案例研究中，对操作环境没有限制，所以我们不会详细地描述环境模拟。

- UML/SysML 状态机；
- UML/SysML 活动图；
- 在模型中使用简单的 C 语言风格的命令操作。

状态机可以包含模型变量（SysML 值参数）的逻辑条件和时间变量（例如，150ms 之后）的逻辑条件，并以此作为变迁的条件。状态机也可以通过触发事件来实现状态的变迁，如 Mealy 自动机所示。由多个子组件组成的测试模型可以具有多个状态机（如状态图表示法），也可以理解为并发组件。当变迁可用时，每个状态机与其他状态机会同时触发变迁。⊖

活动图用于模拟由小型单线程软件单元组成的 SUT 的预期行为，例如在保费计算问题中要测试的单元。

19.1.2.1 生成测试用例

在模型自动生成测试用例的过程中，可能需要用到不同的策略或策略的组合。事实上，每个测试用例都是某种形式的逻辑表达式，它表征了测试模型中应该被涵盖的元素。例如，MC/DC 这种表达方式就是一个需要在测试中覆盖的元素。MC/DC（修订的条件 / 判定覆盖）是航空电子系统测试的强制要求。工具 RTT-MBT 可以生成一系列的测试输入，以检查所需的 MC/DC 条件。为了创建具体的测试数据，利用将基于数学约束的求解器与启发式搜索算法相结合，可以产生出所需要的测试用例。这种解决方案与下面的模型表述是一致的：即该解决方案必须能够表示为通过模型的一条有效路径，同时，它必须满足测试用例所呈现的逻辑表达式。在后续描述保费计算问题的案例研究时，我们还将说明这个概念。

RTT-MBT 内置了多种测试用例生成策略。第一类策略通过语法模型分析从测试模型中提取的测试目标。这种基于语法的测试目标包括状态覆盖、变迁覆盖、条件覆盖以及各种覆盖的组合。此外，RTT-MBT 可以自动确定由模型实现的等价类，因此它可以自动地实现很高强度的测试。另外，基于语义分析，还可以使用与变迁相关的逻辑公式表述模型的行为，该公式可以将模型的前置状态与可能的后置状态相关联。通过已有的变迁相关性，识别出模型状态和模型输入的等价类。最后，通过在 SUT 和参考模型之间建立一些正确的关系，RTT-MBT 还可以自动实现一致性测试。这里需要强调的一点是，我们通常会使用这些策略的组合来生成测试用例，而且这些策略还可以通过图形用户界面进行配置。例如，可以通过一致性测试来验证模型中功能子组件的一些 SUT 属性，通过等价类和实现模型覆盖的测试用例来对系统的整体功能进行测试。

总体来说，RTT-MBT 可以提供以下测试用例的生成策略。

1）基本控制状态测试用例（BCS）：UML/SysML 状态机中的每个简单状态都会产生一个测试用例，目标是通过指定一个 SUT 的输入，使测试用例的执行能够达到此状态（"覆盖"）。

2）变迁测试用例（TR）：每个状态机的变迁都会产生一个测试用例，其目标是执行此变迁。这需要找到 SUT 的输入序列，先使状态机到达变迁的源状态，然后使条件变为真，或者分别触发由测试环境提供的输入事件。

3）MC/DC 测试用例（MCDC）：产生变迁的条件包含多个原子条件，这些原子条件以及组合应该都被测试到。例如，变迁的条件是（a 或 b），那么如果使用 MC/DC 覆盖标准，那么就需要使用（a = true 和 b = false）进行测试，再使用（a = false 和 b = true）进行测试，以

⊖ 在 http://www.mbt-benchmarks.org 中，已经发布了更复杂的模型，这些模型表示一些包含并发特性和时序条件的模型变体，从而说明利用 RTT-MBT 是可以对这类模型进行测试的。而本书中在此处描述的案例研究既不包含并发特性也不包含时序条件。

便让 a 的变化可以导致变迁的发生，然后让 b 的变化导致变迁的发生。RTT-MBT 还为这种情况设计了一个稳定性测试用例，其中 a 和 b 都设置为 false，然后检查变迁是否未被触发。

4）分层控制状态测试用例（HITR）：UML/SysML 状态机可以具有分层复合状态（所谓的 OR 状态），其中的超级状态被分解为较低级的状态机（所谓的子机）。只要整个状态机处于超级状态，那么就执行下级状态机。当测试从超级状态中发出高级变迁时，较低级状态机可以驻留在不同的较低级状态中。因此，较高级别变迁生成不同的测试用例，从而可能驻留在每个较低级别状态子机器中。

5）基本控制状态对测试用例（BCSPAIRS）：对于涉及多个并发状态机的测试模型，RTT-MBT 能够识别交互状态机中每对状态的测试用例。例如，如果状态机 SM1 和 SM2 进行交互，SM1 具有简单状态 s11、s12、s13，而 SM2 具有简单状态 s21、s22，则 RTT-MBT 会指定测试用例条件，使得模型状态组合（s11，s21）、（s11，s22）、（s12，s21）…（s13，s22）是测试目标。然后，RTT-MBT 生成测试用例以涵盖这些组合。

6）等价类和边界值测试用例（ECBV）：RTT-MBT 分析测试模型的输入数据类型，以及状态机或活动图表中发生的条件。作为该分析的结果，它识别输入等价类，当这些输入应用于等效模型状态时，使得来自相同类的不同输入将导致等效模型发生反应（即 SUT 的等效预期反应）。这些类的识别使用了已发表的复杂分析技术 [Huang 和 Peleska 2016]。与传统技术相比，最终的测试用例具有更高的测试强度 [Hübner 等，2015 年]。对于等价类来说，RTT-MBT 中集成的约束求解器也同时计算了边界值测试。

7）一致性测试用例（CONF）：对于中等复杂度的模型或大型模型的子组件，可以生成证明一致性的测试用例⊖。这意味着要创建一个有限测试套件，以保证在某些假设下发现 SUT 与 UML/SysML 参考模型中的每个偏差。这些假设指的是在可能出错的实现中内部状态等价类的最大数量以及所选输入等价类的粒度，有缺陷的 SUT 可能在从模型中派生出的输入等价类的某个子分区内正确运行，但在另一个子分区中行为则不正确。通过细化原始输入等价类的分区并从每个输入类中选择随机值（包括边界值），可以较容易地选取等价类的代表值。实验表明，即使有错误的 SUT 不满足故障假设，最终测试套件的测试强度也优于启发式或随机测试生成技术 [Hübner 等，2015 年]。

对于第一个案例，我们将应用第 6 项测试策略；对于第二个案例，我们将使用第 7 项策略。

19.1.2.2　生成测试程序

RTT-MBT 生成测试脚本，然后由 RT-Tester 的 RTT-CORE 系统组件编译成可执行的测试程序。每个程序可以针对 SUT 执行上文所示的不同类的一个或多个测试用例。在测试程序生成期间，每个测试用例的逻辑条件定义由约束求解器和搜索启发法的应用在内部求解而得。从该解决方案中，我们提取了具有相关定时条件的一系列输入向量，然后将该序列用作 SUT 的输入数据。通过自动将模型转换为可执行检查器，监视 SUT 的每个输出接口可以生成测试预期结果。每个检查器观察哪些输入向量被发送到 SUT，计算模型指定和预期的 SUT 反应，并将预期反应与在 SUT 测试执行的输出接口上观察到的实际值进行比较。

测试工程师需要使用专业知识来配置测试程序，并决定在同一程序中应该执行哪些测试用例。此配置过程支持以下 3 种方法。

1）需求驱动方法：SysML 模型可以使用模型元素和需求之间的满足关系将模型元素

⊖　当前版本的 RTT-MBT 支持以下一致性概念：参考模型可以执行每个输入 / 输出序列也可以由 SUT 来执行，SUT 执行的每个 I / O 序列都可以根据模型获得认可。这种关系也称为 I / O 等价或语言等价。

（例如，状态机的状态和变迁）与需求进行关联。如果在模型中指定了这些关系，则 RTT-MBT 会自动将需求与测试用例联系起来；如果测试用例涵盖与之相关的模型元素（部分或全部），则测试用例有助于验证某个需求。使用图 19-3 所示的配置面板，测试工程师可以通过将需求标签拖动到面板的右侧来简单地选择要通过测试程序测试的需求项。RTT-MBT 自动识别链接到所选需求的所有测试用例，为 SUT 生成相关的输入测试数据，并将输入数据和测试预期结果转换为可在 RTT-CORE 系统中编译和执行的新测试程序。

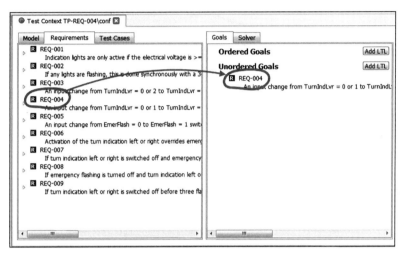

图 19-3　配置面板，用于由需求驱动的测试程序的生成。从模型中提取的所有需求在列表中选择，并将其拖放到右侧配置面板上以生成测试程序

2）模型覆盖驱动方法：在模型驱动的测试程序生成方法中，测试工程师只需选择模型的一部分，如一个 SysML 块或若干个状态机变迁并将它们拖放到配置面板上即可，如图 19-4 所示。此外，工程师选择要应用的测试策略（BCS，TR，…，ECBV，CONF）。然后，RTT-MBT 根据所选配置生成测试程序，实现所有测试用例，如图 19-5 所示。根据图中所示的选择，在创建的测试程序中，针对 OUTPUT_CTRL 块中的状态和变迁实现所有基本控制状态的测试用例、变迁覆盖和 MC/DC 覆盖的测试用例。

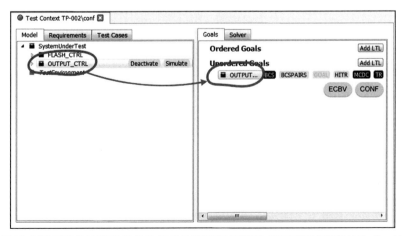

图 19-4　通过选择要覆盖的模型部分和相关的测试用例类型来配置测试程序的生成。这里，选择块 OUTPUT_CTRL 由所有适用的基本控制状态、变迁和 MC/DC 测试用例进行测试

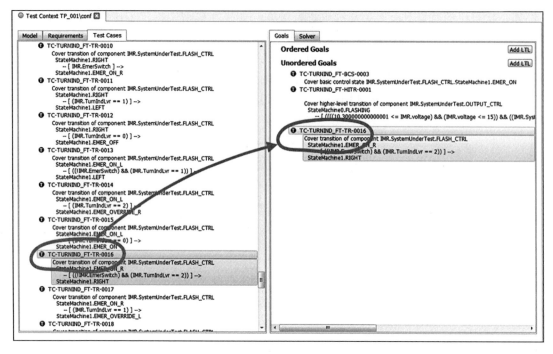

图 19-5   通过选择要执行的测试用例来配置测试程序

3）测试用例驱动的方法：如果没有确定任何需求，或者需要执行相同的程序将测试用例与不同的需求相连接，那么就可以使用测试用例驱动的测试程序生成方法。测试工程师在测试用例选择面板中选择测试用例并将其拖放到配置面板中，如图 19-5 所示。通过测试用例标识符，可以看到使用哪一种策略生成该测试用例，例如标记中的"BCS"说明该用例旨在覆盖某个状态机状态，"TR"表示该用例旨在覆盖给定的状态机转换，依此类推。

19.2   案例分析：保费计算问题

对于基于模型的单元测试，RTT-MBT 使用活动图作为测试模型。图 19-6 所示为保费计算问题的活动图。由于输入参数 Age 和 BaseRate 具有宽范围的允许值，因此不建议使用所有可能的参数组合进行穷尽测试。我们为活动图选择等价类和边界值测试策略。作为附加参数，指定从每个输入等价类（包括边界值）中生成 10 个具体测试数据集，以便由 RTT-MBT 生成的测试程序只要调用被测单元（UUT）10^N（N 为类的数量）即可。每次调用都从输入等价类中选择不同的输入向量（BaseRate、Age、Claims、goodStudent、nonDrinker）。在计算输入等价类时，由于 RTT-MBT 检测到活动图没有无界循环，因此生成细粒度等价类是可行的，于是来自给定等价类的所有输入向量都会产生相同的输出"BaseRate 模值"。这意味着给定 BaseRate 值时，同一类的所有输入向量都会产生相同的输出值。由于输入等价类是由 RTT-MBT 计算的，因此 SUT 或 UUT 对于某一个等价类的所有成员，应该显示等效的输出行为，因此每个类应该由多个输入参数的逻辑条件来指定。但是 BaseRate 不应出现在任何一个条件中，因为活动图表中的条件都不依赖于这个参数。

逻辑条件指定的输入类为（年龄 <16）||（年龄 > 90 岁）||（出险次数 >10）。

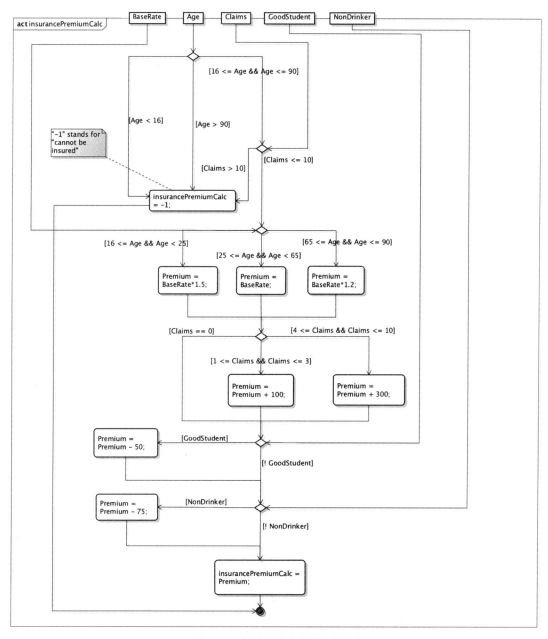

图 19-6 保费计算问题的活动图

例如，在所有的输入向量（BaseRate、Age、Claims、goodStudent、nonDrinker）中，规定 Age 小于 16 或大于 90，且 Claims 大于 10。因为条件中不包含 BaseRate、goodStudent 或 nonDrinker，所以这就意味着这些输入变量的所有可能值组合都应该与满足上述条件的所有 Age 和 Claims 值进行组合。此输入等价类指定在"不能投保"情况下的输入条件，我们可以在活动图中通过检查操作的入口条件看到这一点。

保费利率 = −1

这意味着"不能投保"的情况。

如果在类的逻辑条件中涉及分离条件，则在选择代表值时，应使用 MC/DC 规则。对于上面的示例，至少应选择下面的一个子类。

> Age < 16 && Claims <= 10
> Age > 90 && Claims <= 10
> 16 <= Age && Age <= 90 && Claims > 10

另举一个例子，在等价类中指定输入分区，其中对于所有输入，基本利率乘以 1.5，出险次数会使保费将额外增加 100 美元，而非饮酒者则减少 75 美元。总结一下，对于这个类的所有成员，得到的保费应该是 BaseRate × 1.5 + 100 − 75。RTT-MBT 使用其数学约束求解器计算每个类的代表值。求解器还可以处理等价类条件中的算术表达式，包括浮点计算和整数的位向量运算。

> (16 <= Age) && (Age < 25) && (1 <= Claims) && (Claims <= 3)
> &&!goodStudent && nonDrinker

通过转换每个类的逻辑条件，可以创建几个边界值条件。对于上述等价类，以下是分析出来的条件：

> (Age == 24) && (1 == Claims) &&!goodStudent && nonDrinker
> (Age == 16) && (1 == Claims) &&!goodStudent && nonDrinker
> (Age == 24) && (3 == Claims) &&!goodStudent && nonDrinker
> (Age == 16) && (1 == Claims) &&!goodStudent && nonDrinker

在具有浮点数 x、y 的表达式"$(x < y)$"中，将 x 设置为小于 y 的最小可表示浮点值来指定边界条件。

在计算输入等价类时，RTT-MBT 枚举布尔参数的所有可能的真/假值，以及值最大为 5 的整数。对于具有更宽范围的变量，例如 Age 和 Claims 的等价类条件，可知变量值是确定值。在本例中，一共有 37 个输入等价类。因此，按照"每个等价类选择 10 个输入向量"的原则，会产生 370 个测试用例，其中也包括上述边界条件。从每个类中选择 10 个测试用例作为输入，有助于发现被测单元在执行过程中可能出现的错误，也有助于发现单个输入无法检测到的保费计算中的算术错误。例如，假设对于上面的输入类 (16 <= Age < 25) && (1 <= Claims <= 3) &&!goodStudent && nondrinker，被测单元错误地使用了公式 Premium = BaseRate + 100 而不是 Premium = BaseRate × 1.5 + 100 − 75。如果我们只从这个类中选择一个输入，比如说（BaseRate，Age，Claims，goodStudent，nonDrinker）=（150，24，1，false，true），就不能发现这个错误，因为正确的公式和错误的公式都会产生相同的结果。但是，如果 BaseRate 使用不同的值，就可以检测到这个错误。

应该注意的是，等价类计算方法也可以应用于非终止状态机，并且在某些假设下，得到的测试套件可以发现 SUT 中的所有一致性违规。在 [Huang and Peleska 2016] 中描述了这个理论。⊖

19.3 案例分析：车库门控系统

对于车库门控系统，RTT-MBT 支持以 SysML 形式建模的有限状态机，如图 19-7 所示。如在车库门控系统问题描述中所指定的那样，使用输入信号 e1，…，e4，以及动作 a1，…，a4 进行表示。此外，RTT-MBT 生成的测试用例将引用空操作"−"，这表示系统只是忽略某个状态下的某个事件。回想一下可知——至少对于安全关键型或业务关键型应用程序——

⊖ 2015 年，系统验证国际公司被授予欧盟创新雷达创新奖亚军，这使该理论实际上可用于 RTT-MBT 产品，请参阅 https://www.verified.de/publications/ 论文 -2015 / eu-innovation-radar-price-runner-up-trophy-for-verified-systems-international /。

它们需要检查 SUT 在某种状态下对"意外"或"不需要"事件的健壮性。为此，状态机的 SysML 标准解释的是忽略给定状态下发出的任何变迁，不产生触发事件。例如，在状态门开启中，仅指定由信号 e1 触发的一个变迁。在该状态下对并发事件 e2、e3 和 e4 的发生没有任何影响。我们必须测试此行为，因为这可能是 SUT 不够健壮的情况。当接收到意外信号时，车库门控系统可能会崩溃或执行一些其他的操作。例如，在状态门开启下执行 e2（下行轨道运行结束），或者在任何其他状态下执行类似的行为。

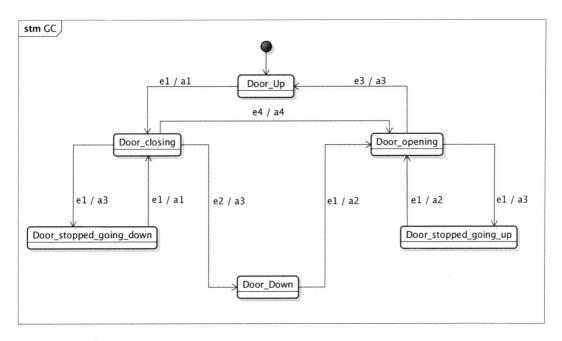

图 19-7　车库门控系统有限状态机

RTT-MBT 会自动分析指定的模型，获取 SUT 的预期行为。RTT-MBT 工具可检测模型能够实现的、确定的、适当规模的有限状态机，并将其提供给使用者，供其选择适用的测试策略。

- 基本控制状态测试用例：该测试策略产生了轻量级测试套件，仅遍历模型中每个状态。
- 变迁测试用例：生成的测试套件在状态机模型中执行每个变迁。但是，它并没有在每个状态中执行健壮性测试，这些情况与要忽略的信号有关。
- 需求覆盖：我们可以将模型元素（即 SysML 状态机）与需求列表相关联，以此来扩充模型。然后生成选择性测试套件，仅仅测试某些特定需求。如果 SUT 因为需求的变更而进行修改，或者因增加某个需求而需要回归测试时，那么这种策略尤其合适。
- 一致性测试：这是最彻底的策略。如上所述，一致性测试要求工具使用者指定一个假设的故障，该假设表明在描述 SUT 的真实行为可能具有的最小化状态机中有多少内部状态。如果 SUT 行为可以通过最多 m 个状态的确定性状态机而建模，则所得到的测试用例足以保证 SUT 的每个偏差都将被检测到。该策略还对任何状态下可能被忽略的信号进行所有的健壮性测试。

由于车库门控系统具有轻度安全性需求（我们当然不希望儿童或小动物被门卡住），因此在此处选择了一致性测试策略。

首先，RTT-MBT 工具最小化了参考模型。它证明了最小确定性有限状态机（DFSM）。

图 19-7 所示的 SysML 参考模型，只有 4 种状态，如图 19-8 所示。⊖输入信号和输出事件当然与图 19-7 所示的 SysML 状态机中使用的相同。然而，状态和变迁因最小化过程而不同。状态标签（例如 GC_MIN {0, 2}（0））表示原始 SysML 模型中内部编号为（0，2）的状态，在最小化状态机中，合并内部编号为 0 的单个状态。在 SysML 参考模型中，内部状态编号为 0 对应 Door_Up（门开启），1 对应 Door_Down（门关闭），2 对应 Door_stopped_going_down（门停止关闭），3 对应 Door_stopped_going_up（门停止开启），4 对应 Door_closing(门正在关闭)，5 对应 Door_opening(门正在开启)。因此，在新的有限状态机中，原始状态 Door_Up 和 Door_stopped_going_down， 以 及 Door_Down 和 Door_stopped_going_up 是等效的。通过分析每个状态的输出变迁及目标状态，可以直接验证该结果。

例如，我们选择 $m = 6$ 表示在最小有限状态机中出现的最大状态数。然后，使用 RTT-MBT 生成 252 个测试用例，每个用例由一系列输入和从参考模型中派生的相关预期输出描述。这类计算中使用了 Wp 方法 [Luo 等，1994]。此处显示了一些测试用例。

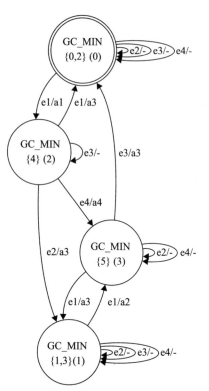

图 19-8　与图 19-7 所示的参考模型等效的最小确定性有限状态机

1. (e1/a1).(e2/a3).(e1/a2).(e1/a3).(e1/a2).(e1/a3)
2. (e1/a1).(e2/a3).(e1/a2).(e1/a3).(e1/a2).(e2/-)
3. (e1/a1).(e2/a3).(e1/a2).(e1/a3).(e2/-).(e1/a2)
4. (e1/a1).(e2/a3).(e1/a2).(e1/a3).(e3/-).(e1/a2)
...
155. (e1/a1).(e4/a4).(e4/-).(e3/a3).(e1/a1).(e2/a3)
156. (e1/a1).(e4/a4).(e4/-).(e3/a3).(e2/-).(e1/a1)
157. (e1/a1).(e4/a4).(e4/-).(e3/a3).(e3/-).(e1/a1)
158. (e1/a1).(e4/a4).(e4/-).(e3/a3).(e4/-).(e1/a1)
159. (e1/a1).(e4/a4).(e4/-).(e4/-).(e1/a3).(e1/a2)
160. (e1/a1).(e4/a4).(e4/-).(e4/-).(e2/-).(e1/a3)
...
251. (e4/-).(e4/-).(e3/-).(e1/a1)
252. (e4/-).(e4/-).(e4/-).(e1/a1)

这些测试用例保证能够找到 SUT 中的任何一个故障，其行为等同于具有最多 6 个状态的最小化 DFSM 的行为。例如，假设 SUT 的实际行为由图 19-9 中所示的最小化 DFSM 所反映。只要 SUT 位于状态 0、1、2、3 中，它的行为就符合图 19-7 所示的参考模型。然而，在状态 3 中，实现过程中包含一个变迁故障（这也称为陷阱门 [Binder 2000]），此时 SUT 没有忽略输入 e4（激光束被阻碍），而是转换到状态 4。由于在此步骤中没有产生可见输出（空动作 "–" 在测试执行期间不可见），因此无法立即检测到该故障。此外，当接收到预期事件 e3（上行轨道运行结束）时，SUT 仍然通过动作 a3（停止驱动电机）正确响应。此时正确的实现应该显示符合 Door_Up 状态的行为。然而，该 SUT 却错误地进入到状态 5，其在接收事件 e4（激光束被阻碍）时产生健壮性故障。它没有如预期那样，在 UP 位置忽略此事件，而是产生

⊖　RTT-MBT 使用 Graphviz "＊ .dot"-format（http://www.graphviz.org）在各种情况下输出图形，如图 19-8 所示的有限状态机。使用 Graphviz 工具，可以各种格式显示和存储这些图形。

了动作 a1（起动驱动电机往下）。这种失败是非常微妙的，因为它只能在以下情况中被检测到。

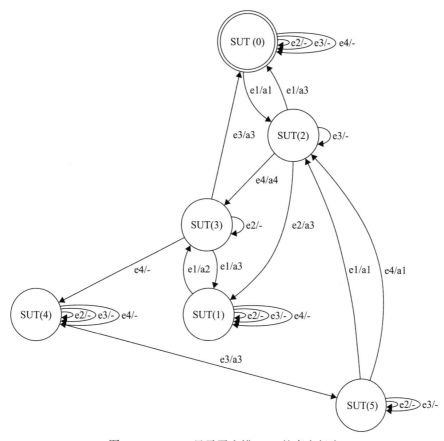

图 19-9　DFSM 显示了出错 SUT 的真实行为

- 测试用例足够长，能够到达隐藏的故障状态 5；
- 达到状态 5 后，使用事件 e4 执行稳健性测试。

只要表示 SUT 的最小化 DFSM 最多具有 6 个状态，那么上面列出的等价测试套件就能产生足够长的测试用例，以到达每个故障的隐藏状态。所有输入信号都在每个状态下运行，然后检查达到的目标状态是否等于预期的状态根据参考模型。

测试用例揭示了上述错误行为。

158. (e1/a1).(e4/a4).(e4/-).(e3/a3).(e4/-).(e1/a1),

输入 e4 之后，系统预期行为应该是空动作，而 SUT 却产生了动作 a1。此示例说明，一致性测试套件能够揭示相当微妙的实现错误，如果仅基于直觉设计测试用例，则可能无法检测到这些错误。

在这个例子中，$m = 6$ 是一个很好的选择，因为参考模型已经有 6 种原始形式的状态，所以在具体实现时，它们很可能具有相似数量的状态。但实现可能有错，因此最小化 DFSM 就需要这么多的状态。如果测试设备允许完全自动执行这些测试，则 252 个测试用例的数量是完全可以接受的。典型硬件在循环测试配置中将模拟车库门控系统输入接口上的输入 e1，…，e4，并将动态检查控制器的响应是否符合模型预期的响应。即使在实际物理时间内执行这些测试，每个测试用例最多只需要 2 分钟，因此整个套件可以在 8.5 小时内执行完成。使用 RT-Tester 和公司的硬件循环测试设备，可以完全自动执行测试用例。

如果反映真实行为的最小化 DFSM 只有 4 种状态[⊖]，那么可以导出一个明显短得多的测试套件：当 $m = 4$ 时，只需要 16 个而不是 252 个测试用例。该测试套件仍然能够检测每个输出故障和每个变迁故障，从而产生最小化参考模型的 4 种"合法"状态之一。但是，它不能检测陷阱门产生的其他故障状态。

执行黑盒测试时，m 的正确值是未知的。简单地增加 m 的大小以包括尽可能多的错误行为是不可取的，因为测试用例的数量随 m 呈指数增长。例如，对于 $m = 7$，我们需要为车库门控系统提供 1010 个测试用例。因此，选择 m 的合理方法是选择稍大一点但仍与参考模型相关联的最小化 DFSM 中的状态数非常接近。如果这里没有发现任何错误，则应额外执行随机且持续时间长的测试用例，以验证 SUT 是否能在较长一段时间内符合参考模型的行为。

19.4 供应商的建议

国际系统验证公司对使用 RTT-MBT 为客户提供服务的基于模型的测试项目与传统的测试项目进行过测评，在测试用例识别、测试数据创建和测试程序编程等几个阶段，RTT-MBT 相比于手动方式通常可以提高 30% 的效率。效率的提升来自第一个测试阶段，此时需要从无到有创建模型，这是 MBT 活动的一部分。在回归测试阶段，效率的提高非常明显，因为那时只需要对测试模型进行很小的更改就可以。同时，RTT-MBT 测试的质量也优于手动测试，因为工具是自动创建测试用例、测试数据和测试程序的，这比起手工完成这些工作，更容易地实现全面覆盖。

计划引入基于模型测试的企业，一定要关注下面两个对于 MBT 是否成功至关重要的因素。

* 需要调整"常规"的验证和确认工作流程。
* 开发测试模型的测试工程师需要比编测试程序的工程师具有更高的技能。

在按照传统方法进行测试时，验证和确认的工作流程通常被视为实践，如图 19-10 所示。

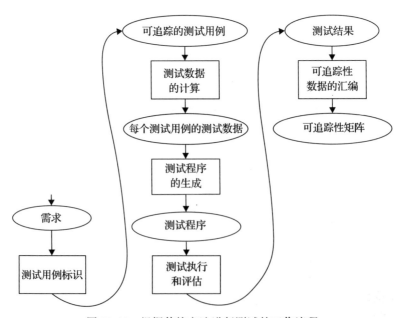

图 19-10　根据传统方法进行测试的工作流程

⊖　例如，可以假设代码生成器始终最小化参考模型，然后创建 FSM 状态和转换，但这需要开发人员添加输入 / 输出标签。

测试活动的需求应该作为输入，还需要补充包括接口规范在内的设计文档。基于这些输入，手工识别测试用例，并追踪到需要验证的需求。这些测试用例通常以高级方式进行描述，因此需要第二步就要计算具体的测试数据和相关的预期结果，然后用脚本语言编写测试程序。至此都是手工完成的过程，以后的步骤通常是自动的。在 SUT 上执行测试程序，计算测试判定，记录测试结果，追踪到测试用例，再追踪到需求。

基于模型的测试工作流程如图 19-11 所示。

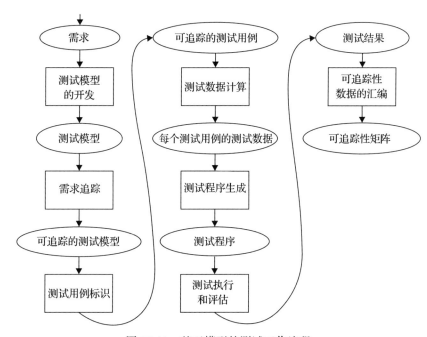

图 19-11 基于模型的测试工作流程

将 MBT 应用于测试活动时，需要在活动开始时对图 19-10 所示的流程增加两个关键步骤：开发测试模型，将模型及其元素追踪到需求。虽然这步需要手工完成，但后续的测试用例的识别、测试数据的计算和测试程序的生成都可以自动执行。对于安全关键型或业务关键型应用，在工作流程上的这些更改，需要得到企业管理层的理解，并在文档中予以说明。

最后，有必要指出，MBT 工程师需要具备开发测试模型的能力。建模需要一些编写测试脚本时不需要的抽象能力。建模要在合适的层级进行抽象，如果层级太低，那么测试模型将变得不必要的复杂，因此难以验证并且难以维持多个回归测试活动。如果抽象级别太高，就会丢失某些重要的 SUT 行为，模型派生出的测试程序将没有足够的测试强度来发现关键的实现错误。

应该指出的是，如果处理好上述几个关键点，则投资回报率是很可观的。

- 使用工具支持的 MBT 方法不需要一个非常庞大的团队来执行复杂的测试活动，小规模熟练的测试工程师可以做得更好，测试套件能够具有更高的测试强度。
- 维护回归测试的测试模型所需的工作量远远少于为一个新 SUT 版本而升级大型测试程序库的工作量。由于所有测试程序都是在使用 MBT 方法时从模型中生成的，因此它无须在程序级别进行维护。

参考文献

[Binder 2000]

Binder, Robert V., *Testing Object-Oriented Systems: Models, Patterns, and Tools*. Addison-Wesley, Reading, MA, 2000.

[Huang and Peleska 2016]

Huang, Wen-ling and Jan Peleska, Complete model-based equivalence class testing. *International Journal on Software Tools for Technology Transfer* 2016;18(3):265–283. DOI:10.1007/s10009-014-0356-8.

[Hubner, Huang, and Peleska 2015]

Hübner, Felix, Wen-ling Huang, and Jan Peleska, Experimental Evaluation of a Novel Equivalence Class Partition Testing Strategy. In Jasmin Christian Blanchette and Nikolai Kosmatov (eds.): *Tests and Proofs—9th International Conference, TAP 2015, Held as Part of STAF 2015*, L'Aquila, Italy, July 22–24, 2015. Proceedings. Lecture Notes in Computer Science 9154, Springer, 2015, pp. 155–172. DOI:10.1007/978-3-319-21215-9_10.

[Luo, von Bochmann, and Petrenko 1994]

Luo, Gang, Gregor von Bochmann, and Alexandre Petrenko, Test selection based on communicating nondeterministic finite state machines using a generalized Wp-method. *IEEE Transactions on Software Engineering* 1994;20(2):149–162.

开源的 MBT 工具

在大学教书的一大优点是我有研究生，他们都渴望尝试新技术。我使用了由 Robert V. Binder [Binder 2012] 总结的基于模型的测试（MBT）的开源工具列表，并为 6 个学生团队分配了选定的工具。（大峡谷州立大学的研究生是典型的专业人士。）我帮助每个团队进行调研和试用，但是写作部分是他们自己完成的，我只进行了微小的修订。

20.1 ModelJUnit 2.5

ModelJUnit 工具由新西兰怀卡托大学的 Mark Utting 博士创建，模型编写为能够直接与 Java SUT 或适配器进行交互的 Java 类。ModelJUnit 2.5 使用 Java 5.0 的注释功能，然后通过处理模型，生成对 SUT 的调用并评估 SUT 响应（不生成 JUnit 代码）[Binder 2012]。

20.1.1 ModelJUnit 2.5 概述

ModelJUnit 工具是一个 Java 库，它以 JUnit 为基础，扩展出了基于模型的测试，并在开源许可证 GPL v2 下发布。ModelJUnit 本来是一个框架，但现在被公认为是一个库，也可以作为一个独立的工具来使用。该工具可以使用自己的图形用户界面（GUI）或将库包含到 Java 项目中来实现。ModelJUnit 能够分析用 Java 编写的有限状态机并将其转换为相应的可视化表达。从代码中创建出有限状态图之后，可以基于用户偏好自动生成、定制和执行测试用例。

获取 ModelJUnit 的方法很简单——下载 ModelJUnit 无须许可证。目前似乎没有相应的文档或用户手册来解释 ModelJUnit 软件的全部功能。尽管该项目是在 3 个网站上展示的，但每个网站上的工具版本都不一样，也没有一个网站包含文档的可工作版本。下面列出了上述的 3 个网址：

http://sourceforge.net/projects/modeljunit/ version 2.5, Current website of the project
http://www.cs.waikato.ac.nz/~marku/mbt/modeljunit/ version 2.0, beta 1. Original project, hosted by university of waikato
http://modeljunit.sourceforge.net, Current info-website of the project

由于上次更新是在 2014 年 1 月 13 日，并且网站"文档"最后更新于 2009 年 5 月 15 日，因此看上去此工具软件已经处于废弃状态。因此，上面提到的错误和建议的更新不太可能实现了。

20.1.2 利用 ModelJUnit 2.5 测试车库门控系统

尽管车库门控制器的实施并不太复杂，但使用 ModelJUnit 仍出现了一些问题。主要挑战是强制工具接受 GarageDoorOpener-FSM 定义。最后，我们在实例中编译了整个 ModelJUnit 源代码才最终实现了这一点，但这似乎不应该是工具正确的打开方式。一旦工具加载了 FSM 并且生成了测试，那么所有状态都会按预期进行显示。一旦我们尝试了不同的配置，

那么事件激光束交汇（e5）和障碍物阻挡（e4）几乎不能被激活。此外，当标签部分中的
"显示未执行状态 / 操作"被激活时，会出现比预期更多的状态和操作，并且会出现"缺失"
事件激光束被阻碍和遇到障碍物。由于缺乏文档，所以我们很难找到问题出在什么地方，于
是就联系了目前的项目维护人员 Mark Utting，他确实提供了一些帮助。

以下是描述车库门控系统有限状态机的 Java 代码：

```java
import nz.ac.waikato.modeljunit.Action;
import nz.ac.waikato.modeljunit.FsmModel;
import nz.ac.waikato.modeljunit.RandomTester;
import nz.ac.waikato.modeljunit.Tester;
import nz.ac.waikato.modeljunit.coverage.CoverageMetric;
import nz.ac.waikato.modeljunit.coverage.TransitionCoverage;

public class GarageDoorOpener implements FsmModel
{
    private STATE state;

    public enum STATE
    {
        DOOR_UP,                    //Door is currently up
        DOOR_DOWN,                  //Door is currently down
        DOOR_STOPPED_DOWN,          //Door stopped while moving down
        DOOR_STOPPED_UP,            //Door stopped while moving up
        DOOR_CLOSING,               //Door currently closing
        DOOR_OPENING                //Door currently opening
    }

    private MOTOR_STATE motor_state;

    public enum MOTOR_STATE
    {
        MOTOR_UP,                   //Motor going up
        MOTOR_DOWN,                 //Motor going down
        MOTOR_STOPPED               //Motor stopped
    }

    public Object getState() {
        return state;
    }

    public GarageDoorOpener()
    {
        reset(true);
    }

    public void reset(boolean testing) {
        state = STATE.DOOR_DOWN;
        motor_state = MOTOR_STATE.MOTOR_STOPPED;
    }

    @Action public void Control_Signal()
    {
        if(state == STATE.DOOR_UP)
        {
            state = STATE.DOOR_CLOSING;
            motor_state = MOTOR_STATE.MOTOR_DOWN;
            return;
        }
        if(state == STATE.DOOR_DOWN)
        {
            state = STATE.DOOR_OPENING;
            motor_state = MOTOR_STATE.MOTOR_UP;
```

```
        return;
    }

    if(state == STATE.DOOR_STOPPED_DOWN)
    {
        state = STATE.DOOR_CLOSING;
        motor_state = MOTOR_STATE.MOTOR_DOWN;
        return;
    }

    if(state == STATE.DOOR_STOPPED_UP)
    {
        state = STATE.DOOR_OPENING;
        motor_state = MOTOR_STATE.MOTOR_UP;
        return;
    }

    if(state == STATE.DOOR_CLOSING)
    {
        state = STATE.DOOR_STOPPED_DOWN;
        motor_state = MOTOR_STATE.MOTOR_STOPPED;
        return;
    }

    if(state == STATE.DOOR_OPENING)
    {
        state = STATE.DOOR_STOPPED_UP;
        motor_state = MOTOR_STATE.MOTOR_STOPPED;
        return;
    }
}
public boolean End_Of_Down_TrackGuard() {return state ==
state.DOOR_CLOSING;}
@Action public void End_Of_Down_Track()
{
        state = STATE.DOOR_DOWN;
        motor_state = MOTOR_STATE.MOTOR_DOWN;
        return;
}
    public boolean End_Of_Up_TrackGuard() {return state ==
    state.DOOR_OPENING;}
    @Action public void End_Of_Up_Track()
    {
        state = STATE.DOOR_UP;
        motor_state = MOTOR_STATE.MOTOR_STOPPED;
        return;
    }

    public boolean Obstacle_HitGuard() {return state == state.DOOR_CLOSING;}
    @Action public void Obstacle_Hit()
    {
        state = STATE.DOOR_OPENING;
        motor_state = MOTOR_STATE.MOTOR_UP;
        return;
    }

    public boolean Laser_CrossedGuard() {return state == state.DOOR_CLOSING;}
    @Action public void Laser_Crossed()
    {
        state = STATE.DOOR_OPENING;
        motor_state = MOTOR_STATE.MOTOR_UP;
        return;
    }
```

```
public static void main(String[] args)
{
    Tester tester = new RandomTester(new GarageDoorOpener());
    tester.buildGraph();

    CoverageMetric trCoverage = new TransitionCoverage();
    tester.addListener(trCoverage);
    tester.addListener("verbose");
    tester.generate(20);

    tester.getModel().printMessage(trCoverage.getName() + "was"+
    trCoverage.toString());
}
}
```

20.1.3 小结

ModelJUnit 结合了库和 GUI 工具，提供了许多功能。它提供了几个有用的示例，但没有解释如何将定制的有限状态机引入工具中。唯一的文档中只包含示例中的注释。这使得使用工具的过程非常麻烦，并且，用户不断地质疑该工具的正确使用方式，而没有关注如何测试 FSM。此外，工具经常出错，时不时还会死机。

本节内容源自大峡谷州立大学研究生 Lisa Dohn、Roland Heusser 和 Abinaya Muralidharan 的报告。

20.2 Spec Explorer

Spec Explorer 是在 Microsoft 公司开发的。它是 Visual Studio 的一个加载项，可以从 C# 模型程序中生成测试套件，提供了可视化和建模功能 [Binder 2012]。GVSU 的学生报告说，自 2012 年以来，.NET 环境不再对其提供技术支持。

20.2.1 Spec Explorer 概述

Spec Explorer 是 Visual Studio 的一个加载项工具，它在 .NET 环境中具有 MBT 的功能。带有 Spec Explorer 的 MBT 允许测试人员 / 开发人员使用 C# 或 Visual Basic 为他们的应用程序建模，并从这些模型中生成状态机图和单元测试。用户可以从 MSDN 上免费下载 Spec Explorer，并且安装的软件是客户端至客户端的。它使用起来非常简单，不需要任何特殊配置，但是，学习该工具可能很困难，并且可能需要一些时间才能理解 Spec Explorer 所需的抽象级别。该工具在 MSDN 上有详细文档，开发人员也可以在线找到有用的示例。Spec Explorer 非常强大，因为它可以从代表应用程序模型的非常简单的代码中自动生成测试用例。目前 Spec Explorer 可用于 Visual Studio 2010 和 2012，而 Microsoft 未针对 2013 或 2015 版的 Visual Studio 进行升级。

20.2.2 Spec Explorer 使用方法

开发基于模型的测试项目的第一步是在 Visual Studio 中的"新建项目"的子类别"测试"下添加项目模板"Spec Explorer Model"。车库门控系统的应用由几个类组成，这些类代表应用的不同组件（例如控制设备、光束传感器等）。一个 Spec Explorer Model 解决方案由 3 个主要项目组成：

- 实现：应用程序的代码。

- 模型：待分析的预期行为。
- 测试套件：单元测试项目，包含工具自动生成的测试用例。

车库门控系统的建模需要几次"试验和错误"的过程，以此确保模型与状态机完全一致。Spec Explorer 要求使用者对 .NET 语言（我们使用 C#）以及 Visual Studio 环境有一定程度的了解。初学者可能会觉得这是个挑战。该团队共花了 28 个小时才完成车库门示例。

20.2.2.1　实现

为完成车库门控系统问题，我们创建了一个应用程序的简化版本：整个程序被压缩到一个名为 GarageDoorImplementation 的类中，该类包含各种事件（例如，ControlDevice_Button Pressed）和动作。

```csharp
using System;

namespace GarageDoorMBT.Implementation
{
    public class GarageDoorImplementation
    {
        private static MotorState _state;

        #region Events

        public static void ControlDevice_ButtonPressed()
        {
            switch (_state)
            {
                case MotorState.Going_Up:
                    StopMotorUp();
                    break;

                case MotorState.Going_Down:
                    StopMotorDown();
                    break;

                case MotorState.Stopped_While_Up:
                    StartMotorUp();
                    break;

                case MotorState.Stopped_While_Down:
                    StartMotorDown();
                    break;
                case MotorState.Stopped_End_Up:
                    StartMotorDown();
                    break;

                case MotorState.Stopped_End_Down:
                    StartMotorUp();
                    break;

                case MotorState.Stopped:
                    StartMotorUp();
                    break;
            }
        }

        public static void TrackEndUpSensor_EndReached()
        {
            if (_state == MotorState.Going_Up)
                StopMotorEndUp();
```

```csharp
    }
    public static void TrackEndDownSensor_EndReached()
    {
        if (_state == MotorState.Going_Down)
            StopMotorEndDown();
    }

    public static void LightBeam_BeamInterrupted()
    {
        if (_state == MotorState.Going_Down)
        {
            StopMotorDown();
            StartMotorUp();
        }
    }

    public static void ObstacleSensor_ObstacleEncountered()
    {
        if (_state == MotorState.Going_Down)
        {
            StopMotorDown();
            StartMotorUp();
        }
    }
    #endregion Events

    #region Actions

    private static void StopMotorUp()
    {
        _state = MotorState.Stopped_While_Up;
    }

    private static void StopMotorDown()
    {
        _state = MotorState.Stopped_While_Down;
    }

    private static void StopMotorEndUp()
    {
        _state = MotorState.Stopped_End_Up;
    }

    private static void StopMotorEndDown()
    {
        _state = MotorState.Stopped_End_Down;
    }

    private static void StartMotorUp()
    {
        _state = MotorState.Going_Up;
    }

    private static void StartMotorDown()
    {
        _state = MotorState.Going_Down;
    }

    #endregion Actions

    public override string ToString()
    {
        string format = "[S{0}] Motor State => {1}";
```

```
        return String.Format(format, (int)_state, _state.ToString().Replace("_", " "));
    }
}
```

车库门控系统由几个类组成，这些类代表应用的不同组件（例如控制设备和光束传感器）。出于试用 Spec Explorer 和演示基于模型的测试的目的，我们可以省略这些组件中的大多数，只考虑应用程序的状态行为。

模型的事件 / 变迁（在实现类中）必须定义为静态方法，相同的方法将在 Model 类中显示为"规则"。

注意：ToString() 方法在 Explorer（状态机）图中特别有用，它会返回应用程序当前状态的字符串。

GarageDoorModelState 类是应用程序实际状态的占位符。

```
namespace GarageDoorMBT.Implementation
{
    public struct GarageDoorModelState
    {
        public MotorState State;
    }

    /// <summary>
    /// Enum that represents the possible states of the motor
    /// </summary>

    public enum MotorState
    {
        Going_Up = 1,
        Going_Down = 2,
        Stopped_While_Up = 3,
        Stopped_While_Down = 4,
        Stopped_End_Up = 5,
        Stopped_End_Down = 6,
        Stopped = 7, // Unknown state of the motor
    }
}
```

20.2.2.2　Spec Explorer 模型

Model（GarageDoorModel）类包含应用程序的预期行为，它是实现类的抽象表达。Model 类包含 Spec Explorer 以生成状态机的所有规则。这些规则使用 [Rule] 属性进行标记，它们显示为静态方法，其签名与实现类中的签名相同。

```
using GarageDoorMBT.Implementation;
using Microsoft.Modeling;

namespace GarageDoorMBT.Models
{
    public static class GarageDoorModel
    {
        // Model state
        public static GarageDoorModelState GarageDoor =
        new GarageDoorModelState()
        {
            State = MotorState.Stopped
        };

        [Rule]
        public static void ControlDevice_ButtonPressed()
        {
```

```
        switch (GarageDoor.State)
        {
            case MotorState.Going_Up: // S1
                GarageDoor.State = MotorState.Stopped_While_Up; // S3
                break;

            case MotorState.Going_Down: // S2
                GarageDoor.State = MotorState.Stopped_While_Down; // S4
                break;

            case MotorState.Stopped_While_Up: // S3
                GarageDoor.State = MotorState.Going_Up; // S1
                break;

            case MotorState.Stopped_While_Down: // S4
                GarageDoor.State = MotorState.Going_Down; // S2
                break;

            case MotorState.Stopped_End_Up: // S5
                GarageDoor.State = MotorState.Going_Down; // S2
                break;

            case MotorState.Stopped_End_Down: // S6
                GarageDoor.State = MotorState.Going_Up; // S1
                break;

            case MotorState.Stopped: // S7
                GarageDoor.State = MotorState.Going_Up; // S1
                break;
        }
    }

    [Rule]
    public static void TrackEndUpSensor_EndReached()
    {
        Condition.IsTrue(GarageDoor.State == MotorState.Going_Up);
        if (GarageDoor.State == MotorState.Going_Up)// S2
            GarageDoor.State = MotorState.Stopped_End_Up; // S5
    }

    [Rule]
    public static void TrackEndDownSensor_EndReached()
    {
        Condition.IsTrue(GarageDoor.State == MotorState.Going_Down);
        if (GarageDoor.State == MotorState.Going_Down)// S2
            GarageDoor.State = MotorState.Stopped_End_Down; // S6
    }

    [Rule]
    public static void LightBeam_BeamInterrupted()
    {
        Condition.IsTrue(GarageDoor.State == MotorState.Going_Down);
        if (GarageDoor.State == MotorState.Going_Down)// S2
            GarageDoor.State = MotorState.Going_Up; // S1
    }

    [Rule]
    public static void ObstacleSensor_ObstacleEncountered()
    {
        Condition.IsTrue(GarageDoor.State == MotorState.Going_Down);
        if (GarageDoor.State == MotorState.Going_Down)// S2
            GarageDoor.State = MotorState.Going_Up; // S1
    }
    }
}
```

20.2.2.3　协调文件

协调（.cord）文件是 Spec Explorer Model 项目中最重要的部分。它包含以脚本形式定义的状态机和即将自动生成的测试用例。它由 Main 块组成，开发人员指定实现类中应包含的规则（在本例中全部包含）以及其他参数，例如生成的测试用例的路径和命名空间。Machine 块表示模拟出来的应用程序的行为。Machine 块可生成状态机图或测试用例。这些 Machine 块可以描绘整个应用程序（参见 Machine 块 GarageDoorModel）或特定的变迁（参见 machine 块 CustomScenario）。

```
// This is a Spec Explorer coordination script (Cord version 1.0).
// Here is where you define configurations and machines describing the
// exploration to be performed.

using GarageDoorMBT.Implementation;

/// Contains actions of the model, bounds, and switches.
config Main
{
    // Use all actions (rules) from the implementation class
    action all GarageDoorMBT.Implementation.GarageDoorImplementation;

    switch StepBound = none;
    switch PathDepthBound = none;
    switch StateBound = 250;

    switch TestClassBase = "vs";
    switch GeneratedTestPath = "..\\GarageDoorMBT.TestSuite";
    switch GeneratedTestNamespace = "GarageDoorMBT.TestSuite";
    switch TestEnabled = false;
    switch ForExploration = false;
}

// Model for simulating simple operations
machine GarageDoorModel() : Main where ForExploration = true
{
    construct model program from Main
    where scope = "GarageDoorMBT.Models.GarageDoorModel"
}

machine CustomScenario() : Main where ForExploration = true
{
    //Omitting the parenthesis for an action invocation
    //is equivalent to setting all its parameters to _ (unknown).
    (ControlDevice_ButtonPressed; ControlDevice_ButtonPressed;
    ControlDevice_ButtonPressed; ControlDevice_ButtonPressed;
    ControlDevice_ButtonPressed)*
}
// Test suite
machine GarageDoorMBTTestSuite() : Main where ForExploration = true,
TestEnabled = true
{
    construct test cases
    where strategy = "ShortTests"
    for GarageDoorModel()
}
```

20.2.2.4　工具执行

通过如上所述的操作方式完成 Spec Explorer 项目，测试人员可以探索和分析模型的行为。"Exploration Manager"中显示了协调文件中定义的 machine 块。

在"Explorer Manager"中，右键单击"Test Enabled"以生成测试用例（代码将保存在单元测试项目中）。

以下是从模型中自动生成的单元测试代码。

```
#region Test Starting in S0
[Microsoft.VisualStudio.TestTools.UnitTesting.TestMethodAttribute()]
public void GarageDoorMBTTestSuiteS0() {
  this.Manager.BeginTest("GarageDoorMBTTestSuiteS0");
  this.Manager.Comment("reaching state \'S0\'");
  this.Manager.Comment("executing step \'call
  ControlDevice_ButtonPressed()\'");
  GarageDoorMBT.Implementation.GarageDoorImplementation.
  ControlDevice_ButtonPressed();
  this.Manager.Comment("reaching state \'S1\'");
  this.Manager.Comment("checking step \'return
  ControlDevice_ButtonPressed\'");
  this.Manager.Comment("reaching state \'S10\'");
  this.Manager.Comment("executing step \'call
  ControlDevice_ButtonPressed()\'");
  GarageDoorMBT.Implementation.GarageDoorImplementation.
  ControlDevice_ButtonPressed();
  this.Manager.Comment("reaching state \'S15\'");
  this.Manager.Comment("checking step \'return
  ControlDevice_ButtonPressed\'");
  this.Manager.Comment("reaching state \'S20\'");
  this.Manager.Comment("executing step \'call
  ControlDevice_ButtonPressed()\'");
  GarageDoorMBT.Implementation.GarageDoorImplementation.
  ControlDevice_ButtonPressed();
  this.Manager.Comment("reaching state \'S25\'");
  this.Manager.Comment("checking step \'return
  ControlDevice_ButtonPressed\'");
  this.Manager.Comment("reaching state \'S30\'");
  this.Manager.EndTest();
}
#endregion
```

测试用例可以针对实现类运行，也可以导出到单独的单元测试项目中并针对实际应用程序运行。由于可能存在不同的命名空间和类名，所以后者需要一些小幅度的调整。

20.2.3　小结

安装 Spec Explorer 的过程非常简单，在安装向导中只需要很少的步骤就可完成，但是学习需要一些时间。从测试人员的角度来说，建模需要的抽象技术可能在开始时会是个挑战，只要过了这一关，使用代码创建模型不会花费太多时间（代码量可能非常少）。虽然理解"机器"和"规则"的概念还需要一些时间，但是相比模型复杂性来说，后续创建模型和cord 脚本就显得相当容易了。

Spec Explorer 易于使用且非常直观，可以在 MSDN 上在线获取文档以及一些教程 / 示例。开发人员只要编写很少一部分代码就能够表示应用程序的主要行为，从而为应用程序建模。从测试人员的角度来看，可能需要一些时间来了解 Spec Explorer 中的抽象级别，而且，在看到与模型预期行为相对应的状态机图之前可能需要多次"尝试"才可以。总之，Spec Explorer 是一个非常强大的 MBT 工具，允许测试人员从应用程序的模型中生成测试用例。

本节内容源自大峡谷州立大学研究生 Khalid Alhamdan、Frederic Paladin、Saheel Sehgal

和 Mike Steimel 的报告。

20.3　MISTA

　　MISTA（基于模型的集成和系统自动化测试）是在爱达荷州的博伊西州立大学开发的。它可以免费用于学术用途，也可以用于商业用途。它使用轻量级且高级别的 Petri 网作为可视化建模符号，可以对测试模型进行模拟运行和验证。MISTA 可以从使用 Java、C、C++、C#、VB 或 HTML 或测试引擎 JUnit、nUnit 和 Selenium [Binder 2012] 等测试模型中生成可执行测试代码。

20.3.1　MISTA 概述

　　获取 MISTA 的方法很简单，访问开发人员的网站 http://cs.boisestate.edu /~dxu / research/ MBT.html，然后单击 MISTAv1.0 下载链接并下载该程序的 zip 文件，然后从 zip 文件中提取所需的文件夹即可。该工具的任何文档均未要求有许可证。

20.3.1.1　MISTA 环境

　　MISTA 是一个 Java jar 应用程序，该文档未指定 Java 的任何版本要求。该工具本身提供了一个 GUI，以允许用户生成模型；也可以使用类似电子表格的编辑器，以文本方式生成模型；也可以利用选项来输入帮助代码以生成测试代码和测试树。它还允许用户将模型的一部分映射到为测试代码生成的构造函数中。MISTA 基于 PIPE3（平台与 Petri 网编辑器无关），提供了模型开发的图形编辑器。

20.3.1.2　MISTA 能力

　　MISTA 工具能够进行模型验证。在给定初始状态和目标状态的情况下，该工具能够检查模型，以确保可以到达模型中所有状态和变迁，这有助于用户确认模型的正确性。该工具还可以模拟 Petri 网，以确保模型按预期工作。在工具中生成测试用例非常简单，只要选择确定的测试覆盖率，然后单击"生成测试代码"按钮即可。该工具提供各种测试覆盖选项和测试标准。以下是用户手册中列出的测试标准。

- 可达性树覆盖：MISTA 首先针对所有给定的初始状态生成函数网的可达性图，然后针对每个叶节点，创建从对应的初始状态节点到叶节点的测试。
- 可达性 + 无效路径（潜行路径）：MISTA 为每个节点生成扩展的可达性图，MISTA 还能够创建无效点火的子节点（它们是叶节点）。从初始标记到这样的叶节点的测试称为脏测试（dirty test）。
- 变迁覆盖：MISTA 生成测试以涵盖每个变迁。
- 状态覆盖：MISTA 生成测试以覆盖从任何给定的初始状态都可到达的每个状态。由于状态覆盖的测试套件没有重复状态，因此它通常小于可达性覆盖的测试套件。
- 深度覆盖：MISTA 生成长度不大于给定深度的所有测试；
- 随机生成：MISTA 以随机方式生成测试用例，停止条件是最大测试深度和最大测试次数。选择此菜单项时，要求用户设置要生成的最大测试用例数。由于随机测试有重复，因此具体测试用例的次数不一定等于最大数。
- 目标覆盖：MISTA 针对从给定初始状态到达的每个给定目标生成测试用例。在使用目标覆盖作为生成准则之前，应该验证目标的可达性，以查看它们是否可访问。通常，达到给定目标的点火序列将转换为测试用例。

- 断言反例：MISTA 根据断言反例生成测试，这个断言由断言验证产生。在生成测试用例之前，用户需要验证断言以查看指定的断言是否具有反例。
- 死锁 / 终止状态：MISTA 生成在功能网中达到每个死锁 / 终止状态的测试用例。死锁 / 终止状态是不能点火变迁的状态。测试生成时，会利用"检查死锁 / 终止状态"的结果。
- 给定序列：MISTA 根据给定文件中的点火序列生成测试用例（例如，与 MID 文件在同一文件夹下的仿真测试或在线测试的日志文件）。该文件由"SEQUENCES"注释指定，应确保文件中的所有点火序列都是从功能网的相同版本上创建的，否则测试生成可能会失败。

20.3.1.3 学习使用 MISTA

MISTA 的学习曲线取决于两件事。首先，用户需要熟悉 Petri 网或有限状态机。其次，要熟悉 MISTA 测试环境。不了解第一个要求会提高学习曲线的难度。即使 MISTA 还算是开发程度较好的工具，但 MISTA 测试环境本身也具有一定的挑战性。建模工具虽然相对简单，但又不那么容易。例如，如果需要旋转一个变迁，则在添加变迁后，必须右键单击变迁，然后单击编辑，从下拉菜单中选择要循环的相对量，之后再应用。好在工具带有两个非常有用的帮助文档，它们是简易版 MISTA 和 MISTA 用户手册。文件里有用户可以在测试环境中使用的 Petri 网的类型。用户手册只有 56 页，这也从侧面说明该工具相对简单，特别是与基于商业模型的测试工具相比。该工具的另一个优点是提供了开放的教程类型项目，以帮助学习与该工具相关的 Petri 网。

20.3.2 MISTA 使用方法

20.3.2.1 车库门控系统问题

MISTA 最适合车库门控制器问题，但对于保费问题来说，MISTA 是大材小用了。我们使用有限状态机和 Petri 网来演示该工具的功能。对于有限状态机，需要大约 1 小时才能使模型达到令人满意的状态，而 Petri 网模型大约需要 1.5 小时。由于示例仅是基本问题定义，不需要任何代码或程序设计，因此实现过程所需时间稍微短一点，如果添加辅助代码和 MIM（模型实现映射），则会增加建模所需的时间。

20.3.2.2 MISTA 生成的测试代码

```java
import junit.framework.*;

public class GarageDoorTester_RT extends TestCase{

    private GarageDoor garagedoor;

    protected void setUp() throws Exception {
        garagedoor = new GarageDoor();
    }

    public void test1() throws Exception {
        System.out.println("Test case 1");
        garagedoor.device_signal(); //constraint: Open
        assertTrue("1_1", garagedoor.Closing());
        Closing();
        garagedoor.device_signal(); //constraint: Closing
        assertTrue("1_1_1", garagedoor. Stopped_motor_engaged_down());
        Stopped_motor_engaged_down();
        garagedoor.device_signal(); //constraint:
```

```
            Stopped_motor_engaged_down
            assertTrue("1_1_1_1", garagedoor.Closing());
            Closing();
      }

      public void test2() throws Exception {
            System.out.println("Test case 2");
            garagedoor.device_signal(); //constraint: Open
            garagedoor.light_beam_interuption(); //constraint: Closing
            assertTrue("1_1_2", garagedoor. Opening());
            Opening();
            garagedoor.device_signal(); //constraint: Opening
            assertTrue("1_1_2_1", garagedoor. Stopped_motor_engaged_up());
            Stopped_motor_engaged_up();
            garagedoor.device_signal(); //constraint: Stopped_motor_engaged_up
            assertTrue("1_1_2_1_1", garagedoor. Opening());
            Opening();
      }

      public void test3() throws Exception {
            System.out.println("Test case 3");
            garagedoor.device_signal(); //constraint: Open
            garagedoor.light_beam_interuption(); //constraint: Closing
            garagedoor.end_of_up_track_reached(); //constraint: Opening
            assertTrue("1_1_2_2", garagedoor. Open());
            Open();
      }

      public void test4() throws Exception {
            System.out.println("Test case 4");
            garagedoor.device_signal(); //constraint: Open
            garagedoor.obstacle_sensor_tripped(); //constraint: Closing
            assertTrue("1_1_3", garagedoor. Opening());
            Opening();
      }

      public void test5() throws Exception {
            System.out.println("Test case 5");
            garagedoor.device_signal(); //constraint: Open
            garagedoor.end_of_down_track_reached(); //constraint: Closing
            assertTrue("1_1_4", garagedoor. Closed());
            Closed();
            garagedoor.device_signal(); //constraint: Closed
            assertTrue("1_1_4_1", garagedoor. Opening());
            Opening();
      }
}
```

20.3.2.3　MISTA 生成的测试输出

表 20-1 总结了车库门控制器中各种测试标准的输出。

表 20-1　生成的符合标准的测试用例

测试覆盖标准	有限状态机	Petri 网
可达性树	5	8
可达性＋非法路径	35	134
变迁	5	8
状态	4	8
深度（＝10）	328	8
随机	用户定义的	7（要求 20 个）

（续）

测试覆盖标准	有限状态机	Petri 网
目标	（不起作用）	（多个）
断言	不适用	未使用
死锁	不适用	4
给定序列	不适用	未使用

20.3.3 小结

我们建议使用这些工具进行基于模型的测试。与某些商业工具相比，它相对简单一些。由于它使用标准的有限状态机和 Petri 网，而不是自定义建模语言，所以它更容易访问。Petri 网是很强大的建模工具，因此 MISTA 可模拟各种系统。此外，从模型中自动创建测试用例的能力使该工具非常适合测试驱动的开发。团队花费的总时间约为 20 小时。

本节内容源自大峡谷州立大学研究生 James Cornett、Ryan Huebner、Evgeny Ryzhkov 和 Chris Taylor 的报告。

20.4 Auto Focus 3

Auto Focus 3 能够针对分布式、反应式和定时计算机系统的结构和行为建模和分析 [Binder 2012]。它是在德国开发的，因此谷歌搜索只显示了一些学术论文。

20.4.1 Auto Focus 3 概述

Auto Focus 3（AF3）程序的开发人员将其描述为"基于模型的分布式、反应式、嵌入式软件系统开发工具。"他们还声明"AF3 在所有开发阶段都使用模型，包括需求分析、逻辑体系结构的设计，以及硬件架构、实现和部署的设计"。AF3 可以作为 Eclipse JDE 的插件，它获取软件的方式非常简单——只需从开发人员网站 af3.fortiss.org/download/ 下载它即可。Windows，OS X 以及适用 32 位和 64 位计算机的 Linux 均支持 AF3 软件。AF3 软件不是 Eclipse 的插件，而是基于 Eclipse JDE 的软件。

下面的内容包含了开发人员网站上的主要功能，网址为 http://af3.fortiss.org/main-features/。

1）需求说明和分析
- （MIRA）基于模型的综合需求分析（MIRA）
- 词汇表和需求来源
- 需求规范
- 需求层次结构
- 架构集成
- 需求分析和验证
- 报告

2）建模和仿真
- 模拟测试用例
- 建模架构
- 使用状态自动机，源代码或表格来表达行为
- 将行为要素与需求联系起来
- 仿真模拟

3）代码生成和部署

- 生成 C 代码
- 新部署
- 生成部署代码

4）形式化验证

- 使用验证模式进行模型检查
- 验证未通过时提供的反例
- 黑盒规格说明
- MSC 可行性检查
- 检查不确定性
- 可达性分析
- 模型接近度

5）设计空间探索

- 调度综合
- 部署综合

6）测试

- 指定测试策略
- 生成测试套件
- 模拟测试用例
- 随着模型的更改来更新测试套件
- 覆盖率报告
- 从需求级别到本机代码级别优化测试用例

7）MBT 框架

- 按照给定的覆盖标准和输入配置文件，从模型中生成测试套件
- 使用测试用例仿真模型
- 更改模型时更新测试套件

8）模型支持

- 有限状态机
- 模式自动机
- 状态 / 模式变迁表
- 功能表

20.4.2　Auto Focus 3 使用方法

除了网站上提供的众多示例之外，还有一个关于如何使用该软件的教程。这给了团队很高的希望，以为能够据此将示例工程修改为保费计算问题和车库门控系统问题。然而，这只是关于如何使用该软件的概述，没有如何使用该软件的教程。教程一直说用户要创建一些东西，但却没有解释如何完成创建的操作。

20.4.3　小结

潜在的 AF3 用户将花费大量时间自行学习如何使用该软件工具。学生团队花了 100 个

小时尝试使用 AF3 系统，但在测试车库门控系统或保费计算问题方面收效甚微。模型构建需要的工作量巨大，还令人困惑。

本节内容源自大峡谷州立大学研究生 Khalid Almoqhim、Jacob Pataniczak 和 Komal Sorathiya 的报告。

20.5　Graphwalker

Graphwalker 是在麻省理工学院（MIT）开发的，它由 Graphwalker 3 小组维护。它利用使用 GraphML（不必学习 UML）建模的状态机生成离线和在线测试序列。用户选择 7 个内置覆盖标准（停止）中的任何一个来进行测试生成。该工具可以与 Java 测试工具集成，或者使用 SOAP 作为开发人员服务器的 Web 服务进行调用。Graphwalker 使用图形来表示模型，这限制了它的可扩展性 [Binder 2012]。

20.5.1　Graphwalker 概述

Graphwalker 是一个在 MIT 许可下提供的开源工具。测试用例生成基于以 GraphML 形式存储的模型，可以使用 yEd（www.yworks.com/products/yed）生成这些图表。它旨在与 Java 和 Maven 集成，其生成的测试用例可以在 JUnit 或 Selenium 等测试工具上运行（http://graphwalker.github.io/features/）。总而言之，理论上，Graphwalker 可以作为系统中的关键组件，针对被测软件可生成并运行一套完整的测试用例。

许多开源工具都有文档相对不完善、安装复杂、需要深入了解所用的各种工具等缺点，Graphwalker 也不例外。虽然可以使用独立的 jar 文件，但它的使用说明并不清楚，而且学习 Graphwalker 需要大量的专业知识。用于入门的"how to"页面提供了很少的指南。Graphwalker 只有一个小的支持社区（StackOverflow 中甚至没有 Graphwalker 标记）。

20.5.2　Graphwalker 使用方法

若想使用 Graphwalker，用户必须拥有 Apache Maven 和一些额外的插件。安装过程中要求使用者浏览大量网页，对 Windows 环境变量进行多次修改，并修改安全设置才能运行自带的示例。但这些例子不是太有用，因为它们只是某些网站的测试用例。单独运行独立的 jar 文件也没有用，因为它往往提供最小的响应或只是将用户链接到帮助文件。

尽管设置环境很困难，但建立其他关键工具——yEd 的过程却相当轻松。安装简单，工具使用也非常简单。它是一个非常棒的轻量级工具，可以设计流程图，并自动将它们保存为兼容的 GraphML 格式，因此无须进行任何类型的导出。使用 yEd 进行图形设计是一个相当简单的过程。保费计算问题最初的流程图就是在 yEd 中重新创建的。该工具表现良好，能高效生成此流程图。在使用 yEd 的过程中挫折感相对较小，最终结果非常令人满意。而且，将图表直接复制到剪贴板并在文档中使用它也非常简单。这是一个很有用的练习，但输入至 Graphwalker 实际需要的是一个有限状态机，它遵循非常具体的命名约定。我们使用构建流程图时学到的技术，很容易就创建出所需的两个状态机。在有限状态机中，使用适当的命名规则非常重要，不能以数字开头，不能包含空格或任何类型的操作符。如果不遵循前述规则，在"不正确"的模型上尝试运行 Graphwalker，一定会出现问题。

使用命令行指令完成测试用例生成。基本指令格式包含以下步骤。

- java-jar graphwalker-cli-3.4.0.jar：这部分只是运行 Graphwalker；

- offline：这说明不是测试正在运行的网站 / 程序；
- modelInsuranceModelPetri.graphml：传入图表；
- random（edge_coverage（100））：生成器函数和停止条件。可以说这是最关键的部分。生成器函数的选择有些限制，目前只有 random()、quick_random() 和 a_star()3 个选项。停止条件是 edge_coverage（百分比）、vertex_coverage、reach_vertex、reach_edge、time_duration、never。请参阅：http://graphwalker.github.io/generators_and_stop_conditions/。

我们使用以下结果指令：C：\Users\kylep\Documents\Homework>java-jar graphwalker-cli-3.4.0.jar offline-model InsuranceModelPetri.graphml "random（edge_coverage（100））" -start-element s1_Idle。

每次运行 Graphwalker 都会生成一个随机运行程序，该程序沿着一条路径运行，直到覆盖所有边缘，或者直到无法继续进行为止。这意味着要想彻底测试某个给定的状态机，必须从终点向起始点增加一条额外的边。

以下是在保费模型上生成测试序列的开始部分（完整模型输出有 123 行）。

```
{"currentElementName":"s1_Idle"}
{"currentElementName":"e4_a3"}
{"currentElementName":"s2_Age_Multiplier"}
{"currentElementName":"e6_a5"}
{"currentElementName":"s3_Apply_Claims_Penalty"}
{"currentElementName":"e9_a7"}
{"currentElementName":"s4_Good_Student"}
{"currentElementName":"e11_a7"}
{"currentElementName":"s5_NonDrinker"}
{}
{"currentElementName":"s6_Done"}
```

20.5.3　小结

Graphwalker 是一个潜在的非常强大的工具。它提供了一个运行相当快速的自动测试工具，在 Apache Maven 管理的 Java 程序环境下，该工具运行非常好。此外，yEd 是一个很好的工具。它使用起来很简单，只需很少的时间就可以创建、编辑或导出几乎任何图形，并且它在 Windows 环境中运行良好。对于它来说，缺乏文档是个大问题，而且目前还没有很大的支持社区，这意味着需要更多的努力才能让 Graphwalker 运行顺畅。考虑到设置环境所涉及的困难，我们不建议仅因为 Graphwalker 提供的自动测试功能就尝试使用该工具。

本节内容摘自大峡谷州立大学研究生 Kyle Prins 和 Sekhar Cherukuri 的报告。

20.6　fMBT

fMBT（免费的基于模型的测试）工具由英特尔公司开发。它适用于从单个 C++ 类到 GUI 应用程序、移动设备和分布式系统的测试，以及不同平台上的任何内容。fMBT 提供模型编辑器，测试生成器，并能够支持各种接口适配器，以及分析日志的工具 [Binder 2012]。

20.6.1　fMBT 概述

fMBT 是基于 Linux 的软件，因此必须配置虚拟机。Ubuntu 是一个流行的 Linux 发行版，是此过程的推荐选择。英特尔提供了非常有用的命令行工具，以安装操作 fMBT 所需的所有软件包，但这些工具位于不同的位置且不易查找。有一个位于主 README 文件中，另一个位于其网站上。它的安装过程非常快，必须使用命令 'fmbt-editor' 从终端启动软件，它启动以允许用户创建新测试。在 fMBT GUI 里，用户可以创建一个新的 AAL/Python 模型。用户使用 AAL（适配器操作语言）创建测试用例。AAL 建模语言使用前置条件（保护）和后置条件（主体）定义模型。

20.6.2 fMBT 使用方法

安装的压缩文件夹中附带了一些示例，所有示例都包含一个导入类文件的模型，但由于每行 Python 语言中都有一个 fMBT 编辑器中的语法错误，因此导入类文件基本没可能。想要使用 fMBT，用户必须使用 Python 类文件创建模型。

如果用户将运行的 AAL 文件的相邻文件用示例来代替，并使用与模型相同的导入语言，则每一行都会出现语法错误。经过两个小时的故障排除后，学生团队得出结论，如果没有正式的指导，则这项任务比预期的要复杂得多。然后团队决定手动输入所有内容，同时应注意该工具的 Python 语法与常见的 Python 编译器语法不同。例如，使用"+="运算符在大多数 OOP 语言中完全没有问题，但在 fMBT 的编辑器中就不行。

该工具可用的文档非常稀少，唯一提供的教程很难与保费计算问题相关联。由于团队也找不到允许变化输入的方法，因此必须为每个变量分配默认的有效值。保费计算问题的程序非常小，团队试图将所有逻辑实施到一个测试步骤里（通过），但是在程序的输出中没有任何程序图或其他可视化图表。

在车库门控系统问题上使用 fMBT 更加困难，因此这个过程不太成功。

20.6.3 小结

该工具非常难以使用，特别对那些缺乏 Python 使用经验的用户。然而，随着不断解决了不同的问题，我们也看到 fMBT 的一些优势，不仅因为它是开源的，而且还因为它在开发测试用例方面的运行速度非常快。

如果用户熟悉操作系统环境和语言，则 fMBT 可以是一个非常强大的工具和很好的选择。该工具是开源的，有很强大的功能，例如生成带有变量跟踪的程序图和条形图，以跟踪每个块的程序步数。与基于商业模型的测试软件相比，fMBT 缺乏某些功能性和易用性，但通过 Visual Studio 和 Eclipse 的 IDE 插件，fMBT 提供了更好的免费选项。fMBT 不适合初学者级测试人员，文档也需要改进。如果用户缺乏 Python 经验，则该工具会非常难以使用。

本节内容摘自大峡谷州立大学研究生 Mohamed Azuz 和 Ron Foreman 的报告。

参考文献

[Binder 2012]

Binder, Robert V., blog, http://robertvbinder.com/open-source-tools-for-model-based-testing/, April 17, 2012.